数控机床故障诊断与维修

主编　陈志平　饶玉康

SHUKONG JICHUANG
GUZHANG
ZHENDUAN YU
WEIXIU

西南交通大学出版社
·成都·

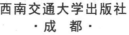

内容提要

本书以数控机床为对象，全面、系统地介绍了数控系统、模拟主轴和数字主轴控制系统、进给步进与伺服控制系统、检测反馈控制和控制维修应用 PLC 梯形图等的组成、工作过程、日常维护、故障诊断思路、快速恢复机床控制功能等内容。本书重点围绕市场上应用最广泛的 FANUC 0i 数控系统展开，贴近工程实际，有很强的实用性和可操作性。

本书内容深入浅出、图文并茂，侧重于数控机床故障诊断的实际应用技术，可作为高职高专院校机电一体化、电气自动化及其他有关专业的教材，还可作为工程技术人员和培训班学员的参考用书。

图书在版编目（ＣＩＰ）数据

数控机床故障诊断与维修 / 陈志平，饶玉康主编.
—成都：西南交通大学出版社，2014.8
四川省示范性高职院校建设项目成果
ISBN 978-7-5643-3406-2

Ⅰ. ①数… Ⅱ. ①陈… ②饶… Ⅲ. ①数控机床 – 故障诊断 – 高等职业教育 – 教材②数控机床 – 维修 – 高等职业教育 – 教材 Ⅳ. ①TG659

中国版本图书馆 CIP 数据核字（2014）第 197635 号

四川省示范性高职院校建设项目成果

数控机床故障诊断与维修

陈志平　饶玉康　主编

责 任 编 辑	李芳芳
特 邀 编 辑	何　桥
封 面 设 计	米迦设计工作室
出 版 发 行	西南交通大学出版社
	（四川省成都市金牛区交大路 146 号）
发 行 部 电 话	028-87600564　028-87600533
邮 政 编 码	610031
网　　　　址	http://www.xnjdcbs.com
印　　　　刷	四川森林印务有限责任公司
成 品 尺 寸	185 mm × 260 mm
印　　　　张	17.5
字　　　　数	439 千字
版　　　　次	2014 年 8 月第 1 版
印　　　　次	2014 年 8 月第 1 次
书　　　　号	ISBN 978-7-5643-3406-2
定　　　　价	39.00 元

序

  2014 年 6 月 23 至 24 日，全国第七次职业教育工作会议在北京召开，中共中央总书记、国家主席、中央军委主席习近平就加快职业教育发展作出重要指示。他强调，职业教育是国民教育体系和人力资源开发的重要组成部分，是广大青年打开通往成功成才大门的重要途径，肩负着培养多样化人才、传承技术技能、促进就业创业的重要职责，必须高度重视、加快发展。

  在国家大力发展职业教育、创新人才培养模式的新形势下，加强高职院校教材建设及课程资源建设，是深化教育教学改革和全面培养技术技能人才的前提和基础。

  近年来，四川信息职业技术学院坚持走"根植信息产业、服务信息社会"的特色发展之路，始终致力于打造西部电子信息高端技术技能人才培养高地，立志为电子信息产业和区域经济社会发展培养技术技能人才。在省级示范性高等职业院校建设过程中，学院通过联合企业全程参与教材开发与课程建设，组织编写了涉及应用电子技术、软件技术、计算机网络技术、数控技术四个示范建设专业的具有较强指导作用和较高现实价值的系列教材。

  在编著过程中，编著者基于"理实一体"、"教学做一体化"的基本要求，秉承新颖性、实用性、开放性的基本原则，以校企联合为依托，基于工作过程系统化课程开发理念，精心选取教学内容、优化设计学习情境，最终形成了这套示范系列教材。本套教材充分体现了"企业全程参与教材开发、课程内容与职业标准对接、教学过程与生产过程对接"的基本特点，具体表现在：

  一是编写队伍体现了"校企联合、专兼结合"。教材以适应技术技能人才培养为需求，联合四川军工集团零八一电子集团、联想集团、四川长征机床集团有限公司、宝鸡机床集团有限公司等知名企业全程参与教材开发，编写队伍既有企业一线技术工程师，又有学校的教授、副教授，专兼搭配。他们既熟悉国家职业教育形势和政策，又了解社会和行业需求；既懂得教育教学规律，又深谙学生心理。

  二是内容选取体现了"对接标准，立足岗位"。教材编写以国家职业标准、行业标准为指南，有机融入了电子信息产业链上的生产制造类企业、系统集成企业、应用维护企业或单位的相关技术岗位的知识技能要求，使课程内容与国家职业标准和行业企业标准有机融合，学生通过学习和实践，能实现从学习者向从业者能力的递进。突出了课程内容与职业标准对接，使教材既可以作为学校教学使用，也可作为企业员工培训使用。

  三是内容组织体现了"项目导向、任务驱动"。教材基于工作过程系统化理念开发，采用"项目导向、任务驱动"方式组织内容，以完成实际工作中的真实项目或教学迁移项目为目标，通过核心任务驱动教学。教学内容融基础理论、实验、实训于一体，注重培养学生安全意识、团队意识、创新意识和成本意识，做到了素质并重，能让学生在模拟真实的工作环境中学习和实践，突出了教学过程与生产过程对接。

四是配套资源体现了"丰富多样、自主学习"。本套教材建设有配套的精品资源共享课程（见 http://www.scitc.com.cn/），配置教学文档库、课件库、素材库、习题及试题库、技术资料库、工程案例库，形成了立体化、资源化、网络化的开放式学习平台。

尽管本套教材在探索创新中还存在有待进一步提升之处，但仍不失为一套针对高职电子信息类专业的好教材，值得推广使用。

此为序。

四川省高职高专院校
人才培养工作委员会主任　

前　言

本教材根据高等职业院校、技师学院"数控设备应用与维护"的专业课程标准，以"国家职业标准"为依据，按照"以工作过程为导向"的课程改革要求，以典型任务为载体，从职业分析入手，切实贯彻"管用、够用、适用"的教学指导思想，把理论教学与技能训练很好地结合起来，并按技能层次分模块逐步加深数控机床故障诊断与维修相关内容的学习和技能操作训练。书中吸纳了行业最新技术和国际先进标准，全部案例均来自工程实际。全书体例新颖，概念清晰，特色鲜明，内容全面，技术综合，突出技能。便于读者借鉴，以缩短学校人才培养与企业岗位需求之间的差距，更好地满足企业用人需求。

本教材的编写力求以下特点：

1. 本教材参照数控机床装调维修工（中、高级工）职业岗位标准，数控设备制造企业、数控系统制造企业、数控设备应用企业的职业标准，以及《数控机床故障诊断与维修》的课程标准，编写教材提纲，选取典型工作任务及其工作过程素材，组织相关专家讨论，成立教材编写团队，按照够用实用的原则编写，遵循人才成长规律及对事物的认知规律，注重技能操作，删除烦琐的理论公式推导和纯理论叙述，完成教材编写和统稿。

2. 选取具有代表性的企业数控机床维修案例，按照认识数控机床、学习数控机床、维护维修数控机床实际工作过程，以具有代表性的数控车床、铣床为贯穿全书的载体，为课程提供了基于真实工作过程、工学结合课程实施的整体解决方案，融入了理念、内容、方法、载体、师资、环境、评价等要素。

3. 按资讯、计划、决策、实施、检查、评价的完整工作过程设计实践工作页，体现深度校企合作，教、学、做合一的工学结合特点，项目导向、任务驱动，与典型企业深度校企合作开发，突出数控机床故障诊断思路和恢复数控机床使用功能的技巧，以岗位分析和具体工作过程为基础设计课程。

4. 学习性工作任务的地域特色明显。

所有的教学案例均来自企业和行业调查，经提炼反映核心岗位的教学内容，覆盖数控设备的点检、管理、机床结构的局部调整、典型常见故障的诊断与排除等，学生通过"三真"的项目训练，熟悉工作任务，提高工作能力。

本教材参考学时 128 学时（理论 48 学时、实践 80 学时），可根据学生的具体情况选修部分内容，也可以适当增加实训课时。本教材语言通俗易懂，图文并茂，翔实的工作过程知识描述和行动化的学习任务设计，可以指导学习者自主有效地学习。

本教材是省级示范专业教材建设任务之一，由四川信息职业技术学院教师陈志平和四川长征机床集团高级工程师饶玉康共同担任主编，依托深度校企合作，由四川长征机床集团提供相关素材，燕杰春老师和王小虎老师编写第一章内容，何为老师和杨金鹏老师编写第二章内容，尹存涛老师编写第三章内容，章鸿和陈志平老师共同编写第四章内容，初宏伟老师编写第五章内容，由陈志平老师完成统稿。全书由四川信息职业技术学院杨华明、赵定勇教授担任主审。本书在编写过程中得到宝鸡机床集团有限公司的大力支持，还得到四川信息职业技术学院其他老师的热情帮助，在此一并表示衷心的感谢。

本书可作为高等职业院校、技师学院、技工及高级技工学校、中等职业学校数控相关专业的教材，也可作为企业技师培训教材和相关设备维修技术人员的自学用书。

由于作者学识和经验有限，书中不妥之处在所难免，恳请读者批评指正！

编　者

2014年4月

目　　录

项目一 数控机床故障诊断与维修基础

任务一：数控机床的评价指标

任务二：数控机床维护与保养

任务三：维修准备

任务四：数控机床故障处理方法

任务五：数控机床维修内容、注意事项

任务六：数控设备的验收

本项目要求理解数控机床维修与故障诊断基础，主要内容包括数控机床的工作能力评价指标，数控机床维护维修的内容及数控机床维护维修的基本要求，了解数控机床日常维护管理项目，掌握数控机床维护维修的基本思路和基本方法。

第一部分 相关知识

数控机床（Numerical Control Machine Tools）是应用数字控制技术（Numerical Control Technology）对机床的加工过程进行自动控制的一类工作母机。它是数控技术与应用的典型例子。

数控机床综合应用了计算机、机械设计与制造、电力拖动及自动控制、精密测量、液压传动（气动）等先进技术，其共同特征是集成多学科的综合控制技术、自动化程度较高、结构复杂，是一种典型的机电一体化产品，能实现机械加工的高速度、高精度和高自动化，在数控设备制造企业及数控设备使用企业占有非常重要的地位。因此，做好数控设备的维修管理工作，使其发挥应有的效率，直接关系到企业生产的经济效益和社会效益。

维修管理工作包括设备管理、维修保养及故障修理，这三者紧密相关、互相制约。数控机床控制系统复杂、价格昂贵，不仅要求维修技术人员具备较高的素质，而且对维修资料、仪器等方面有比普通机床维修更高的要求。

任务一 数控机床的评价指标

一、数控机床工作状态评价指标

1. 平均无故障工作时间（MTBF）

衡量数控机床可靠性的主要指标是平均无故障工作时间（MTBF），指设备在比较长的使

用过程中，两次故障间隔的平均时间，反映设备制造水平的高低。即

$$MTBF = 总工作时间/总故障次数$$

2. 平均修复时间 MTTR

当数控设备发生了故障，需要及时进行排除。从开始排除故障到数控设备能正常使用所需要的时间称为平均修复时间（MTTR），反映数控设备的可维修性。即

$$MTTR（平均修复时间）= 总故障停机时间/总故障次数$$

3. 平均有效度（A）

平均有效度（A）指可维修的设备在一段时间内维持其性能的概率，这是一个小于 1 的正数，反映设备管理维护水平的高低。

$$平均有效度 = 平均无故障工作时间/（平均无故障工作时间 + 平均修复时间）$$
$$A = MTBF/（MTBF + MTTR）$$

二、数控机床加工性能评价指标

（一）数控机床的运动性能指标

1. 数控机床的可控轴数和联动轴数

数控机床的可控轴数是指数控机床数控装置能够控制的坐标数量。数控机床可控轴数与数控装置的运算处理能力、运算速度及内存容量等有关。

数控机床的联动轴数，是指机床数控装置可同时进行运动控制的坐标轴数。目前有 2 轴联动、3 轴联动、4 轴联动、5 轴联动等。3 轴联动数控机床能三坐标联动，可加工空间复杂曲面。4 轴联动、5 轴联动数控机床可以加工飞行器叶轮、螺旋桨等零件。

2. 主轴转速

数控机床主轴一般均采用直流或交流调速主轴电动机驱动，选用高速轴承支承，保证主轴具有较宽的调速范围和足够高的回转精度、刚度及抗振性。目前，数控机床主轴转速已普遍达到 5 000 ~ 10 000 r/min，有利于对各种小孔加工，提高零件加工精度和表面质量。

3. 进给速度

数控机床的进给速度是影响零件加工质量、生产效率以及刀具寿命的主要因素。它受数控装置的运算速度、机床运动特性、刚度等因素的限制。

4. 坐标行程

一般数控机床坐标轴 X、Y、Z 的行程大小，构成数控机床的空间加工范围。坐标行程是直接体现机床加工能力的指标参数。

5. 刀库容量和换刀时间

刀库容量和换刀时间对数控机床的生产率有着直接的影响。刀库容量是指刀库能存放加工所需要刀具的数量。中小型数控加工中心多为 16 ~ 60 把刀具，大型加工中心可达 100 把刀具。换刀时间是指带有自动交换刀具系统的数控机床，将主轴上使用的刀具与装在刀库上的下一工序需用的刀具进行交换所需要的时间。

（二）数控机床的精度指标

1. 定位精度

定位精度是指数控机床工作台等移动部件移动到指令位置的准确程度，即实际移动位置与指令要求位置的一致性。移动部件实际位置与指令位置之间的误差称为定位误差。

被控制机床坐标的误差（即定位误差）包括驱动此坐标轴控制系统（伺服系统、检测系统、进给系统等）的误差，也包括移动部件导轨的几何误差等。定位误差将直接影响零件加工的位置精度。

2. 重复定位精度

重复定位精度是指在同一条件下，用相同的方法，重复进行同一动作时，控制对象到达同一指令位置的一致程度。即在同一台数控机床上，应用相同程序相同代码加工一批零件，所得到的连续结果的一致程度，也称为精密度。

重复定位精度受伺服系统特性、进给系统的间隙、刚性以及摩擦特性等因素影响。

3. 分辨率与脉冲当量

分辨率是指两个相邻的分散细节之间可以分辨的最小间隔。对数控机床电气控制系统而言，分辨率是可以控制的最小位移增量，其数值的大小决定数控机床的加工精度和表面质量。数控装置发出一个脉冲信号，机床移动部件的位移量叫做脉冲当量。脉冲当量是设计数控机床原始数据之一，脉冲当量越小，数控机床的加工精度和加工表面质量越高。

（三）数控机床零件加工制造过程能力指数 C_{pk}

C_{pk}：Complex Process Capability Index 的缩写，是现代企业用于表示制造过程能力的指标。

C_{pk} 的中文定义为：制造过程能力指数，是某个工程或制造过程水准的量化反应，也是工程评估的一类指标。

1. 过程能力分析

数控机床作为工作母机，在实际加工过程中必须保证加工产品质量。在此加工过程中需要考虑工序的设备（数控机床）、工艺、人的操作、材料、测量工具与方法以及环境对工序质量指标要求的适合程度。

过程能力分析是数控机床加工质量管理的一项重要技术基础工作。它有助于掌握各加工设备的各工序的质量保证能力，为产品设计、工艺、工装设计、数控机床的维修、调整更新、改造提供必要的资料和依据。

2. 零件加工制造过程准确度 C_a

C_a 表示实际平均相对于规格中心值的偏移度，反映的是零件加工精度的集中趋势。

（1）计算公式：

$$C_a = \frac{|实际平均值-规格中心值|}{(规格公差)/2}$$

$$规格公差 = 规格上限 - 规格下限$$

$$规格中心值 = （规格上限 + 规格下限）/2$$

当 $C_a = 0$ 时，代表测量零件加工制造过程的平均值与规格中心值相同，无偏移。

当 $C_a = \pm 1$ 时，代表测量零件加工制造过程的实际平均规格与上限或下限相同，偏移100%。

（2）等级判定：C_a 值越小，表示零件加工品质越佳，见表1.1。

表 1.1

等级	C_a 值	处 理 原 则
A	$0 \leqslant |C_a| \leqslant 12.5\%$	维持现状
B	$12.5\% \leqslant |C_a| \leqslant 25\%$	改进为 A 级
C	$25\% \leqslant |C_a| \leqslant 50\%$	立即改善
D	$50\% \leqslant |C_a| \leqslant 100\%$	采取紧急措施，全面整改，必要时停产检查

3. 零件加工制造过程精密度 C_p

C_p 表示加工制造过程特性的一致性程度。

（1）计算公式：

$$C_p = \frac{容差}{过程波动}$$

$$容差 = 规格上限 - 规格下限$$

$$过程波动 = 6 \times 过程波动平均值（过程的自然波动范围）$$

（2）零件加工制造过程精密度 C_p 的意义：

C_p 只是反映了零件加工制造过程的潜在能力，一般情况下 C_p 指数称为潜在过程能力指数。

4. 零件加工能力指数 C_{pk} 或实际能力指数

（1）计算公式：

$$C_{pk} = C_p \times (1 - |C_a|)$$

（2）C_{pk} 等级判定，见表 1.2。

表 1.2

等级	C_{pk} 值	处理原则
A＋	$1.67 \leqslant C_{pk}$	无缺点，考虑降低成本
A	$1.33 \leqslant C_{pk} \leqslant 1.67$	维持现状
B	$1 \leqslant C_{pk} \leqslant 1.33$	立即检讨整改
D	$C_{pk} \leqslant 0.67$	采取紧急措施，进行品质改善

三、小　结

（1）数字控制（Numerical Control）：一种借助数字、字符或其他符号对某一工作过程（如加工、测量、装配等）进行可编程控制的自动化方法。

（2）数控技术（Numerical Control Technology）：采用数字控制的方法对某一工作过程实现自动控制的技术。

（3）数控系统（Numerical Control System）：实现数字控制的装置，是数字控制系统的简称。

（4）数控机床（Numerical Control Machine Tools）：采用数字控制技术（数控技术）对机床的加工过程进行自动控制的一类机床。它是数控技术典型应用的例子。

任务二　数控机床维护与保养

一、数控机床维护与保养管理

正确合理地使用数控机床，是数控机床管理维护工作的重要环节。做好数控机床的日常维护，确保数控机床连续正常工作，使数控机床平均无故障工作时间（MTBF）及制造过程能力指数（C_{pk}）均在合理的范围。

数控机床的技术性能、工作效率、服务期限、维修费用与数控机床是否正确使用有密切的关系。正确地使用、维护数控机床，还有助于发挥设备技术性能、延长两次修理的间隔、延长设备使用寿命，减少每次修理的劳动量，从而降低修理成本，提高数控机床的有效使用时间和使用效果。如图 1.1 所示是数控机床维护保养流程示意图。

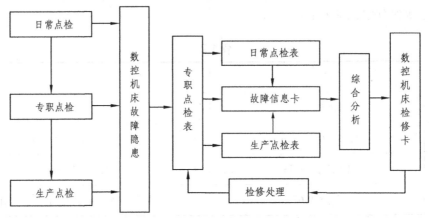

图 1.1 数控机床的维护流程

（一）数控机床维护保养的目的

（1）延长平均无故障时间，增加机床的开动率。
（2）便于及早发现故障隐患，避免停机损失。
（3）保持数控设备的加工精度。

（二）数控机床维护与保养的基本要求

（1）在思想上重视维护与保养工作。
（2）提高操作人员的综合素质。
（3）数控机床良好的使用环境。
（4）严格遵循正确的操作规程。
（5）提高数控机床的开动率。
（6）要冷静对待机床故障，不可盲目处理。
（7）严格执行数控机床管理的规章制度。

（三）点检的分类

点检就是按有关维护文件的规定，对设备进行定点、定时的检查和维护。
（1）日常点检：对机床的一般部位进行点检。
（2）专职点检：对机床的关键部位和重要部位进行点检。
（3）生产点检：对生产运行中的数控机床进行点检。

二、数控机床维护保养内容

数控机床因其功能、结构及系统的不同，其维护保养的内容和规则也各有特色，具体应根据机床的种类、型号及使用情况，并参照机床说明书的要求，制定和建立必要的定期、定级保养制度。

（1）使机床保持良好的润滑状态。

定期检查、清洗移动副、传动副的自动润滑系统，添加、更换油脂、液压油，使丝杠、导轨等各运动部位始终保持良好的润滑状态，降低机械的磨损程度。

（2）定期检查液压、气压系统。

对各润滑、液压、气压系统的过滤器或过滤网需要定期进行清洗或更换。对液压系统需要定期进行油质化验检查，更换液压油；对气压系统还要注意及时为分水滤气器放水。

（3）定期检查、清洗和更新电刷和换向器。

对直流电动机定期进行电刷和换向器检查、清洗和更新。当换向器表面脏了，应用白布蘸酒精进行清洗；若表面粗糙，可用细金相砂纸进行修整；若电刷长度为 10 mm 以下时，应予以更换。

（4）适时对各系坐标轴进行超程限位试验。

对于硬件限位开关，由于切削液等原因会使其产生锈蚀，平时又主要靠软件限位起保护作用，但关键时刻如因硬件限位开关锈蚀不起作用将产生碰撞，甚至损坏滚珠丝杠，严重影响其机械精度。试验时，用手按一下限位开关，可观察是否出现超程报警，或检查相应 I/O 接口的输入信号是否变化。

（5）定期检查电气部件。

检查各印刷电路板是否干净，检查各插头、插座、电缆、各继电器的触点是否接触良好。检查主电源变压器、各电机的绝缘电阻应在 1 MΩ 以上。平时尽量少开电器柜门，以保持电器柜内清洁，夏天用开门散热的方式是不可取的。定期对电器柜和有关电器的冷却风扇进行清扫，更换其空气过滤等。另外，纸带光电阅读机的受光部位太脏，可能发生读数错误，应及时清洗。电路板上太脏或受湿，可能发生短路现象。因此，必要时可对各个电路板、电器元件采用吸尘法进行清扫。

（6）数控机床长期不用时的维护。

数控机床不宜长期封存不用，购买数控机床以后要充分利用起来，尽量提高机床的利用率，尤其是投入使用的第一年，更要充分地使用，使其容易出故障的薄弱环节尽早暴露出来，使故障的隐患尽可能在保修期内得以排除。如果有了数控机床而舍不得用，这不是对设备的爱护，反而会由于受潮等原因加快电子元件的变质或损坏。

如果数控机床长期不用则要定期通电，并进行机床功能试验程序的完整运行。要求每周能通电试运行一次，尤其是在环境湿度比较大的梅雨季节，应每周通电 2 次，每次运行 1 h 左右，以利用机床本身的发热来降低机内湿度，使电子元件不致受潮。同时，也能及时发现有无电池报警发生，以防系统软件参数的丢失等。

（7）定期更换存储器所用的电池。

一般在数控系统内，对 CMOS RAM 存储器设有可充电电池维持电路，以保证系统不通电期间能保持其存储的信息。在一般情况下，即使电池尚未失效，也应每年更换一次，以确保系统能正常工作。电池的更换应在 CNC 装置通电状态下进行，以防止更换时 RAM 内的信息丢失。

（8）备用印刷线路板的维护。

印刷线路板长期不用很容易出故障。因此，对于设备的印刷电路板应定期装到 CNC 装置上通电运行一段时间，以防损坏。

（9）经常监视 CNC 装置所用的电网电压。

CNC 装置通常允许电网电压在额定值的 - 15% ~ 10%内波动，如果超出此范围就会造成系统不能正常工作，甚至会引起 CNC 系统内的电子元器件损坏。因此，要经常监视 CNC 装置用的电网电压。

（10）定期检查机床几何精度、运动精度并校正。

运动精度的校正方法有软、硬两种。软方法主要通过系统参数补偿，如丝杠反方向间隙补偿、各坐标定位精度定点补偿、机床回参考点位置校正等；硬方法一般在机床大修期进行，如进行导轨修刮、滚珠丝杠螺母副预紧、调整期反方向间隙、齿轮副的间隙调整等。

（11）定期检查液压系统、气动系统相关仪表，确保仪表工作正常。

（12）做好机床参数的备份和保管。

以某数控机床定期保养为例，具体地说明日常保养的周期、检查部位和要求，见表1.3。

表 1.3 数控机床定期保养、检查、维护的内容

检查周期	检查部位	检查要求
每天	导轨润滑	检查润滑油的油面、油量，及时添加油。润滑油泵能否定时启动、停止。导轨各润滑点在泵油时是否有润滑油流出
每天	各运动轴导轨	清除导轨面上的切屑、脏物、冷却水剂，检查导轨润滑油是否充分，导轨面上有无划伤损坏及锈斑，导轨防尘刮板上有无夹带铁屑，如果是安装滚动滑块的导轨，当导轨上出现划伤时应检查滚动滑块
每天	压缩空气气源	检查气源供气压力是否正常，含水量是否过大
每天	机床进口的油水自动分离器和自动空气干燥器	及时清理分水器中滤出的水分，加入足够的润滑油，空气干燥器是否能自动切换工作，干燥剂是否饱和
每天	气液转换器和增压器	检查存油面的高度并及时补油
每天	主轴箱润滑恒温油箱	恒温油箱正常工作，由主轴箱上油标确定是否有润滑油，调节油箱制冷温度能正常启动，制冷温度不要低于室温太多，应相差 2 ~ 5 ℃，否则主轴容易"出汗"（空气水分凝聚）
每天	机床液压系统	油箱无异常噪声，压力表指示正常工作，油箱工作油面在允许范围内，回油路上的背压不得过高，各管路接头无泄漏和明显振动
每天	主轴箱液压平衡系统	平衡油路压力表无泄漏，平衡压力表指示正常，主轴箱在上、下快速移动时波动不大，油路补油机构动作正常
每天	数控系统的输入/输出	光电阅读机清洁，机械结构润滑良好，外接快速穿孔机及程序盒连接正常

续表 1.3

检查周期	检查部位	检查要求
每天	各种电气装置及散热通风装置	数控柜、机床电气柜的排风扇工作正常，风道过滤网无堵塞，主轴电机、伺服电机、冷却风道正常，恒温油箱、液压油箱的冷却散热片通风正常
每天	各种防护装置	导轨、机床防护罩动作灵活而无漏水，倒库防护栏杆、机床工作区防护栏杆检查门开关动作正常，在机床四周各防护装置上的操作按钮、急停开关、按钮工作正常
每周	各电柜进气过滤网	清洗各电柜进气过滤网
半年	滚珠丝杠螺副	清洗丝杠上旧的润滑脂，涂上新油脂，清洗螺母两端的防尘圈
半年	液压油路	清洗溢流阀、减压阀、滤油器、油箱油底、更换或过滤液压油，注意在向油箱加入新油时，必须经过过滤和除去水分
半年	主轴润滑恒温油箱	清洗过滤器，检查主轴箱各润滑点是否正常供油
每年	润滑油泵，滤油器等	清理润滑油箱池底，清洗更换滤油器
不定期	各轴导轨上镶条，压紧滚轴，丝杠，主轴传动带	按机床说明书上规定调整间隙或预紧
不定期	冷却水箱	检查水箱液面高度、冷却液是否正常
		各级过滤装置是否工作正常，冷却液是否变质，经常清洗过滤器，疏通防护罩和床身上各回水通道，必要时更换并清理水箱底部
不定期	排屑器	检查无卡位现象
不定期	清理费油池	及时取走废油池的废油，以免外溢；当发现油池中油量突然增多时，应检查液压管路中的漏油点

三、小　结

数控机床维护保养档案记录：

（1）机械部分配置清单、相关主件规格型号、产地。

（2）数控系统的型号、名称、系列号：

① 伺服系统及伺服电机相关的型号、名称、订货号；

② 外部的 I/O 单元；

③ 其他特殊的系统硬件（手持单元、光栅尺反馈模块等）；

④ 数控系统及伺服系统的保险；

⑤ 数控系统及伺服资料、记忆用电池；

⑥ 数控系统及伺服驱动模块风扇、主轴电机风扇；

⑦ 主轴伺服驱动器、进给伺服驱动器规格型号；

⑧ 相关电缆（通信、反馈等）；

⑨ 完整的 CNC 系统参数。

任务三　维修准备

一、维修人员素质的要求

（一）专业知识面广

要求具有中专以上文化程度，掌握或了解计算机原理、电子技术、电工原理、自动控制与电力拖动、精密测量技术、液压传动和气动技术、机械传动及机加工工艺方面的基础知识。维修人员还必须经过数控技术方面的专门学习和培训，掌握数字控制、伺服驱动及 PLC 的工作原理，懂得 CNC 和 PLC 编程。此外，维修时为了对某些电路与零件进行现场测绘，作为维修人员还应当具备一定的工程制图能力。

（二）勤于思考

对数控维修人员来说，胆大心细，既敢于动手，又细心有条理是非常重要的。只有敢于动手，才能深入理解系统原理、故障机理，才能一步步缩小故障范围、找到故障原因。所谓"心细"，就是在动手检修时，要先熟悉情况、后动手，不蛮干；在动手过程中要稳、要准。数控维修人员必须"多动脑，慎动手"。数控机床的结构复杂，各部分之间的联系紧密，故障涉及面广，而且在有些场合，故障所反映出的现象不一定是产生故障的根本原因。作为维修人员必须从机床的故障现象通过分析故障产生的过程，针对各种可能产生的原因由表及里，透过现象看本质，迅速找出发生故障的根本原因并予以排除。

（三）重视经验积累

数控系统型号多、更新快，不同制造厂、不同型号的系统往往差别很大。一个能熟练维修 FANUC 数控系统的人不见得会熟练排除 SIEMENS 系统所发生的故障，其原因就在于此。

数控机床虽然种类繁多，系统各异，但其基本的工作过程与原理却是相同的。因此，维修人员在解决了某故障以后，应对维修过程及处理方法进行及时总结、归纳，形成书面记录，以供今后同类故障维修参考。特别是对于自己平时难以解决、最终由同行技术人员或专家维修解决的问题，尤其应该细心观察，认真记录，以便提高。如此日积月累，以达到提高自身水平与素质的目的。

（四）善于学习

作为数控机床维修人员，不仅要注重分析与积累，还应当勤于学习，善于学习，对数控系统有深入的了解。数控机床，尤其是数控系统，其说明书内容通常都较多，包括操作、编程、连接、安装调试、维修手册、功能说明、PLC 编程等。这些手册、资料少则数十万字，多则上千万字，要全面系统地掌握绝非一日之功，而在实际维修时，通常也不可能有太多的时间对说明书进行全面、系统的学习。

因此，维修人员要像了解机床、系统的结构那样全面了解系统说明书的结构、内容、范围，并根据实际需要，精读某些与维修有关的重点章节，理清思路、把握重点、边干边学、详略得当，切忌大海捞针、无从下手。

（五）具有专业英语阅读能力

虽然目前国内生产数控机床的厂家日益增多，但数控机床的关键部分——数控系统还主要依靠进口，其配套的说明书、资料往往使用原文资料；数控系统的操作面板、数控系统的报警文本显示以及随机技术手册也大都用英文表示，不懂英文就无法阅读这些重要的技术资料，无法通过人机对话操作数控系统，甚至不知道报警提示的含义。对照英文翻字典翻译资料，虽可解决一些问题，但会增加宝贵的停机修理时间。为了能迅速根据说明书所提供信息与系统的报警提示，确认故障原因，加快维修进程，就要求具备专业外语的阅读能力，以便分析、处理问题。

（六）能熟练操作机床和使用维修仪器

数控维修人员需要有一个善于分析的头脑。数控系统故障现象千奇百怪，各不相同，其起因往往不是显而易见的，它涉及机、电、液（气）精密测量等多门应用技术。而在维修过程中，维修人员通常要使用一般操作者无法进行的特殊操作方式，如：进行机床参数的设定与调整，通过计算机以及软件联机调试利用 PLC 编程器监控等。此外，为了分析判断故障原因，维修过程中往往还需要编制相应的加工程序，对机床进行必要的运行试验与工件的试切削。因此，从某种意义上说，一个高水平的维修人员，其操作机床的水平应比操作人员更高，运用编程指令的能力应比编程人员更强。

（七）有较强的动手能力和实验技能

数控系统的修理离不开实际操作，维修人员应会动手对数控系统进行操作，查看报警信息，检查、修改参数，调用自诊断功能，进行 PLC 接口检查；应会编制简单的典型加工程序，对机床进行手动和试运行操作；应会使用维修所必需的工具、仪表和仪器。但是，对于维修数控机床这样精密、关键设备，动手必须有明确的目的、完整的思路、细致的操作。动手前应仔细思考、观察，找准入手点。动手过程中更要做好记录，尤其是对于电气元件的安装位置、导线号、机床参数、调整值等都必须做好明显的标记，以便恢复。维修完成后，应做好"收尾"工作，例如：将机床、系统的罩壳、紧固件安装到位；将电线、电缆整理整齐等。

二、技术资料准备

技术资料是进行数控机床维修的技术指南，在维修工作中起着非常重要的作用，借助技术资料可以大大提高维修效率和维修准确性。通常情况下，维修时应备齐以下技术资料。

（一）数控机床使用说明书

数控机床使用说明书是由数控机床厂家编制并随机提供的资料，其通常包括以下与维修相关的内容：

① 机床的安装、运输要求；
② 机床的操作步骤；
③ 机械传动系统和主要部件的结构和原理图；
④ 液压、气动、润滑系统原理图；
⑤ 机床安装和调整的方法与步骤；
⑤ 机床电气控制原理图；
⑦ 机床使用的辅助功能及其说明等。

（二）CNC 使用手册

CNC 使用手册是由数控系统生产厂家编制的使用手册，通常包括以下内容：

① CNC 的操作面板及其说明；
② CNC 的操作步骤，包括手动、自动、试运行操作，程序和参数等的输入、编辑、设置和显示方法等（操作说明书）；
③ CNC 的信号与连接说明（连接说明书）；
④ 加工程序的格式与编制方法，指令及所代表的意义（编程说明书）；
⑤ CNC 的功能说明与参数设定要求（功能说明书）；
⑥ CNC 报警的含义及处理方法等（维修说明书）。

对于普及型 CNC，以上资料往往以"CNC 使用手册"的形式统一提供；对于全功能 CNC，其操作和编程说明书必须作为随机资料提供给用户，但 CNC 的连接和功能说明书通常只提供给机床生产厂家作为设计资料。

CNC 的连接和功能说明书包含 CNC 各部分之间详细的连接要求与说明，内部信号、参数与 CNC 功能间的关系等重要内容，它是数控机床设计、改造和进行更高层次维修的重要参考资料，维修人员可从机床生产厂家或 CNC 生产、销售部门获得。

（三）PLC 程序和编程手册

全功能数控机床的 CNC 系统一般有集成式的 PLC（PMC）。PLC 程序是机床厂根据机床的具体要求所设计的机床控制软件，普及型 CNC 一般不使用 PLC。

PLC 程序中包含动作的执行过程、执行动作所需的条件等信息，它表明机床所有控制信号、检测元件、执行元件之间的全部逻辑关系。借助 PLC 程序，维修人员可以迅速找到故障原因，它是数控机床维修过程中使用最多、最为重要的资料，机床出厂时必须随机提供给用户。

在部分数控系统（如 FANUC、SIEMENS 等）上，还可以利用 CNC 的 MDI/LCD 面板直接进行 PLC 程序的动态检测和显示，为维修提供了极大的便利，因此，在维修中一定要熟练掌握 PLC 的操作使用方法及 PLC 的编程指令。

PLC 编程手册是数控机床所使用的外置或内置式 PLC 的指令与编程说明，是维修人员了解 PLC 指令与功能、分析 PLC 程序的基础，PLC 编程手册由 PLC 生产厂家编制，通常也只提供给机床生产厂家作为设计资料，维修人员可从机床生产厂家或 PLC 的生产、销售部分获得。

部分 FANUC 数控系统维修资料如表 1.4 所示。

表 1.4　部分 FANUC 0i MD 数控系统维修资料

书　　名	书　　号	目　　的
《加工中心系统手册》 FANUC Series 0i-MODEL D FANUC Series 0i Mate-MODEL D	B-64304CM-2/01	掌握系统的操作方法，以及 G 代码的编程格式
FANUC Series 0i-MODEL D FANUC Series 0i Mate-MODEL D 《维修说明书》	B-64305CM/03	系统的硬件及报警处理
《伺服维修说明书》 FANUC AC SEVO MOTOR αi series FANUC AC SEVO MOTOR βi series FANUC AC SPINDLE MOTOR αi series FANUC SERVO AMPLIFIER αi series	B-65285CM/03	伺服的硬件及报警处理
《连接说明书（功能）》 FANUC Series 0i-MODEL D FANUC Series 0i Mate-MODEL D	B-64303CM-1/01	系统各功能的设定调整方法
《连接说明书（硬件）》 BEIJING-FANUC 0i-MODEL C BEIJING-FANUC 0i-Matea-MODEL C	B-64113C/01	系统的硬件连接方法
《参数说明书》 FANUC Series 0i-MODEL D FANUC Series 0i Mate-MODEL D	B-64310CM/01	系统基本的参数设定
《主轴电机维修说明书》 FANUC AC SPINDLE MOTOR αi series FANUC AC SPINDLE MOTOR βi series FANUC BUIL-IN SPINDLE MPTPR βi series	B-65280CM/08	主轴伺服的硬件及报警处理
梯形图编程手册	B-61863CM/01	PMC 的操作及功能指令

（四）机床参数清单

机床参数清单是由机床生产厂根据机床实际要求，对 CNC 进行的设置与调整。机床参数是 CNC 与机床之间的"桥梁"，它不仅直接决定 CNC 的功能配置，而且也影响到机床的动静态性能和精度，它是机床维修的重要依据与参考，机床出厂时必须随机提供给机床用户。

数控机床维修时，应随时参考 CNC "机床参数"的出厂设置，并进行有针对性的调整；更换 CNC 或相关模块时，需要记录机床的出厂设置值，以便恢复机床功能。

（五）伺服和主轴驱动使用说明书

伺服、主轴驱动说明书中包含了伺服进给系统、主轴驱动系统的原理、连接要求、操作步骤、状态与报警显示、参数说明、驱动器的调试与检测方法等资料，维修人员可从机床生产厂家或驱动器的生产、销售部分获得。

（六）主要功能部件说明书

数控机床一般需要使用多功能部件，如数控转台、自动换刀装置、润滑装置、排屑装置等。功能部件的生产厂家一般都有完整的使用说明书，作为正规的机床生产厂家，都会将其提供给用户，它是功能部件故障维修的参考资料。

（七）维修记录

维修记录是对机床维修情况的全程记录与说明，原则上说维修人员应对自己所进行的每一步维修都进行详细记录，不管当时的诊断是否正确，这样不仅有助于今后进一步维修，而且有助于维修人员总结经验与提高水平。

以上这些资料都是在理想情况下应具备的技术资料，但是实际维修时往往难以保证技术资料的完整。因此在绝大多数情况下，维修人员需要通过现场测绘、平时积累等方法来补充、完善相关技术资料。

三、维修工具准备

合格的维修工具是数控机床维修的必备条件，数控机床属于精密设备，对各方面的要求均比普通机床要高，所需要的维修工具也应该有所区别。数控机床维修除了需要有电工、钳工的基本工具外，通常还需要配备以下常用工具。

（一）数字万用表

数字万用表如图 1.2 所示，用于电气参数的测量、电气元件好坏的判别。由于数控机床需要准确测量 mV 级模拟电压、电流信号，普通的指针式万用表不能用于数控机床的维修。数控机床维修用的数字万用表的测量范围以及精度要求一般如下：

（1）交流电压：200 mV ~ 700 V，200 mV 挡的分辨率应不低于 100 μV；

（2）直流电压：200 mV ~ 1 000 V，200 mV 挡的分辨率应不低于 100 μV；

（3）交流电流：200 μA ~ 20 A，200 μA 挡的分辨率应不低于 0.1 μA；

（4）直流电流：20 μA ~ 20 A，20 μA 挡的分辨率应不低于 0.01 μA；

（5）电阻：200 Ω ~ 200 MΩ，200 Ω 挡的分辨率应不低于 0.1 Ω；

（6）电容：2 nF ~ 20 μF，2 nF 挡的分辨率通常情况下应不低于 1 pF；

（7）晶体管：h_{FE}：0 ~ 1 000；

（8）具有二极管测试与蜂鸣器功能。

图 1.2　数字万用表

图 1.3　数字转速表

（二）数字转速表

转速表如图 1.3 所示，主要用于测量、调整主轴转速，并作为主轴驱动参数设置与调整的依据。由于数控机床的主轴转速通常较高，出于安全的考虑，普通的接触式转速表一般不宜用于数控机床的主轴转速测量。

高速、高精度加工是当前数控机床的主要发展方向，用于数控机床转速测量的数字式转速表的测量范围应有 100 000 r/min 左右，测量误差应小于 1 %。

图 1.4　示波器

图 1.5　相序表

（三）示波器

示波器如图 1.4 所示，用于信号动态波形的检测，判别元器件好坏。如脉冲编码器、测速机、光栅的波形检测，伺服、主轴驱动器的输入、输出波形检测等，此外还用来检测开关电源、显示器电路的波形等。

数控机床维修用的示波器通常应选用频带宽为 10 ~ 100 MHz 的双通道示波器。

（四）相序表

相序表主要用于判定三相电源的相序，如果数控机床使用的是晶闸管直流驱动器，就必须保证输入电源有正确的相序，否则将直接损坏驱动器。但交流伺服驱动、交流主轴驱动、变频器等方式中对输入电源的相序无要求，因此，相序表可以酌情选用。

（五）长度测量工具

长度测量工具（如千分表、百分表等）用来测量机床的移动距离、反向间隙值等。通常测量，可大致判断机床的定位精度、重复定位精度、加工精度等技术指标，调整CNC、驱动器的电子齿轮比、反向间隙等参数。长度测量工具是机械维修、调整的检测工具。

四、准备维修备品和配件

数控机床维修备品和配件一般以常用的电子、电气元件为主。由于数控机床使用的电子、电气元件众多，其机械、液压、气动部件的型号、规格各异，维修时通常应根据实际需要，临时进行采购。

然而，如果维修人员能准备一些最常用的易损电子、电气元件，可给维修带来很大的方便，便于迅速解决问题。以下器件在有条件时，可以考虑事先予以准备。

（1）常用规格的熔断器及熔芯。

（2）常用的二极管，如 IN4007、IN1004、IN4148、IS953 等。

（3）各种规格的电阻（规格尽可能齐全）和电位器（1 kΩ、2 kΩ、10 kΩ、47 kΩ等）。

（4）常用的三极管，如 2S719、2SC1983、2SA6395、2SC1152、BCY59 等。

（5）常用的集成电路，如：

① 集成运算放大器：LM319、LM339、LM311、LM348、LM301、LM308、LM158、LM324、LM393、RC455、RC747、μA747、LF353、4858、1458、NE5514、NE5512、TLC374 等；

② 集成稳压器 7805、7812、7815、7915、LM317、LM337、14315、17815 等；

③ 光耦器件 TLP521、TLP500、TLP512、SFH6001、SFH610、4N26、4N37、PC601、PC401 等；

④ 线驱动放大器/接收器 75113/75115/75116、55114/54125、74125/74425/54265、MC3487/3486、MC1488/1489 等；

⑤ D/A 转换器 AD767、HA17008、DAC707、DAC767、DAC1020 等；

⑥ 输出驱动器 ULN2803、ULN2003、ULN2002、FT5461、DIA050000 等；

⑦ 模拟开关 DG200、DG201、DG211 等。

以上元件多用于 CNC、驱动器的输入/输出接口电路和电源等易损部位，如果连接不当而导致外部短路，较容易引起损坏，故对于专业维修人员一般均应有部分备件，以便随时针对具体情况进行更换。

五、诊断维修工作步骤

(一)诊断与维修前的准备工作

技术资料包括：使用手册、技术手册、维修手册、电气原理图及其连接图、电气使用说明书、机械零件与装配图等设备图册、系统软件、典型零件的加工程序与机床参数的备份等。

查阅并消化技术资料——目的是：了解设备的特殊性。

（1）了解设备的工作原理与特性、了解系统结构、控制系统特点与电气分布及连接情况、了解系统相关的状态参数及其正常状态值等。

（2）熟悉系统中可能常见故障的现象、机理与规律。

（3）为"据理析象"作好理论准备。

查阅维修档案与故障记录的目的是：了解设备健康史与故障史。

（1）了解机床年龄：老/新机床，使用的年数。

（2）了解机床使用期情况：调试阶段或刚维修后/新工序使用期或更改过指令后/长期闲置后/正常使用期，或发生过突然停电或停气。

这些是数控设备的背景资料。查阅这些资料，就像医生看病历卡一样，有助于维修人员根据数控设备的"健康史"去了解并分析与故障发生机理可能相关的因素。这将有助于迅速的故障类型判断与故障定位。

画出与故障现象相关的系统框图，罗列所有可能的故障原因。

维修人员接收到来自操作工或保修单位的关于机床的故障现象、发生过程等准确而详尽的信息；通过仔细查阅所有的技术资料与出厂检验记录，熟悉并归纳设备的工作原理、结构特点、性能、精度与技术要点；又通过维修档案的查阅，维修人员就可以进行故障类型与故障大致可能发生部位的初步判断。在去现场前，有经验的维修人员就已经可以进行故障大定位。其实，他们是根据数控机床的工作原理与所掌握的常见故障机理，初步分析了故障现象后才作出判断的。系统框图与故障成因的罗列，全在他们的"腹稿"中。

现场工作包括：

现场调查——对现场充分的调查，目的是掌握信息与寻找故障特征。

据理析象——粗略系统框图，判断故障类型、故障大定位。

罗列成因——画出相关的系统框图或控制动作流程图，罗列所有可能的故障成因。

确定步骤——依据基本原则与故障特征，从最可能的故障开始，画出故障判断流程图。

合理测试，故障定位——不同故障采用对应的测试方法与手段，进行故障精定位。

排除故障，恢复设备——找出确切的故障成因，排除或移去故障源，恢复设备性能。

(二)修后档案工作

诊断与维修结束后必须给出诊断结果报告与维修报告。维修报告中包括诊断与维修时的调查与检查记录。两者一并存入维修档案。至此，一次维修工作才算结束。

无论是进口的还是国产的数控设备，调试阶段和（质量保证期）用户维修服务阶段，是数控设备故障的两个多发阶段。设备调试阶段是对数控机床控制系统的设计、PLC 编制、系统参数的设置、调整和优化阶段。用户维修服务阶段，是对强电元件、伺服电机和驱动单元、机械防护的进一步考核。

六、小 结

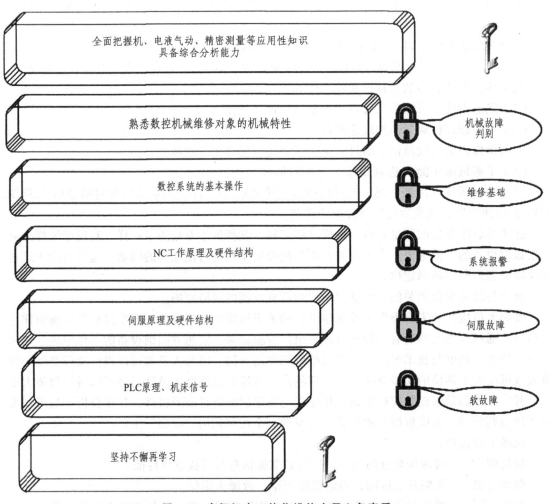

图1.6　高级机电一体化维修人员必备素质

任务四　数控机床故障处理方法

一、数控机床的基本检查

数控机床的部分故障可能与安装外部条件、操作方法等因素有关，维修时应根据故障现象，认真对照机床、CNC、驱动器使用说明书，进行相关检查，以便确认故障的原因。在维修时需要检查的内容如下：

（一）机床状态检查

（1）机床的工作条件是否符合要求，气动、液压的压力是否满足要求；

（2）机床是否已经正确安装与调整；

（3）机械零件是否有变形与损坏现象；

（4）自动换刀的位置是否正确，动作是否已经调整好；

（5）坐标轴的参考点、反向间隙补偿等是否已经进行调整与补偿；

（6）加工所使用的刀具是否符合要求，切削参数选择是否合理、正确，刀具补偿量等参数的设定是否正确；

（7）CNC的基本设定参数如工件坐标系、坐标旋转、比例缩放、镜像轴、编程尺寸单位选择等是否设定正确。

（二）机床操作检查

（1）机床是否处于正常加工状态，工作台、夹具等装置是否位于正常工作位置；

（2）操作面板上的按钮、开关位置是否正确；

（3）机床各操作面板上，数控系统上的"急停"按钮是否处于急停状态；

（4）电气柜内的熔断器是否熔断，自动开关、断路器是否跳闸，机床是否处于锁住状态，倍率开关是否设定为"0"；

（5）机床操作面板上的方式选择开关位置是否正确，进给保持按钮是否被按下；

（6）在机床自动运行时是否改变或调整过操作方式，是否插入了手动操作等。

（三）机床的连接检查

（1）输入电源是否有缺相现象，电压范围是否符合要求；

（2）机床电源进线是否可靠接地，接地线的规格是否符合要求，系统接地线是否连接可靠；

（3）电缆是否有破损，电缆拐弯处是否有破裂、损伤现象，电源线与信号线布置是否合理，电缆连接是否正确、可靠；

（4）信号屏蔽线的接地是否正确，端子板上接线是否牢固、可靠；

（5）继电器、电磁铁以及电动机等电磁部件是否装有噪声抑制器等。

（四）CNC外观检查

（1）CNC是否在电气柜门打开的状态下运行，有无切削液或切削粉末进入柜内，空气过滤器清洁状况是否良好；

（2）电气柜内部的风扇、热交换器等部件的工作是否正常；

（3）电气柜内部CNC、驱动器是否有灰尘、金属粉末等污染；

（4）电源单元的熔断器是否熔断；

（5）电缆连接器插头是否完全插入、拧紧；

（6）CNC 的模块、线路板安装是否牢固、可靠；

（7）CNC、驱动器的设定端的安装是否正确；

（8）操作面板、MDI/LCD 单元有无破损等。

维修时需要进行项目较多，而且机床越复杂，内容就越多。为了方便检查，防止遗漏，对于需要长期维修的机床，最好能够事先设计制作一份专门的维修检查表，逐项进行检查。

二、故障分析的基本方法

故障分析是进行数控机床维修的重要步骤。通过故障分析，一方面可以确定故障的部位与产生原因，为排除故障提供正确的方向，少走弯路；另一方面还可以检查维修人员的素质，促进维修人员提高分析问题、解决问题的能力。

通常而言，数控机床的故障分析、诊断主要有以下几种方法。

（一）常规分析方法

常规分析方法是对数控机床的机、电、液等部分进行的常规检查，以此来判断故障发生原因与部位的一种简单方法，常规分析一般只能判定外部条件和器件外观损坏等简单故障，其作用与维修的基本检查类似。在数控机床上，常规分析法通常包括以下内容：

（1）检查电源（电压、频率、相序、功率等）是否符合要求；

（2）检查 CNC、伺服驱动器、主轴驱动器、电机、输入/输出信号的连接是否正确、可靠；

（3）检查 CNC、伺服驱动器等装置内的电路板是否安装牢固，接插部位是否有松动；

（4）检查 CNC、伺服驱动器、主轴驱动器等部位的设定段、电位器的设定、调整是否正确；

（5）检查液压、气动、润滑部件的油压、气压等是否符合机床要求；

（6）检查电器元件、机械部件是否有明显的损坏等。

（二）动作分析法

动作分析法是通过观察、监视机床实际动作，判定不良部位，并由此来追溯故障根源的一种方法。一般来说，数控机床采用液压、气动控制的部位，如自动换刀装置、交换工作台装置、夹具与传输装置等均可以通过动作诊断来判定故障原因。

在 CNC、驱动器等装置主电源关闭的情况下，通过对启动、液压电磁阀的手动操作，检查动作的正确性和可靠性，是动作分析的常用方法之一。利用外部发信体、万用表、指示灯，检查接近开关、行程开关的发信状态，利用手旋转与移动，检查编码器、光栅的输出信号等都是常用的分析方法。

（三）状态分析法

状态分析法是通过检测执行部件的工作状态，判定故障原因的一种方法，该一方法在数控机床维修过程中使用最广。

在现代数控系统中，伺服进给系统、主轴驱动系统、电源模式等部件的主要参数都可以通过各种方法进行动态、静态检测。例如，可以利用伺服器、主轴的检测参数检查输入/输出电压、输入/输出电流、给定/实际转速与位置、实际负载大小等。此外利用 PLC 的诊断功能，还可以检查机床全部 I/O 信号、CNC 与 PLC 的内部信号、PLC 内部继电器、定时器等的工作状态。在现今的 CNC 上还可以通过 PLC 的动态梯形图显示、示波器指示、单循环扫描、信号的强制 ON/OFF 等方法进行分析与检查。

利用状态分析法可以在不使用外部仪器、设备的情况下，根据内部状态迅速找到故障的原因，这一方法在数控机床维修过程中使用最广，维修人员必须熟练掌握。

（四）程序分析法

程序分析法是通过某些特殊的操作或编制专门的测试程序段，确认故障原因的一种方法。该方法一般用于自动运行故障的分析与判断。例如，可以通过手动单步执行加工程序、自动换刀程序、自动交换工作台程序、辅助机能程序等，进行自动运行的动作与功能检查。

通过程序分析法，可以判定自动加工程序的出错部位与出错指令，确定故障是加工程序编制的原因或是机床、CNC 方面的原因。

（五）CNC 的自诊断方法

CNC 自诊断法是利用专门的测试软件，对 CNC 内部的硬件及软件进行自动诊断的一种方法。一般而言，对于 CNC 和元件级的自诊断需要在 CNC 生产厂家进行，一般的维修人员甚至 CNC 生产厂家的维修服务中心都难以做到这一点。

维修人员可以使用的 CNC 自诊断功能，主要有开机自检、在线监控与脱机测试这三方面内容，其含义如下所述。

三、CNC 的故障诊断功能

（一）开机自检

所谓开机自检是指 CNC 通电时内部操作系统自动执行的诊断程序，其作用类似于计算机的开机诊断。

开机自检可以对 CNC 上的关键部件，如 CPU、存储器、I/O 单元、MDI/LCD 单元、安装模块、总线连接等进行自动硬件安装与软件测试检查；确定其安装、连接状态；部分 CNC 还能对某些重要的芯片，如 RAM、ROM、专用 LSI 等进行状态诊断。

CNC 的自诊断在开机时进行，只有当全部项目都被确认无误后，才能进入正常运行状态。诊断的时间取决于 CNC，一般只需数秒钟，但有的需要几分钟。

（二）在线监控

在线监控分为 CNC 内部监控与外部设备监控两种形式。

CNC 内部监控是通过 CNC 内部的监控程序，对各部分的工作状态进行自动诊断、检查和监视的一种方法。在线监控对象包括 CNC 及与 CNC 连接的伺服驱动器、伺服电机、主轴驱动器、主轴电机、I/O 单元、连接总线、外部检测装置接口、通信接口等。在线监控在系统工作过程中始终生效。CNC 的内部监控一般包括通信显示、状态显示和故障显示三方面内容。

1. 信号显示

可以显示 CNC 和 PIC、CNC 和机床之间的全部接口信号的状态，指示 I/O 信号的通断情况，帮助分析故障。维修时，必须了解 CNC 和 PIC、CNC 和机床之间各信号所代表的意义，以及信号产生、撤销应具备的各种条件，才能进行相应的检查。

CNC 生产厂家所提供的"功能说明书"、"连接说明书"以及机床生产厂家提供的"机床电器原图"是进行以上状态检查的技术指南。

2. 状态显示

一般来说，利用状态显示功能，可以显示以下几方面的内容：

造成循环指令（加工程序）不执行的外部原因。如 CNC 是否处于"到位检查"中；是否处于"机床锁住"状态；是否处于"等待速度到达"信号接通状态；在主轴每转进给编程时，是否等待"位置编码器"的测量信号，在螺纹切削时，是否处于等待"主轴 1 转信号"；进给速度倍率是否设为"0"等。

复位状态显示。指示系统是否处于"急停"状态或是"外部复位"信号接通状态。

存储器内容以及存储器异常状态的显示。

位置跟随误差的显示。

通信接口与通信数据的显示。

伺服驱动信息显示。

编码器、光栅等位置测量原件的显示，等等。

3. 故障显示

CNC 的故障信息一般以"报警显示"的形式在 LCD 上进行显示。报警显示的内容由于 CNC 不同而有所区别，报警信息一般以"报警号"加文本的形式显示，具体内容以及排除方法在数控系统生产厂家提供的"维修说明书"上可以查阅。

外部设备监控是指利用安装有专用调试软件的计算机、PLC 编程器等设备，对数控机床的各部分状态进行自动诊断、检查和监控的一种方法。如进行 PLC 程序的动态检测，伺服、主轴驱动器的动态测试，动态波形显示等。

随着信息和网络技术的发展，通过网络通信进行的远程诊断技术得到普及与完善。通过网络信息，CNC 生产厂家可以直接对其生产的产品在现场的工作情况进行检测、监控，及时解决系统中所出现的问题，为现场维修人员提供指导和帮助。

（三）脱机测试

脱机测试亦称"离线诊断"，是将 CNC 与机床分离后，对 CNC、驱动器等部件本身进行的测试与检查。通过脱机测试可以对 CNC、驱动器等的故障作进一步的定位，力求把故障范围缩到最小。脱机测试需要专用诊断软件或专用测试装置，一般只能通过 CNC、驱动器的生产厂家或专门的维修部门进行。

随着计算机技术的发展，现代 CNC 的离线诊断软件正在逐步进入 CNC 中，有的 CNC 已引入"专家系统"进行故障诊断。通过驱动器等，操作者只要在 MDI/LCD 上作一些简单的会话操作，即可诊断出 CNC 或机床的故障。

（四）维修后初次运行程序时的安全操作

（1）执行参考点返回操作。
（2）接通单段操作模式。
（3）接通空运行方式，同时把手动倍率设定为 0。
（4）按循环启动后，观察相关的 G 代码的执行模态。
（5）调整手动倍率开关，让机床慢速运行。
（6）切近工件前观察机床待走量，确定程序和机床的正确位置关系。
（7）关断单段、空运行模式，进行正常操作加工。

四、故障排除应遵循的原则

（一）先静后动

人：不（盲目）动手，先调查。
机床：先静态（断电）后动态。
先"观"一切有无异常，后"测与查"。这也是出于安全的要求，保持"有的放矢"、严谨的科学工作作风。

（二）先外后内

先表观"望、闻、听、问"后及其内。望——观察；闻——是否嗅到特殊气味；听——声音；问——向操作员询问情况。观察：工作地环境状态情况是否符合设备的要求。机电一体化机床设备的连接部位有无异常、连接与接触是否良好，关系到信号是否丢失的问题。所以，对这些部分在现场观察中应该特别注意。

（三）先软后硬

充分利用系统的自诊断功能，先检查软件或参数。这有利于故障类型判别与大定位。有不少硬件故障可用软的方法补救，省力省时，例如修改状态参数的办法。

（四）先公后专

即先共性后个性，先查共有部位：电源部分——电网、主电源电路及其保险丝与保护电路、接地情况等；CNC、PLC、液压、润滑与冷却等，因为它们的影响是全局性的。

（五）先一般后特殊

即先查常见故障部位。例如 Z 轴回零不准，先查挡块位置。对于机床新成旧、调试阶段或维修后情况不同，先查对应条件下的常见故障。

（六）先机后电

如果可能是机械与电气故障并存时，先检查机械成因。这是因为有很大比例表现为电气故障，实际上是机械动作失灵引起的；又因为机械故障一般比较容易检查。

（七）先简后繁（先易后难）

先检查简单的、易查的故障成因。这是因为复杂故障可能是由多个故障原因合成的，而往往成因很简单。

（八）先查输入后查负载

这是以独立单元概念，无输出，先查有无输入，再查负载反馈效应。最后确定所怀疑的独立单元是否失效。

五、小 结

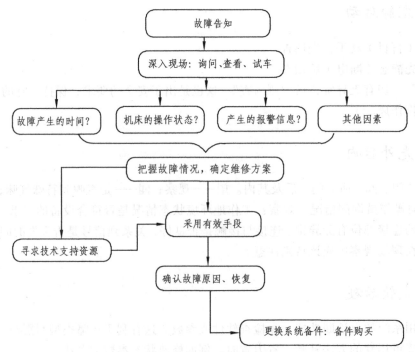

图 1.7 数控机床维修的典型流程

（一）故障产生的时间

（1）开机后，数控系统未通过系统自检就发生。
（2）数控系统通过自检，机床处于故障报警状态。
（3）运转一定时间后发生。
（4）关机后再开机还会发生相同故障。
（5）故障发生的频率。

（二）机床的操作状态

（1）故障发生时数控系统处于何种工作方式。
（2）如果在程序运行中发生：
① 固定的程序发生；
② 发生故障时的单节号；
③ 在轴移动中发生；
④ 执行 M、S、T 辅助功能时发生。
（3）如果故障为伺服或主轴时：
① 故障发生在快速移动时还是切削时，速度如何？切削量如何？
② 故障只发生在特定的轴？
③ 主轴故障时，是处于加速时、减速时、恒定旋转时或切削时？

（三）产生的报警信息

（1）显示在 LCD 上的报警内容。
（2）伺服放大器上的 LED 显示。
（3）系统及 I/O 单元的状态或电源指示灯显示。
（4）当故障为加工位置不正确时：
① 尺寸的误差较大。
② 位置画面的坐标显示与程序指令的对应状态。
③ G 代码的模态。

（四）其他因素

1. 机床周围有噪声

（1）故障发生时是否有行车经过。
（2）机床周围是否有放电加工设备。
（3）电网的运行情况如何。

2. 机床侧有防止干扰措施（接地、屏蔽等）

对输入电源电压请检查下列项：

（1）数控系统以及伺服电压确认，有偏差。

（2）三向电压平衡。

（3）电源容量。

任务五　数控机床维修内容、注意事项

一、数控机床维修内容

数控设备的正确操作和维护、保养是正确使用数控设备的关键因素之一，数控机床由机床本体（包括液压系统，气动系统、润滑系统、主轴部件循环冷却系统、自动排屑系统、刀具冷却系统等辅助设备）和电气控制系统两大部分组成。

（一）机床本体的维修

机床本体的维修是对机床机械部件的维修。由于机械部件处于运动摩擦过程中，因此，它的维护对保证机床精度是很重要的。如主轴箱的冷却和润滑；齿轮副、导轨副和丝杠螺母副的间隙调整和润滑；轴承的预紧；液压和气动装置的压力、流量的调整等。

值得注意的是，机床本体维修离不开电气控制系统的支撑。

（二）电气控制系统的维修

电气控制系统包括输入和输出装置、数控系统、伺服系统、机床电气柜（也称强电柜）及操作面板等。电气控制系统的维修主要有 5 个部分。

1. 伺服驱动电路

伺服驱动电路主要包括进给驱动和主轴驱动的连接电路。数控机床从电气角度看，最明显的特征是就是用电气驱动替代了普通机床的机械传动。相应的主运动和进给运动由主轴伺服电机和进给伺服电机执行完成，而主轴伺服电机和进给伺服电机的驱动必须有相应的伺服驱动装置及电源装置。由于受切削状态、温度及各种干扰因素的影响，使伺服性能、电气参数变化或电气元件失效，从而引起故障。

2. 位置反馈电路

位置反馈电路是指数控系统与位置检测装置之间的连接电路。数控机床最终以位置控制为目的，因此，位置检测装置维护的好坏将直接影响到机床的运动精度和定位精度。

3. 电源及保护电路

电源及保护电路由数控机床强电线路中的电源控制电路构成。强电线路由电源变压器、控制变压器、各种断路器保护开关、接触器、熔断器等连接而成，以便为交流电动机（如液压泵、冷却泵电动机及润滑泵电动机等）电磁铁、离合器和电磁阀等执行元件供电。

4. 开关信号连接电路

开关信号是数控装置与机床的输入/输出控制信号。数控系统中开关量信号用二进制数据位的"1"和"0"表示。数控系统通过可编程控制器（PMC）对开关量处理。通过对 PMC 的 I/O 接口状态的检测，就可以初步判断发生故障的范围和原因。PMC 替代了传统普通机床强电柜中大部分的机床电气，从而实现对主轴、进给、换刀、润滑、冷却、液压和气动等系统的开关量控制。特别要注意的是机床上各部位的按钮、限位开关及继电器、电磁阀等机床电气开关，因为这些开关信号作为 PMC 的输入和输出量，其可靠性将直接影响到机床是否能正确执行动作。这类故障是数控机床的常见故障。

5. 数控系统

数控系统属于计算机产品，其硬件结构是将电子元件焊（贴）到印刷电路板上成为板、卡级产品，由多块板、卡通过接插件等连接，再连接外设就成为系统级最终产品。其关键技术的发展，如元器件筛选、印刷电路板的焊接和贴敷、生产过程及最终产品的检验和整机的考机等，都极大地提高了数控系统的可靠性。有资料表明：由操作、保养和调整不当产生的事故占数控机床全部故障的 57%；伺服系统、电源及电气控制部分的故障占数控机床全部故障的 37.5%；而数控系统的故障只占全部故障的 5.5%。

综上所述，机床本体的维修与电气控制系统的维修相比，电气系统的故障诊断及维护的内容多、涉及面广、发生率高，是数控机床故障诊断和维修的重点，也是本书的重点内容。

二、维修时的安全注意事项

（1）如果在拆开外罩的情况下开动机床，衣服可能会卷到主轴或其他部件中，因此，在检查操作的时候应站在离机床远点的地方，如果开始就进行实物加工，可能因机床误动作引起工件掉落或刀尖破损飞出，还可能会造成切屑飞散，伤及人身。因此，在检查机床运转时，要先进行不装工件的空运转操作。

（2）打开电柜门检查维修时，需注意电柜中的高电压部分，切勿触碰高压部分。

（3）在采用自动方式加工工件时，要首先采用单程序段运行，进给速度倍率要调低，或采用机床锁定功能，并且应在不装刀具和工件的情况下运行自动循环过程，以确认机床动作正确。否则，机床动作不正常，可能引起工件和机床本身的损害或伤及操作者。

（4）在机床运行之前要认真检查所输入的数据，防止数据输入错误。自动运行操作中，由于程序或数据错误，可能引起机床动作失控，从而造成事故。

（5）给定的进给速度应该适合预定的操作，一般来说，对于每一台机床有一个可允许的最大进给速度，不同的操作所适合的最佳进给速度不同，应参照机床说明书确定最适合的进给速度，否则会加速机床磨损，甚至造成事故。

（6）当采用刀具补偿功能时，要检查补偿方向的补偿量。如果输入的数据不正确，机床可能会动作异常，从而引起工件、机床本身的损害或伤及人员。

三、更换电子器件注意事项

（1）更换电子器件必须在关闭 CNC 的电源和强电主电源下进行。如果只关闭 CNC 的电源，电源可能仍会继续向所维修部件（如伺服单元）供电。在这种情况下更换新装置可能会使其损坏，同时操作人员有触电危险。

（2）至少要在关闭电源 20 min 后，才可以更换放大器。因为关闭电源后，伺服放大器和主轴放大器的电压会保留一段时间。所以，即使在放大器关闭后也有被电击的危险。

（3）在更换电气单元时，要确保新单元的参数及其设置与原来单元的相同。否则，错误的参数会使机床运动失控，会损坏工件或机床，造成事故。

四、设定参数时的注意事项

（1）为避免由于输人错误的参数造成机床失控，在修改完参数后，首先应由维修人员试车运转，第一次加工工件时，要关闭机床护罩，通过利用单程序段功能、进给速度倍率功能、机床锁定功能或采用不装刀具操作等方式，验证机床的正常运行，然后才可正式使用自动加工功能。

（2）CNC 和 PMC 在参数出厂时被设定在最佳值，所以通常不需要修改其参数，由于某些原因必须修改其参数时，在修改之前，务必做好备份，并确认了解其功能，如果错误地设定参数值，机床可能会出现意外的运动，甚至造成事故。

五、更换部件时应注意的事项

（1）更换 NC 部件时应先确认故障原因，拆卸 NC 内部板卡时注意拆卸方法和力度。如：更换保险时，要先确认外部电压及外部短路原因，更换 NC 母板时，要确认系统内部的资料的备份，更换完成后进行资料的恢复。

（2）更换伺服单元时，报警为过流、高压等时要先确认外部的短路和强电回路的连接及电压，α 系列伺服更换时，其单元硬件跳线要与先前一致。如果是连接绝对位置检出单元时，为防止原点丢失更换伺服单元动作要快。

αi 系列编码器内部带有电容器，可以在脱开电池的情况下暂时维持其内部位置资料不丢失。α 系列编码器不具有这种电路结构，因此当脱开电池时，位置资料会丢失。

（3）拆除电缆线时，要做好相关标记，防止机床的误动作出现，更换电机时，不要对电机进行重物敲击，防止编码器中光栅破碎。

（4）拆卸重力轴电机时，要防止机床因重力而下降，造成撞机。

① 主轴下面加木方支撑。

② 如果能够通电运行，在手轮方式下将重力轴落到木方上。

③ 松开联轴器螺丝，使重力轴处于自然释放状态。

④ 确认电机已经和主轴传动链脱开后，松开电机螺丝，拆掉电机。

⑤ 在维修判断中对伺服进行相关的屏蔽，封锁时也要考虑重力轴的原因和绝对原点是否会丢失，防止把故障扩大化。

六、小　结

数控机床维修后由维修人员进行初次运行的安全操作：

（1）机床在停止状态下按正常操作开机。

（2）执行参考点返回操作。

（3）手动方式分别以慢速、快速方式移动各进给轴。

（4）手动数据输入操作模式，按照由低到高的主轴转速测试主轴。

① 主轴正转启动、停止、主轴反转启动、主轴停止。

② 主轴反转启动、停止、主轴正转启动、主轴停止。

③ 主轴正转启动、主轴反转启动、主轴停止。

（5）手动数据输入操作模式，执行进给轴运动。

① 以指令值、较合理的 F 进给速度移动单轴。

② 以指令值、G00 速度移动单轴。

③ 以指令值、较合理的 F 进给速度联动多轴。

④ 以指令值、G00 速度联动多轴。

（6）测试各进给轴软行程限位（必要时）。

（7）测试各进给轴硬限位（必要时）。

（8）运行自动换刀程序（必要时）。

（9）手动方式测试机床润滑电机、排屑电机等机床辅助设备（必要时）。

（10）数控系统在空运行方式，同时把手动倍率设定为 0。

（11）执行机床故障前的加工程序，按循环启动后，观察相关的 G 代码的执行模态。

（12）调整手动倍率开关，让机床慢速运行。

（13）切近工件前观察机床待走量，确定程序和机床的正确位置关系。

（14）关断单段、空运行模式，进行正常操作加工。

（15）试车结束，机床交操作者使用。

任务六　数控设备的验收

在实际生产中，数控设备的验收工作大部分是与安装和调试工作同步进行的。例如，机床在开箱检查、验收（含外观）符合要求后，才能进行安装。机床的试运行则是机床性能及数控功能检验的过程。机床的调试工作几乎贯穿于全部验收工作中。

数控设备在出厂时已通过出厂测试和整机检验，但由于包装、运输、多次吊装转运、重新稳装等诸多因素影响，用户尚需按下述内容逐项进行检查、测量、试验等验收工作，以保证机床满足使用要求。

数控设备在用户现场的最终安装、试车归根结底是"在用户实际使用现场，将整机检验、测试合格的数控机床产品全面恢复到机床设备出厂状态"。

一、机床的开箱

（一）参加开箱验收的工作人员

参加开箱验收工作的人员应包括：设备使用单位的技术主管（总监），设备管理（采购）、安装人员等。如果是进口设备，还应有进口商务代理、海关商检人员等。

（二）验收的主要内容

（1）装箱单；

（2）操作、维修说明书及有关技术资料；

（3）机床出厂检验报告及合格证；

（4）按照合同规定，对照装箱单清点、检查部件、附件、备件及工具的数量、规格和完好程度；

（5）分别检查机床主体、数控柜、操作台及附属装置（如液压、气动设备）等有无明显碰伤、损坏（变形）、受潮及锈蚀等现象，逐项如实做好有关记录并存档；

（6）检查机床主体及附属装置的外观，有无油漆质量（色调及色彩的一致性及脱漆、斑点等）问题，应紧固的附件（如照明灯等）是否松动，电缆（线）、管路等的走线和固定是否符合要求等。

二、机床主体几何精度的验收

机床主体的几何精度验收工作通过单项静态精度检测工作来进行，其几何精度综合反映机床各关键零、部件及其组装后的综合几何形状或位置误差。数控设备几何精度的检测内容、检测工具和检验方法均与普通机床相似，通常按其机床所附检验报告或有关精度检测标准进行检测即可。在机床几何精度验收工作中，应注意以下几个问题：

（1）在机床使用现场，按照机床设备安装要求，施工完成设备安装地基，保证设备"安装基础"符合要求；电源容量、接地措施、液压油、润滑油、气源压力等符合数控设备使用要求。

数控机床"正常使用的前提"均是满足上述前提条件，随着人们对数控机床的熟悉和深入认知，数控机床的使用者将会越来越重视数控设备正常使用的前提条件。

（2）检测前，应按有关标准的规定，要求机床接通电源后，在预热状态下，使机床各坐标轴往复运动几次，主轴则按中等转速运转 10~15 min 后，再进行具体检测。

（3）检测用量具、量仪的精度必须比所测机床主体的几何精度高 1~2 个等级，否则将影响测量结果的准确性。

（4）检测过程中，应注意检测工具和检测方法可能对测量误差造成的影响，如百分表架的刚性、测微仪的重力及测量几何误差的方向（公差带的宽度或直径）等。

（5）机床几何精度中有较多项相互牵连，须在精调后一次性完成检测工作。不允许调整一项检测一项，如果出现某一单项须经重新调整才合格的情况，一般要求应重新进行其整个几何精度的验收工作。

三、机床定位精度的验收

数控设备的定位精度是指机床各坐标轴在数控系统控制下运动时，各轴所能达到的位置精度（运动精度）。数控设备的定位精度主要取决于数控系统和机械传动误差的大小。数控设备各运动部件的位移是在数控系统的控制下并通过机械传动而完成的，各运动部件位移后能够达到的精度将直接反映出被加工零件所能达到的精度。所以，定位精度检测是一项很重要的验收工作。

（一）数控设备定位精度的主要检测内容

（1）各直线运动轴的定位及重复定位精度；
（2）各直线运动轴机械原点的复位（"回零"）精度；
（3）各直线运动轴的反向误差；
（4）各回转运动轴的定位及重复定位精度；
（5）各回转运动轴的反向误差；
（6）各回转运动轴原点的复位精度。

（二）直线运动轴定位及重复定位精度的检测

1. 定位精度的检测

对该项精度的检测一般在机床和工作台空载的条件下进行，并按国家（或国际）标准的有关规定，以激光测量为准。对于一般用户，当不具备激光检测仪的条件时，也可采用标准刻度尺，配以光学读数显微镜进行比较测量。

2. 重复定位精度的检测

该项精度是反映直线轴运动精度稳定与否的基本指标，其检测所用仪器与定位精度检测时相同，通常的检测方法是在靠近各坐标行程的两端和中点这三个位置进行测量，每个位置均用快速移动（G00）定位，在相同条件下重复七次定位，测出每个位置处每次停止时的数值，并求出三个位置中最大一个读数差值的二分之一，附上正、负符号，作为该坐标的重复定位精度。

3. 机械原点复位精度的检测

原点复位即常称的"回零"，该项精度实质上是指该坐标轴上一个特殊点的重复定位精度，故其测量方法与测量重复定位精度基本相同，只不过将上述三个位置改为终点位置即可。

4. 反向误差的检测

直线运动轴的反向误差，它包括该坐标轴进给传动链上的驱动元件（如伺服电机、步进电动机等）在运行过程中的反向死区，是各机械运动传动副的反向间隙和弹性变形等误差的综合反映。该误差越大，则其定位精度及重复定位精度也越差。

5. 回转运动轴定位精度的检测

数控设备的回转运动轴，除了普通回转工作台（又称分度工作台）、数控回转工作台外，还有主轴。主轴角位移的定位精度及重复定位精度，将影响刀具交换装置抓、卸刀具的准确性，还将影响到数控车削螺纹时，主轴脉冲发生器和数控系统控制主轴在螺纹起始点的精确寻找及定位，以保证螺纹不乱纹（烂牙）。因此，需对主轴正、反方向的定位精度及重复定位精度进行检测。

6. 回转运动轴原点复位精度的检测

该项精度不仅反映回转工作台工作的可靠性，还可反映主轴定位及准停的效果，关系到能否正确换刀及精镗孔过程中的退刀等问题。该项精度的检测方法有以下几种。

（1）在圆周上七个任意位置分别进行一次原点复位运动，测量其停止位置，以读出的最大差值作为原点复位误差。

（2）对数控回转工作台，可通过数控指令使工作台连续多次（5~7次）进行正向或反向位移 360°，分别读出差值，其中的最大差值作为原点复位误差。

（3）如果在排除反向误差后，采用一正一反相同的角位移，停止后测出的误差，即为回转工作的反向误差，该误差也会影响工作台的复位精度。

（三）机床的空运转试验

空运转是在无负荷状态下运转机床，检验各机构的运转状态、温度变化、功率消耗，操纵机构的灵活性、平稳性、可靠性及安全性。试验前，应使机床处于水平位置，一般不应用地脚螺钉固定。按润滑图表将机床所有润滑之处注入规定的润滑剂。

（1）主运动试验：试验时，机床的主运动机构应从最低速依次运转，每级转速的运转时间不得少于 2 min。用交换齿轮、皮带传动变速和无级变速的机床，可作低、中、高速运转。在最高速时运转时间不得少于 1 h。使主轴轴承（或滑枕）达到稳定温度。

（2）进给运动试验：进给机构应依次变换进给量（或进给速度）的空运转试验。检查自动机构（包括自动循环机构）的调整和动作是否灵活、可靠。有快速移动的机构，应做快速移动试验。

（3）其他运动试验：检查转位、定位、分度机构是否灵活可靠；夹紧机构、读数装置和其他附属装置是否灵活可靠。与机床连接的随机附件应在机床上试运转，检查其相互关系是否符合设计要求；检查其他操纵机构是否灵活可靠。

（4）电气系统试验：检查电气设备的各项工作情况，包括电动机的启动、停止、反向、制动和调速的平稳性，磁力启动器、热继电器和终点开关工作的可靠性。

（5）整机连续空运转试验：对于自动和数控机床，应进行连续空运转试验，整个运动过程中不应发生故障。试验时自动循环应包括机床所有功能和全部工作范围，各次自动循环之间休止时间不得超过 1 min。

（四）机床的负荷试验

负荷试验是检验机床在负荷状态下运转时的工作性能及可靠性。即加工能力、承载能力及其运转状态，包括速度的变化、机床振动、噪声、润滑、密封等。

（1）机床主传动系统的扭矩试验：试验时，在小于或等于机床计算转速的范围内选一适当转速，逐级改变进给量或切削深度，使机床达到规定扭矩，检验机床传动系统各元件和变速机构是否可靠以及机床是否平稳、运动是否准确。

（2）机床切削抗力试验：试验时，选用适当的几何参数的刀具，在小于或等于机床计算转速范围内选一适当转速，逐渐改变进给量或切削深度，使机床达到规定的切削抗力。检验各运动机构、传动机构是否灵活、可靠，过载保护装置是否可靠。

（3）机床传动系统达到最大功率的试验：选择适当的加工方式、试件（材料和尺寸）、刀具（材料和几何参数）、切削速度、进给量，逐步改变切削深度，使机床达到最大功率（一般为电动机的额定功率）。检验机床结构的稳定性、金属切除率以及电气等系统是否可靠。

（4）抗振性试验：一些机床除进行最大功率试验外，还进行有限功率试验（由于工艺条件限制而不能使用机床全部功率）和极限切削宽度试验。根据机床的类型，选择适当的加工方式、试件、刀具、切削速度、进给量进行试验，检验机床的稳定性。

四、数控机床的检查

（一）检查的内容

（1）运转情况，如噪声、振动、温升、油压、功率等是否正常，各种电子装置与防尘装置是否良好，运动表面有无划伤等。

（2）精度情况，如加工精度、灵敏度、指示精确度，各种技术参数的稳定程度等。

（3）磨损情况，如接触表面与相对运动表面的接触面积、间隙等。

（二）检查的时段

（1）每日检查。由操作人员结合日常保养工作进行检查，以便及时发现异常现象。

（2）定期检查。由专职人员定期进行全面技术检查，如数控机床在两次修理之间进行的中间技术检查，以掌握数控机床的磨损状况与技术状态。

（3）修前检查。对即将着手修理的数控机床，需进行一次全面性检查，目的是具体确定本次合理的修理内容和工作量。

五、小 结

（一）数控机床通用技术条件（见表1.5）

表 1.5

执行标准号	标准名称	备注
GB/T 9061—1998	金属切削机床通用技术条件	
GB 5226.1—2002	机械安全：机械电气设备 第1部分通用技术条件	IEC60204-1：2000
GB 15760—2004	金属切削机床安全防护通用技术条件	
GB/T 16855.1—1997	机械安全：控制系统有关安全部件第1部分设计通则	PREN954-1：1994
GB/T 16462—1996	金属切削机床精度检验	
JB/T 9872—1999	金属切削机床机械加工工件通用技术条件	
JB/T 9873—1999	金属切削机床焊接通用技术条件	
JB/T 9874—1999	金属切削机床装配通用技术条件	
GB/T 13384—92	机电产品包装通用技术条件	
GB/T 16769—1997	金属切削机床噪声声压级的测量方法	
GB/T 13574—92	金属切削机床静刚度检验通则	

（二）加工中心常用检验标准（见表1.6）

表 1.6

执行标准号	标准名称	备注
JB/T 8771.1—1998	加工中心检验条件 第1部分 卧式加工中心几何精度检验	ISO10791-1：1998
JB/T 8771.2—1998	加工中心检验条件 第2部分 立式加工中心几何精度检验	ISO10791-2：1998
JB/T 8771.4—1998	加工中心检验条件 第4部分 线性和回转轴线的定位精度和重复定位精度检验	ISO10791-4：1998
JB/T 8771.7—1998	加工中心检验条件 第7部分 精加工试件精度检验	ISO10791-7：1999
JB/T 8801—1998	加工中心技术条件	

第二部分　实践工作页

一、资　讯

（1）实践目的；

（2）工作设备；

（3）工作过程知识综述。

引导问题：

（1）数控机床故障诊断与维修的意义是什么？

（2）什么是平均无故障工作时间？什么是平均有效度？

（3）数控系统故障如何分类？

（4）数控机床常用的故障诊断与维修的方法有哪些？故障诊断的一般步骤是什么？

（5）数控机床故障诊断常用的工具有哪些？各有什么用途？

（6）数控机床一般如何安装、如何调试？

（7）数控机床维护的内容有哪些？

二、计划与决策

工具、材料或工作对象、工作步骤、质量控制、安全预防、工作分工。

三、实　施

四、检　查

序号	检查项目	具体内容	检查结果
1	技术资料准备		
2	工具准备		
3	材料准备		
4	安全文明生产		

五、评价与总结

评价项目	评价项目内容	评价		
		自评	他评	师评
专业能力（60）				
方法能力（20）	能利用专业书籍、图纸资料获得帮助信息； 能根据学习任务确定学习方案； 能根据实际需要灵活变更学习方案； 能解决学习中碰到的困难； 能根据教师示范，正确模仿并掌握动作技巧； 能在学习中获得过程性（隐性）知识			
社会能力（20）	能以良好的精神状态、饱满的学习热情、规范的行为习惯、严格的纪律投入课堂学习中； 能围绕主题参与小组交流和讨论，使用规范易懂的语言，恰当的语调和表情，清楚地表述自己的意见； 能在学习活动中积极承担责任，能按照时间和质量要求，迅速进入学习状态； 应具有合作能力和协调能力，能与小组成员和教师就学习中的问题进行交流和沟通，能够与他人共同解决问题，共同进步； 能注重技术安全和劳动保护，能认真、严谨地遵循技术规范			

思考与练习

1. 数控维修技术的作用是什么？
2. 从事数控机床故障诊断与维修有哪些要求？
3. 简述数控机床的故障类型及分类方法。
4. 数控机床的电气故障与机械故障各包括哪些内容？
5. 数控机床故障诊断的方法有哪些？
6. 数控机床维修中必须注意哪些事项？

项目二　数控系统的故障诊断与维修

任务一：认识数控系统

任务二：学习 FANUC 数控系统

任务三：CNC 系统抗干扰措施

任务四：CNC 系统的主要故障

任务五：CNC 系统的自诊断

任务六：FANUC 0iC 系统报警及维修技术

任务七：典型维修案例分析

通过本项目学习，了解数控系统的组成，熟悉数控系统的分类方法，掌握数控系统的日常维护、参数调整及初始化、故障诊断思路和维修方法。

第一部分　相关知识

任务一　认识数控系统

一、数控系统的特点

数控系统通常是指数控装置、进给伺服系统、主轴伺服系统、电源等的总和。数控装置是机床数控系统的核心。数控装置经历了早期的完全由专用硬件逻辑电路组成的数控（NC）装置到目前广泛应用的由计算机硬件和软件组成的计算机数字控制（CNC）装置的发展。

CNC 装置是数控系统的核心。CNC 装置是由软件（存储的程序）来实现数字控制的。数控系统的特殊性主要由它的核心装置——CNC 装置来体现。而 CNC 装置结构包括了软件结构与硬件结构，丰富的软件同时包括了对 CNC 装置本身的自检、诊断。

在数控系统的数字电路中传递的数字信号：无论是工作指令信号、反馈信号，还是控制指令信号，大多是数字信号，也就是电脉冲信号。在大规模数字电路的 CNC 装置中，信号输入与信号输出接口多是电脉冲信号。这种信号极易受电网或电磁场感应脉冲的干扰。

综上所述，CNC 装置的重要特点：软件数控、具有软件结构与硬件结构、工作与传递的信号为电脉冲、具有自诊断功能。

二、CNC 装置的功能

数控系统的组成如图 2.1 所示。CNC 装置的功能是指它满足不同控制对象各种要求的能力，通常包括基本功能和选择功能。基本功能是数控系统必备的功能，如控制功能、准备功能、插补功能、进给功能、主轴功能、辅助功能、刀具功能、字符显示功能和自诊断功能等。选择功能是供用户根据不同机床的特点和用途进行选择的功能，如补偿功能、固定循环功能、通信功能和人机对话编程功能等。下面简要介绍 CNC 装置的基本功能和选择功能。

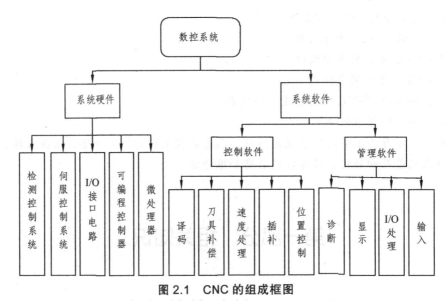

图 2.1　CNC 的组成框图

（一）基本功能

1. 控制功能

控制功能是指 CNC 装置对不同类型运动轴的控制功能。该功能的强弱取决于能控制的运动轴轴数以及能同时控制的运动轴数（即联动轴数）多少。控制轴有移动轴和回转轴、基本轴（主动轴）和附加轴（从动轴）。一般数控车床需要同时控制两个轴；数控铣床、镗床以及加工中心等需要有 3 个或 3 个以上的控制轴；加工空间曲面的数控机床需要 3 个以上的联动轴。控制轴数越多，尤其是联动轴数越多，CNC 装置的软、硬件结构就越复杂，编制程序也就越困难。

2. 准备功能

准备功能也称 G 功能，用来指定机床的动作方式，包括基本移动、程序暂停、平面选择、坐标设定、刀具补偿、基准点返回、固定循环、公英制转换等指令。它用字母 G 和其后的两位数字表示。ISO 标准中准备功能有 G00 ~ G99 共 100 种，数控系统可以从中选用。

3. 插补功能

现代 CNC 机床的数控装置将插补分为软件粗插补和硬件精插补两步进行：先由软件算出每一个插补周期应走的线段长度，即粗插补，再由硬件完成线段长度上的一个个脉冲当量逼近，即精插补。由于数控系统控制加工轨迹的实时性很强，插补计算程序要求不能太长，采用粗精二级插补能满足数控机床高速度和高分辨率的发展要求。

4. 进给功能

进给功能用 F 指令直接指定各轴的进给速度。

（1）切削进给速度：以每分钟进给距离的形式指定刀具切削速度，用字母 F 和其后的数字指定。ISO 标准中规定 F1～F5 位。字母 F 后的数字代表进给速度的位数。随着高速机床的快速发展，切削进给速度已达 F60000 mm/min 以上。

（2）同步进给速度：以主轴每转进给量规定的进给速度，单位为 mm/r。

（3）快速进给速度：数控系统规定了快速进给速度，它通过参数设定，用 G00 指令执行快速，还可用操作面板上的快速倍率开关分挡。

（4）进给倍率：操作面板上设置了进给倍率开关，倍率可在 0%～200%之间变化，每挡间隔 10%。使用进给倍率开关不用修改程序中的 F 代码，就可改变机床的进给速度。

5. 主轴功能

主轴功能是指定主轴旋转速度功能，用字母 S 和其后的数值表示。一般用 S2 和 S4 表示，多用 S4，单位为 r/min 或 mm/min。主轴旋转方向用 M03（正向）和 M04（反向）指定。机床操作面板上设置主轴倍率开关，可以不修改程序改变主轴转速。随着高速机床的快速发展，主轴旋转速度已达 S35000 r/min 以上。

6. 辅助功能

辅助功能是用来指定主轴的启停、转向、冷却泵的通断、刀库的启停等的功能，用字母 M 和其后的两位数字表示。ISO 标准中辅助功能有 M00～M99，共 100 种。

7. 刀具功能

刀具功能是用来选择刀具的功能，用字母 T 和其后的 2 位或 4 位数字表示。

8. 字符图形显示功能

CNC 装置的字符显示经历了早期的 CRT（阴极射线管）和单色液晶显示器到彩色液晶显示器的发展，通过软件和接口实现字符和图形显示。可以显示程序、参数、补偿值、坐标位置、故障信息、人机对话编程菜单、零件图形等。

9. 自诊断功能

CNC 装置中设置了故障诊断程序，可以防止故障的发生或扩大。在故障出现后可迅速查明故障类型及部位，减少故障停机时间。不同的 CNC，装置诊断程序的设置不同，可以设置在系统运行前或故障停机后诊断故障的部位，还可以进行远程通信完成故障诊断。

（二）选择功能

1. 补偿功能

在加工过程中，由于刀具磨损或更换刀具，以及机械传动中的丝杠螺距误差和反向间隙（失动量）等，将使实际加工出的零件尺寸与程序规定的尺寸不一致，造成加工误差。CNC装置的补偿功能是把刀具长度或半径的补偿量、螺距误差和反向间隙误差的补偿量输入它的存储器，存储器就按补偿量重新计算刀具运动的轨迹和坐标尺寸，加工出符合要求的零件。

2. 固定循环功能

用数控机床加工零件，一些典型的加工工序，如钻孔、镗孔、深孔钻削、攻螺纹等，所需完成的动作循环十分典型，将这些典型动作预先编好程序并存储在内存中，用 G 代码进行指令，形成固定循环功能。固定循环功能可以大大简化程序编制。

3. 通信功能

实现 PC（个人计算机）与 CNC 装置的通信，可以采用 CNC 装置上的 RS232-C 接口，也可以采用 CNC 装置的以太网接口。现代 CNC 装置也配置了 CF 卡、USB 接口，实现程序和参数的输入、输出和存储。有的 CNC 装置可以与 MAP（制造自动化协议）相连，接入工厂的通信网络，以适应 FMS、CIMS 的要求。

4. 人机对话编程功能

有的 CNC 装置可以根据蓝图直接编程，编程员只需输入表示图样上几何尺寸的简单命令，就能自动地计算出全部交点、切点和圆心坐标，生成加工程序。有的 CNC 装置可以根据引导图和说明显示进行对话式编程。有的 CNC 装置还备有用户宏程序，用户宏程序是用户根据 CNC 装置提供的一套编程语言——宏程序编程指令，自己编写的一些特殊加工子程序，使用时由零件主程序调入，可以重复使用。未受过编程训练的操作工人都能用此很快进行编程。

三、机床数控装置系统软件的工作过程

CNC 装置的工作过程是在硬件系统的支撑下，执行软件的过程。CNC 装置的工作原理是通过输入设备输入机床加工零件所需的各种数据信息，经过译码、计算机的处理、运算，将每个坐标轴的移动分量送到其相应的驱动电路，经过转换、放大，驱动伺服电动机，带动坐标轴运动，同时进行实时位置反馈控制，使每个坐标轴都能精确移动到指令所要求的位置。下面从输入、译码、刀具补偿、进给速度处理、插补、位置控制、I/O 接口、显示和诊断等方面来简述 CNC 装置的工作过程。

（一）输　入

CNC 装置开始工作时，首先要通过输入设备完成加工零件各种数据信息的输入工作。输入给 CNC 装置的各种数据信息包括零件程序、控制参数和补偿数据。

输入的方式由早期的光电阅读机、纸带输入或磁盘输入、键盘输入、CF 卡输入、USB 接口输入、与上位机通信接口相连实现 DNC 加工输入。在输入过程中 CNC 装置还要完成输入代码校验和代码转换。输入的全部数据信息都存放在 CNC 装置的内存储器中。

（二）译　码

在输入过程完成之后，CNC 装置就要对输入的信息进行译码，即将零件程序以程序段为单位进行处理，把其中的零件轮廓信息、加工速度信息及其他辅助信息，按照一定的语法规则解释成计算机能识别的数据形式，并以一定的数据格式存放在指定的内存专用区内。在译码过程中还要完成对程序段的语法检查等工作。若发现语法错误便立即报警显示。

（三）刀具补偿

通常情况下，CNC 机床是以零件加工轮廓轨迹来编程的，但是 CNC 装置实际控制的是刀具中心轨迹（刀架中心点和刀具中心点），而不是刀尖轨迹。刀具补偿的作用是把零件轮廓轨迹转换为刀具中心轨迹。刀具补偿是 CNC 装置在实时插补前要完成的一项插补准备工作。刀具补偿包括刀具半径补偿和刀具长度补偿（刀具偏置）。目前，在较先进的 CNC 装置中，刀具补偿的功能还包括程序段之间的自动转接和切削判别，即所谓的 C 功能刀具补偿。

（四）进给速度处理

CNC 装置在实时插补前要完成的另一项插补准备工作是进给速度处理。因为编程指令给出的刀具移动速度是在各坐标合成方向上的速度，进给速度处理要根据合成速度计算出各个坐标方向的分速度。此外，还要对机床允许的最低速度和最高速度的限制进行判别处理，以及用软件对进给速度进行自动加减速处理。

（五）插　补

插补就是通过插补程序在一条已知曲线的起点和终点之间进行"数据点的密化"工作。CNC 装置中有一个采样周期，即插补周期，一个插补周期形成一个微小的数据段。若干个插补周期后实现从曲线的起点到终点的加工。插补程序在一个插补周期内运行一次，程序执行的时间直接决定了进给速度的大小。因此，插补计算的实时性很强，只有尽量缩短每一次运算的时间，才能提高最大进给速度和留有一定的空闲时间，以便更好地处理其他工作。

插补工作可以用硬件或软件实现。早期采用硬件数控系统（NC）插补，而 CNC 数控装置中，一般由软件来完成。软件插补法可分为脉冲增量插补法和数据采样插补法两类。

（六）位置控制

位置控制是在伺服系统的位置环上。位置控制可以由软件完成，也可以由硬件完成。它的主要任务是在每个采样周期内，将插补计算出的指令位置与实际位置反馈相比较，获得差值去控制进给伺服电动机。在位置控制中，通常还要完成位置回路的增益调整、各坐标方向的螺距误差补偿和反向间隙补偿，以提高机床的定位精度。

（七）I/O 接口

I/O 接口主要是处理 CNC 装置与机床之间强电信号的输入、输出和控制，例如换刀、挡位切换、冷却等。

（八）显　示

CNC 装置显示的主要作用是便于操作者对机床进行各种操作，通常有零件程序显示、参数显示、刀具位置显示、机床状态显示、报警显示等。有些 CNC 装置中还有刀具加工轨迹的静态和动态图形显示。

（九）诊　断

现代 CNC 机床都具有联机和脱机诊断功能。联机诊断是指 CNC 装置中的自诊断程序随时检查不正常的事件。脱机诊断是指系统空运转条件下的诊断。一般 CNC 装置都配备脱机诊断程序，用以检查存储器、外围设备和 I/O 接口等。脱机诊断还可以采用远程通信方式进行诊断。把用户的 CNC 装置通过电话线与远程通信诊断中心的计算机相连，由诊断中心计算机对 CNC 机床进行诊断、故障定位和修复。

四、常用 CNC 产品

（一）FANUC

FANUC 公司是全球最大、最著名的 CNC 生产厂家，其产品以可靠性著称，在技术上居世界领先地位，产品占全球 CNC 市场的 50%以上。

FANUC 0i D 系列（FANUC 0iMate D/0i D）CNC 为 FANUC 当前主要产品，可以满足绝大多数 5 轴以内数控机床的控制要求，在国内使用最广泛。

FANUC 30i/31i/32i 系列为高端系列，最高控制轴数/联动轴数可达 40 轴（32 进给 + 8 主轴）/24 轴，加工精度可达 1 nm，适合当代高速、高精度加工与功能复合、网络化数控机床需要的先进功能。

（二）SIEMEMS

SIEMEMS 公司是世界上 CNC 的主要生产厂家之一。主要产品有高档、全功能型 840D sl 系统，经济型的 808D、828D 等。

（三）其他国外产品

常见 CNC 还有日本的三菱、安川，德国的 HEIDENHAIN，法国的 Schneider，西班牙的 FAGO 等。

（四）国内 CNC 产品

国内常见的 CNC 产品有北京的 KND、广州的 GSK、武汉的华中等，它们在国产经济型数控机床的用量正在逐步扩大，但总体技术水平与国外产品还有很大差距，要真正树立民族品牌还有待进一步努力。

五、小　结

（1）CNC 插补与位置控制指令的输出。

CNC 对机床的坐标轴运动进行控制，其控制原理为位置量控制系统。CNC 需要控制的是：几个轴的联动、运动轨迹（加工轮廓）的计算，最重要的是保证运动精度和定位精度（动态的轮廓几何精度和静态的位置几何精度），各轴的移动量（mm）、移动速度（mm/min）、移动方向、启动/制动过程（加速/降速）、移动的分辨率。

（2）现代的 CNC 系统是纯电气的控制系统。进给轴的移动是由伺服电机执行的。伺服电机由伺服放大器提供动力。伺服放大器的工作由 CNC 的插补器分配输出信号。

（3）插补器每运算一次称为一个插补周期，一般为 8 ms，计算复杂型面的插补器使用高速 CPU，插补周期可缩短，目前可达 2 ms。一个程序段分多少个插补周期，取决于轮廓形状的轮廓尺寸。

（4）经过插补运算，算出了加工所要求的工件形状在同一时间周期（插补周期）内各个坐标轴移动的距离（移动量），它是以脉冲数表示的。

例如：在插补周期内，X 轴进给 25 个脉冲、Y 轴进给 50 脉冲，分别送给对应的坐标轴，作为相应轴的位置移动指令。脉冲序列由正负号指令对应轴的运动方向，脉冲序列按一定的频率输出，指令该轴的运动速度。该装置叫作脉冲分配器，如图 2.2 所示。

图 2.2　进给脉冲输出

（5）为防止产生加工运动冲击，提高加工精度和光洁度，在脉冲分配给各进给轴之前，对进给速度都进行加/减速控制。如图 2.3 所示，CNC 可实现两种加/减速控制：插补前加/减速和插补后加/减速。

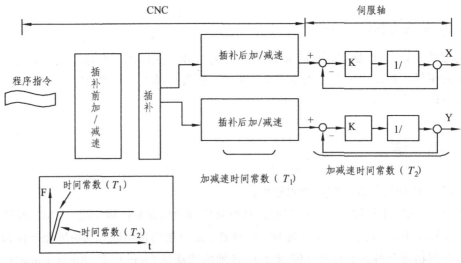

图 2.3 加减速控制

① 插补前用直线型加/减速方法，这样可以减小加工的形状误差。除此之外，为了提高加工精度和加工速度，还开发有预读/预处理多个程序段、精细加减速等 CNC 软件。

② 插补后通常用直线型或指数型加/减速方法。指数型加/减速的速度变化比较平滑，因而冲击小，但速度指令的滞后较大。相反，直线型加/减速的速度变化迅速，时间常数设得较小时会造成冲击，引起机床的振动。但加工出的零件轮廓可能与编程的轮廓接近。

（6）位置控制系统。

机床工作台（包括转台）的进给是用伺服机构驱动的，目前都是电气化的自动控制。电机与滚珠丝杠直接连接，如图 2.4 所示，这样由于传动链短，运动损失小，且反应迅速，因此可获得高精度。

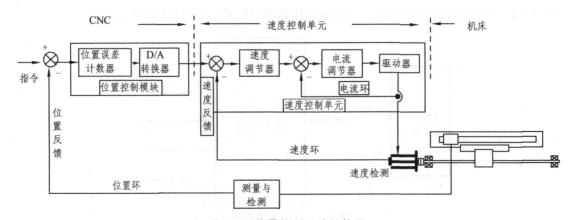

图 2.4 位置控制系统结构图

机床的进给伺服属于位置控制伺服系统。如图 2.4 所示,输入端接收的是来自 CNC 插补器在每个插补周期内串行输出的位置脉冲。

① 脉冲数表示位置的移动量(通常是一个脉冲为 1 μm,即系统分辨率为 1 μm)。

② 脉冲频率(即在单位时间内输出的脉冲数的多少)表示进给的速度。

③ 脉冲的符号表示轴的进给方向,通常是将脉冲直接送往不同伺服的指令入口。

图 2.4 只画出了一个进给轴,实际的机床有几个轴,但是控制原理都是一样的。几个轴在同一插补周期内接收到插补指令时,由于在同一时间内的进给量不同,进给速度不同,运动方向不同,其合成的运动就是曲线,刀具依此曲线轨迹运动即可加工出程序所要求的工件轮廓。

对进给伺服的要求不只是静态特性,如停止时的定位精度、稳定度。更重要的是进给的伺服刚性好,响应性快,运动的稳定性好,分辨率高。这样才能高速、高精度地加工出表面光滑的高质量工件。

(7) SIEMEMS 808D 数控系统概述。

① 基于操作面板的紧凑型数控系统 SINUMERIK 808D 车削系统和 SINUMERIK 808D 铣削系统。

② SINUMERIK 808D 车削符合现代普及型车床的所有要求——高轮廓、高精度和高动态特性,确保了最高的机床生产效率,尤其是在进行大批量车削加工时表现尤为突出。

SINUMERIK 808D 车削完美适合于加工应用:

a. 一个加工通道中最多 4 进给轴/主轴;

b. 专为斜床身和平床身数控车床定制的系统软件。

③ SINUMERIK 808D 铣削完美适用于现代普及型铣床及立式加工中心。得益于 SINUMERIK MDynamics 铣削工艺包的速度控制功能,SINUMERIK 808D 也适用于模具加工。因此在普及型铣床应用方面,SINUMERIK 808D 具有完美的性价比。

SINUMERIK 808D 铣削完美适合于加工应用:

a. 一个加工通道中最多 4 进给轴/主轴;

b. 专为立式加工中心定制的系统软件;

c. 简单模具加工。

④ SINAMICS V60 驱动模块和 SIMOTICS 1FL5 进给电机是实现普及型车床和铣床应用中进给轴最佳动态性能和精确度的最佳组合。通过闭环转速和电流控制,SINAMICS V60 完美适用于经济型进给轴并保证在不使用任何 PC 工具的情况下进行非常简便的调试工作。SINAMICS V60 驱动模块和 SIMOTICS 1FL5 进给电机保证了恶劣环境下的使用。

⑤ SIEMEMS 808D 数控系统连接图,见图 2.5。

(8) SIEMEMS 828D 数控系统概述。

① SINUMERIK 828D 是客户定制的 CNC 解决方案,专用于中等功率范围的车床和铣床。SINUMERIK 828D 是基于面板技术的 CNC 控制系统(Panel Processing Unit)。

② CNC、PLC、操作面板和标配的用于 6 个轴驱动的控制模块都集成在一个单元中。这种结构可以省去 CNC 电路板和操作面板之间的硬件接口,从而大大提高系统的耐用度。并且为了确保免维护运行,系统没有使用如风扇和缓冲蓄电池等易损件。

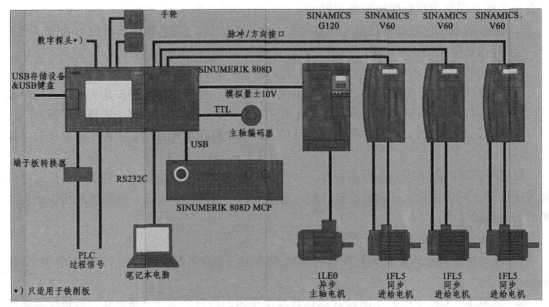

图 2.5 808D 数控系统连接图

③ CNC 操作面板上配备了专用于车铣工艺的系统软件。

a. 2 种操作面板类型，适用于水平型和垂直型的操作面板机箱。

b. 内置 QWERTY CNC 全键盘，带机械键。

c. 操作前面板上具备 USB、CF 卡和以太网接口。

d. 此外，CNC 背面也具备了以太网接口，用于接入工厂的固定网络。

e. 基于 PROFINET 技术的 PLC I/O 接口，用于连接 PLC 外设和机床控制面板。

f. PP 72/48D PN 用作 PLC 外设模块。

g. 可连接 2 个手轮。

h. 可以选择连接 GSM 调制解调器。

i. 铣削中可最多使用 6 根进给轴/主轴；车削中可最多使用 8 根进给轴/主轴。

j. 1 个加工通道/运行方式组。内置 PLC，以使用梯形图（Ladder-Steps）编程方式的 SIMATIC S7-200 指令组为基础。

④ 828D PPU 按性能分为 PPU240/241（基本型）、PPU260/261（标准型）、PPU280/281（高性能型）三种，它们的基本特点如表 2.1 所示。

表 2.1

基本特点	PPU240/241	PPU260/261	PPU280/281	
最大支持轴数	5	6	铣床：6	车床：8
最大支持 I/O	3 个 PP72/48DPN	4 个 PP72/48DPN	5 个 PP72/48DPN	

⑤ SIEMEMS 828D 数控系统连接图，见图 2.6。

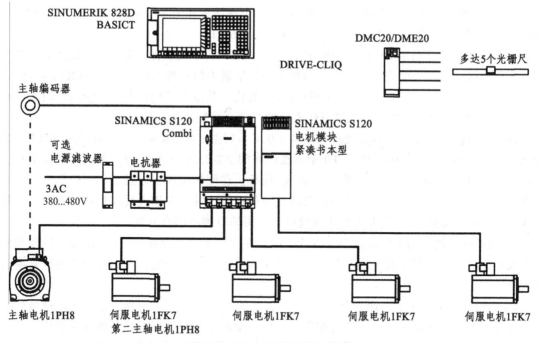

图 2.6　828D 数控系统连接图

（9）SIEMEMS 840D sl 数控系统概述

① SINUMERIK 840D sl 提供开放、灵活、强大的 CNC 系统，通过与 SINAMIC S120 相结合，可以控制多达 93 根轴。

② SIEMEMS 840D sl 具有分散性、灵活性、开放性、内部连接以及功能广泛等特性，从而使 SINUMERIK 840D sl 可以应用于几乎所有的加工领域，同时在动态性、精度和网络整合方面建立标准。

③ SINUMERIK 840D sl 提供统一的编程、操作和加工循环。由于此 CNC 系统平台具有最优的设计、创新的 NC 功能、通信和开放性，从而使其在编程、安装、调试等方面都具有很高的效率。也正是由于其灵活性，从而使 SINUMERIK 840D sl 更能适应于需要根据不同的加工技术选择出个性化功能机床的需求。

任务二　学习 FANUC 数控系统

一、FANUC 数控系统主要系列

日本 FANUC 公司是世界从事数控产品生产最早、产品市场占有率最大、最有影响的数控类产品开发、制造厂家之一，该公司自 20 世纪 50 年代开始生产数控产品以来，至今已开发、生产了数十个系列的控制系统。FANUC 系统是数控机床上使用最广、维修中遇到最多的系统之一。在 FANUC 数控系列产品中，最有代表性的数控装置主要有 F6（FANUC 6 系列数控装置的简称，下同）、F10、F11、F12、F15、F16、F18、F0 等。

F0 是 FANUC 公司 1985 年推向市场的产品，是 FANUC 代表性产品之一。该产品在全世界机床行业得到了广泛的应用，是中国市场上销售量最大的一种系统。F0 系列共有 F0-MA、F0-TA、F0-MC、F0-TC、F0-MD、F0-TD 等多种规格，其基本结构相近，功能与使用场合有所不同。其中，F0-MC/TC 是其中具有代表性的产品，功能最强，使用最广。

该系列数控系统是一个多微处理器系统。0 A 系列主 CPU 为 80186，0B 系列主 CPU 为 80286，0C 系列主 CPU 为 80386。F0 系列在已有的 RS-232C 串行接口之外，又增加了具有高速串行接口的远程缓冲器，以便实现 DNC 运行。在硬件组成上以最少的元件数发挥最高的效能为宗旨，采用了最新型高速和高集成度微处理器，共有专用大规模集成电路 6 种，其中 4 种为低功耗 CMOS 专用大规模集成电路，专用的厚膜电路有 9 种。

F0 的硬件结构采用了传统的结构方式，即：在主板上插有存储器板、I/O 板、轴控制模块以及电源单元等，只是其主板较其他系列的主板要小得多，因此，在结构上显得较紧凑、体积小。

F0 系列是一种采用了高速 32 位微处理的高性能的 CNC。控制电路中采用了高速微处理器、专用大规模集成电路、半导体存储器等器件，提高了系统的可靠性与性能价格比。

F0 可以配套使用 FANUC S 系列、α 系列、α C 系列、β 系列等高速数字式交流伺服驱动系统，无漂移影响，可以实现高速、高精度的控制。

该系列系统采用了高性能的固定软件与菜单操作的软功能面板，可以进行简单的人机对话式编程。系统还保留了 F11 的 PMC 诊断与 PMC 程序的动态显示功能，可显示出从 CNC 输出或向 CNC 输入的开关量信号；通过 CRT 还可以利用独立的页面显示系统的快进速度、加/减速时间常数等各种参数的设定值。通过 MDI（手动数据输入）方式，还可以对机床的开关量输入、输出信号进行控制。

二、FANUC 0i/0i Mate 数控装置的基本组成

数控机床 CNC 控制是集成多学科的综合控制技术。FANUC 0i 数控装置由主控制单元和 I/O 单元两个部分构成；FANUC 0i Mate 数控装置则把主控制单元和 I/O 单元合二为一。主控制单元主要包括 CPU、内存（系列软件、宏程序、梯形图、各类参数等）、PMC 控制、I/O LINK 控制、伺服控制、主轴控制、内存卡 I/F、LED 显示等。I/O 单元主要包括电源、I/O 接口、通信接口、MDI 控制、显示控制、手摇脉冲发生器控制和高速串行总线等。

一台典型的 CNC 控制系统包括 CNC 控制单元（数值控制器部分）、伺服驱动单元和进给伺服电机、主轴驱动单元和主轴电机、PMC（PLC）控制器、机床外设（包括刀库）、控制信号的输入/输出（I/O）单元、机床的位置测量与反馈单元（通常包括在伺服驱动单元中）、外部轴（机械）控制单元（如刀库、交换工作台、上下料机械手等的驱动轴）、信息的输入/输出设备（如计算机、磁盘机、存储卡、键盘、专用信息设备等）和网络（如以太网、FSSB（高速数据传输口）、RS-232C，如图 2.7 所示。

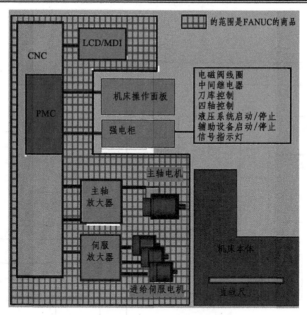

图 2.7 FANUC CNC 控制系统组成

FANUC 0i-D 数控系统本体（控制器部分）实际上就是一台专用的微型计算机，是 CNC 设备制造厂自己设计生产的专门用于机床的控制核心。图 2.8 所示为 FANUC 0i-D 数控系统本体的硬件组成。从图 2.8 中可以看出，FANUC 0i-D 数控系统的主板是一体化的，可拆卸部分只有轴卡、FLASH ROM/SRAM 模块、电源模块以及可选板等。图 2.9 表示 FANUC 0i-D 数控系统基本的控制功能模块。

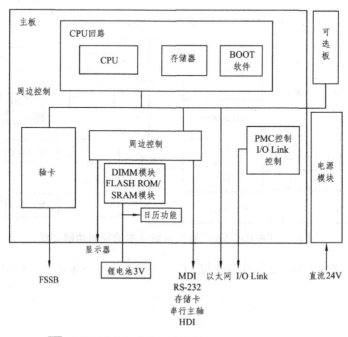

图 2.8 FANUC 0i-D 数控系统本体的硬件组成

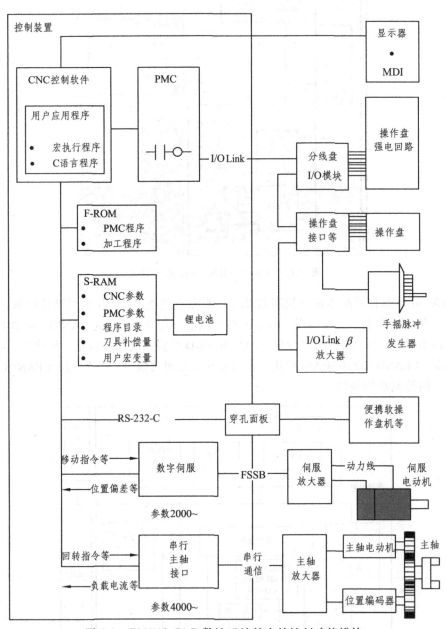

图 2.9 FANUC Oi-D 数控系统基本的控制功能模块

FANUC 0i 系列的 CNC 控制器部件与 LCD 显示器采用一体化方式安装，其硬件实物结构如图 2.10 所示。

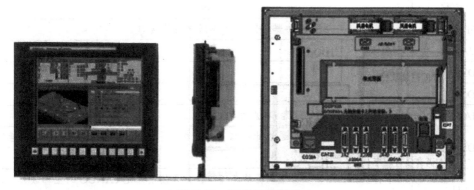

图 2.10　硬件实物结构

其中，轴卡和 FLASH ROM/SRAM 模块在主板中的安装位置如图 2.11 所示。

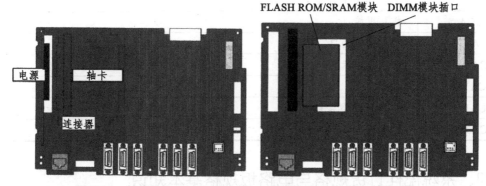

图 2.11　轴卡和 FLASH ROM/SRAM 模块在主板中的安装位置

三、系统接口的功能

CNC 控制器的背面接口和主板接口如图 2.12 所示，其接口功能如表 2.2 所示。

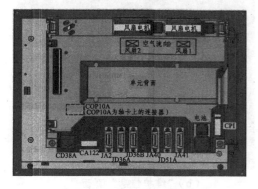

（a）CNC 控制器背面接口

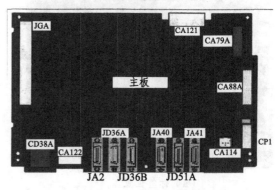

（b）CNC 控制器主板接口

图 2.12　CNC 控制器接口位置图

表 2.2 CNC 控制器接口功能

接口名称	功　　能
COP1OA	系统轴卡与伺服放大器之间进行数据通信的接口
JA2	MDI 面板接口
JD36A	RS-232C 串行口 1
JD36B	RS-232C 串行口 2
JA40	主轴模拟输出口/高速 DI 点的输入口
JD51A	I/O Link 接口，系统通过此接口与机床强电柜的 I/O 设备进行通信（包括机床操作面板），交换 I/O 号
JA41	串行主轴和主轴位置编码器的连接口，如果使用的是 FANUC 的主轴放大器，此接口与主轴放大器上的接口 JA7B 连接，若使用模拟主轴此接口与主轴位置编码器连接
CP1	系统的直流 24 V 电源的输入接口，如果机床开机系统黑屏，首先要查看此处是否有直流 24 V 电源输入；如果直流 24 V 电源输入正常，检查系统熔断器。注意此处要用 24 V 稳压电源
JGA	扩展板接口
CA79A	视频信号接口
CA88A	PCMCIA 卡接口
CA122	软键接口
CA121	LCD 逆变器接口
CD38A	以太网接口

四、系统部件订货规格与电路板规格基本知识

系统序列号是系统唯一的 ID 号。如果是北京发那科机电有限公司销售的系统，系统序列号以字母"B"开头，否则以字母"E"开头。序列号可以通过系统主板外贴的标签查看，如图 2.13（a）所示，从图中可看出系统序列号为 B09800675。还可以从数控系统中获得数据表。

（a）标签位置

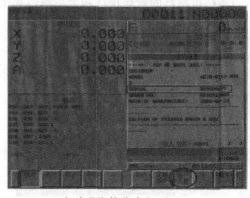

（b）"维护信息"页面

图 2.13　系统序列号的查看

按机床 MDI 面板上的【system】功能键，再按扩展键，直到出现【维护信息】菜单，单击进入"维护信息"页面，如图 2.13（b）所示，"SERIAL"一栏显示系统序列号为 B09800675。

若从"维护信息"页面中查到的系统序列号与从系统主板外贴的标签上查到的系统序列号不一致，一般以从系统主板外贴的标签上查到的为准。

CNC 单元内各个组成模块都有独立的生产批号，可供订货或更换备卡时参考。0i 系列 PCB 板规格和 ID 如表 2.3 所示。

表 2.3　0i 系列 PCB 板规格和 ID

品　名	规　格	ID
主板 AO	A20B-8200-0540	00428
主板 A1	A20B-8200-0541	00429
主板 A2	A20B-8200-0542	0042 A
主板 A3	A20B-8200-0543	0042B
主板 A5	A20B-8200-0545	0042C
轴卡 A1	A20B-3300-0635	00146
轴卡 A2	A20B-3300-0638	0014B
轴卡 B2	A20B-3300-0632	0014D
轴卡 B3	A20B-3300-0631	0014E
FLASH ROM/SRAM 模块 A1（FLASH ROM 64 MB，SRAM 1 MB）	A20B-3900-0242	FLASH ROM：E3SRAM：03
FLASH ROM/SRAM 模块 B1（FLASH ROM 128 MB，SRAM 1 MB）	A20B-3900-0240	FLASH ROM：E4 SRAM：03
FLASH ROM/SRAM 模块 B2（FLASH ROM 128 MB，SRAM 2 MB）	A20B-3900-0241	FLASH ROM：E4 SRAM：04
快速以太网	A20B-8101-0030	00701
电源（无插槽）	A20B-8200-0560	01
电源（2 插槽）	A20B-8200-0570	10
变频器（8.4 in 彩色 LCD 用）	A20B-8002-0703	—
变频器（10.4 in 彩色 LCD 用）	A20B-8002-0702	—
触摸板控制印制电路板	A20B-8002-0312	—

五、各部件的作用

数控系统是数控机床的大脑和中枢，数控系统本体的硬件组成如下：

1. CPU

CPU 即中央处理器，负责整个系统的运算、中断控制等。

2. 存储器 Flash ROM、SRAM DRAM

Flash ROM（Flash Read Only Memory，快速可改写只读存储器）存放着 FANUC 公司的系统软件，包括：

① 插补控制软件；

② 数字伺服软件；

③ PMC 控制软件；

④ PMC 应用程序（梯形图）；

⑤ 网络通信软件（以太网及 RS-232C、DNC 等）；

⑥ 图形显示软件等。

SRAM（Static Random Access Memory，静态随机存储器）存放着机床厂及用户数据：

① 系统参数（包括数字伺服参数）；

② 加工程序；

③ 用户宏程序；

④ PMC 参数；

⑤ 刀具补偿及工件坐标补偿数据；

⑥ 螺距误差补偿数据。

DRAM（Dynamic Random Access Memory，动态随机存储器）作为工作存储器，在控制系统中起缓存作用。

3. 数字伺服轴控制卡

目前数控技术广泛采用全数字伺服交流同步电机控制。全数字伺服的运算以及脉宽调制功能均以软件的形式打包装入 CNC 系统内（写入 Flash ROM 中），支撑伺服软件运算的硬件环境由 DSP（Digital Signal Process，数字信号处理器）以及周边电路组成，这就是所谓的"轴控制卡"，简称"轴卡"。

4. 主　板

主板包含 CPU 外围电路、I/O Link（串行输入/输出转换电路）、数字主轴电路、模拟主轴电路、RS-232C 数据输入/输出电路、MDI（手动数据输入）接口电路、高速输入信号等。

六、小　结

1. FANUC 0i D 系列数控系统

FANUC 0i Model D 系列 CNC 产品包含 0i D 与 0i Mate-D 两大系列。每一系列产品，根据机型的差异，又可分为适用于铣床系列的 0i-MD 和 0i-Mate MD 系统与适用于车床系列的 0i-TD 和 0i Mate-TD 系统，并在显示器前部添加了 USB 接口，可以使用市售的 USB 存储盘存储 CNC 内的各种数据，提高了操作的便利性，有无 USB 接口对外部尺寸和安装尺寸没有影响。

FS 0i-D 系列产品，显示器有 10.4"与 8.4"LCD 两种规格可供选择。配置 10.4"显示器的系统采用 LCD 与 MDI 单元分离型的结构，MDI 单元需要单独订购；而配置 8.4"LCD 的系统采用显示器/MDI 单元一体型结构，MDI 单元无需另行购买。

其中，8.4"的 LCD/MDI 一体型 CNC，按面板布局，有横式和竖式两种结构，可根据需要进行选择。

FANUC 0i D 系列产品的详细划分见表 2.4。

表 2.4

FS 0iD 系列 CNC		显示器尺寸	MDI 单元	面板布局	基本单元
0i-D	0i-MD	10.4"	分离型	—	0 槽/2 槽
		8.4"	一体型	横式/竖式	0 槽/2 槽
	0i-TD	10.4"	分离型	—	0 槽/2 槽
		8.4"	一体型	横式/竖式	0 槽/2 槽
0i Mate-D	0i Mate-MD	8.4"	一体型	横式/竖式	—
	0i Mate-TD	8.4"	一体型	横式/竖式	—

2. FANUC 0i D 系列 CNC 基本单元/显示器（见图 2.14）

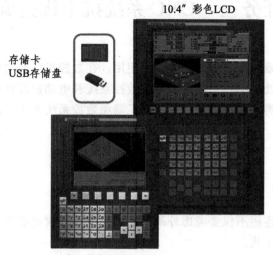

图 2.14　FANUC 0i MD 系统显示器、CF 卡、USB 接口

3. FANUC 0i D 系统结构图（见图 2.15）

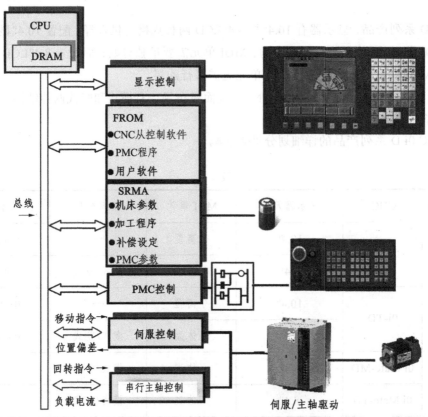

图 2.15　FANUC 0i D 系统结构图

任务三　CNC 系统抗干扰措施

　　数控系统一般在电磁环境恶劣的工业现场使用。在数控机床的电气设计过程中，数控系统对干扰的抑制，如果处理不好，经常会发生数控系统和电动机反馈的异常报警，在机床电气完成装配后，处理这类问题就非常困难。为了避免数控系统此类故障的发生，在机床设计时应该全方位考虑。

一、CNC 系统干扰产生的主要原因

　　数控系统的安装与连接不仅要考虑外部干扰的影响，同时也必须考虑内部控制装置之间控制装置对外部设备的干扰。

　　（1）电源进线端的浪涌电流。

　　（2）感性负载（交流接触器、继电器等）接通关断时反向电动势引起的脉冲干扰。

（3）辐射噪声的干扰，如图 2.16 所示。

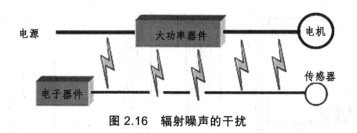

图 2.16　辐射噪声的干扰

（4）感应噪声的干扰，如图 2.17 所示。

图 2.17　感应噪声的干扰

（5）传导噪声的干扰。

连接同一电源和公共地线的设备之间，因某一大功率的器件所产生的噪声可对其他设备产生传导噪声的干扰，如图 2.18 所示。

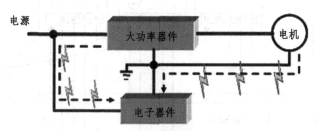

图 2.18　传导噪声的干扰

二、抗干扰的措施

为了预防干扰，数控系统可采用如下措施：

（1）接地处理。

① 信号地（SG）：供给控制信号的基准电平（0 V）。

② 机壳地（FG）：抵抗干扰而提供的将内部和外部噪声隔离的屏蔽层，各单元机壳、外罩、安装板和电缆的屏蔽均应接在一起。

③ 系统地（PE）：保护地。各装置的机壳地和大地相连，保护人员免于触电危险的同时还可使干扰噪声流入大地。

信号地和机壳地在系统内部已经相连，将机壳地接入接地端，如图 2.19 所示。

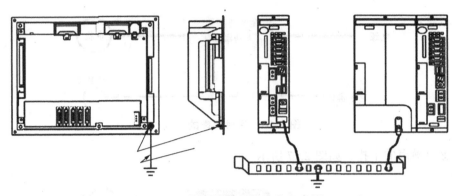

图 2.19　机壳地接入接地端示意图

　　伺服放大器接地，电源单元的信号接地与机壳接地之间的走线与接地点应尽量分开，避免相互干扰，如图 2.20 所示。

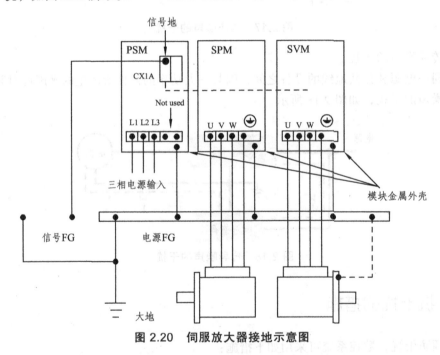

图 2.20　伺服放大器接地示意图

　　电源输入端加装浪涌吸收器和噪声滤波器、隔离变压器等，如图 2.21 所示。

（2）加噪声滤波器。

① 消除电缆的辐射噪声。

② 杂散电容引起的传导噪声。

（3）交流感性负载（接触器线圈）加装灭弧器。

（4）直流感性负载（继电器线圈）加装二极管。

（5）信号线和动力线走线分离处理方法如表 2.5 所示。

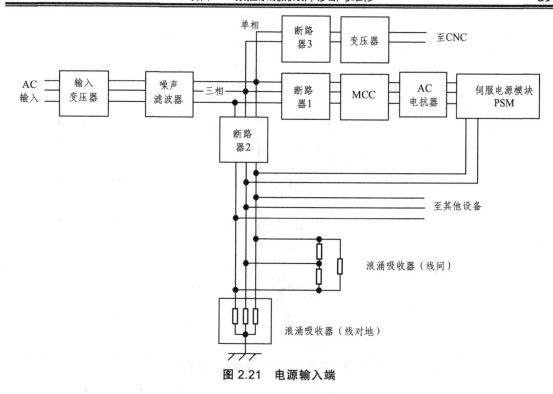

图 2.21 电源输入端

表 2.5 信号线和动力线走线分离处理方法

组	信号内容	处理方法
A	交流电源线	请与 B、C 组独立捆束，或采用电磁屏蔽方法
	电机动力线	
	交流电磁阀线	
B	直流电磁阀或继电器（＋24 V）	请与 A 组独立捆束，或采用电磁屏蔽的方法。尽可能与 C 组分离
	I/O 装置与强电盘连线	
	其他的直流控制电源线（＋24 V）	
C	系统与外设的通讯线	请与 A 组独立捆束，或采用电磁屏蔽的方法。尽可能与 B 组分离 必须进行屏蔽处理
	电机编码器反馈线	
	主轴反馈线	
	手轮线	
	RS 232-C	

注：独立捆束指组和组之间的间隔在 10 cm 以上，电磁屏蔽措施可采用钢板隔离、加装磁环等手段。

（6）信号电缆的屏蔽接地处理，如图 2.22 所示。

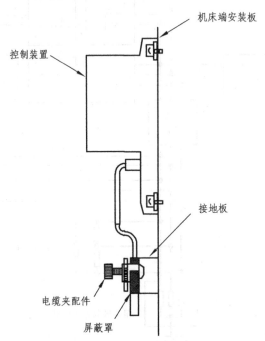

机床端安装板

控制装置

接地板

电缆夹配件

屏蔽罩

图 2.22　信号电缆的屏蔽接地示意图

注：若通信反馈电缆较长也可以通过加装磁环，来抵抗干扰。尽量使信号线的屏蔽接地板与电源单元的接地板分离。

三、小　结

1. 电磁兼容性

电磁兼容性的英文名称为 Electromagnetic Compatibility，简称 EMC。

（1）IEC 国际电工委员会对电磁兼容的定义：电磁兼容性是电子设备的一种功能，电子设备在电磁环境中能完成其功能而不产生不能容忍的干扰。

（2）我国最新颁布的电磁兼容性国家标准中，对电磁兼容性做出如下定义：设备或系统在其电磁环境中能正常工作且不对该环境中的任何事物构成不能承受的电磁干扰。

电磁兼容技术是一门迅速发展的交叉学科，涉及电子、计算机、通信、航空航天、铁路交通、电力、军事等方面。在当今信息社会，随着电子技术、计算机技术的发展，一个系统中采用的电气及电子设备数量大大增加，而且电子设备的频带日益加宽，功率逐渐增大，灵敏度提高，连接各种设备的电缆网络也越来越复杂，因此，电磁兼容问题日显重要。

2. 第一类环境

住宅、商业和轻工业电磁兼容性必须遵照以下标准：

发射：EN50081-1；

抗干扰：EN50082-1。

3. 第二类环境

工业环境电磁兼容性必须遵照以下标准：

发射：EN50081-2；

抗干扰：EN50082-2。

4. 工业环境电磁兼容性（EMC）设计的区域原则

（1）一个传动控制系统根据不同的构成部件分成不同的 EMC 区域，每个区域对噪声的发射和抗干扰都有其自己的要求。不同区域在空间上最好用金属壳或在柜体内用接地隔板隔离。

（2）不同区域的电缆不应放在同一条电缆槽中。

（3）从柜中引出的所有总线电缆和信号电缆必须屏蔽。

（4）如果需要，滤波器应安装在区域间接口位置。

（5）仅靠安装滤波器不能完全满足 EMC，故诸如屏蔽电机馈电电缆和空间隔离等措施是必要的。

5. 基本电磁兼容性 EMC 安装规则

（1）规则一：接地。

① 主接地汇流排；

② 扁平连接件，用扁平线将柜体的金属件连接好（等电位连接）；

③ 粗接地线，如图 2.23 所示。

图 2.23

（2）规则二：屏蔽。

① 捆扎带被固定安装地导轨上，模拟与数字控制电缆要两端接地，如图 2.24 所示。

② 在插头（接线端子）之前和之后将电缆的屏蔽层用螺钉连接的形式固定到屏蔽总线排上。如图 2.25 所示。

图 2.24

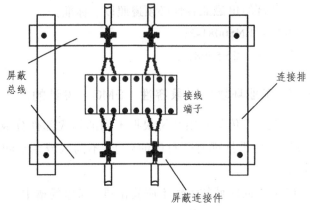

图 2.25

（3）规则三：动力电缆和信号电缆分开布线。

① 将电源与信号线分开到不同区域，见图 2.26。

② 不同区域来的线走不同的线槽。

③ 不同区域要隔离。

④ 交叉线要成正确角度以减小耦合。

⑤ 信号电缆和动力电缆最小间隔为 20 cm。

图 2.26

（4）规则四：抑制元件。

所有的接触器、继电器用压敏电阻、二极管、RC 电路等抑制元件，如图 2.27 所示。

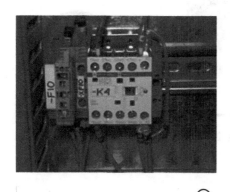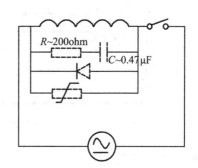

①

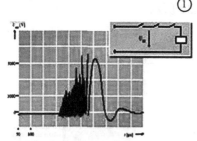

图 2.27

（5）规则五：为了抑制连接点上的高频噪声干扰，采用无线电干扰滤波器，如图 2.28 所示。

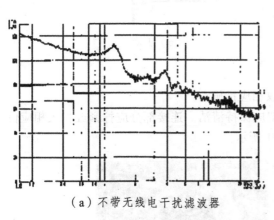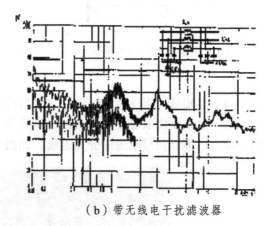

（a）不带无线电干扰滤波器　　　　　　　　　（b）带无线电干扰滤波器

图 2.28

（6）规则六：为了限制噪声发射，所有电机都要使用屏蔽电缆。

（7）规则七：设备安装。

① 确保金属可靠连接。

② 清除金属表面的涂料。

（8）规则八：良好的屏蔽要求所有设备等电位接地，如图 2.29 所示。

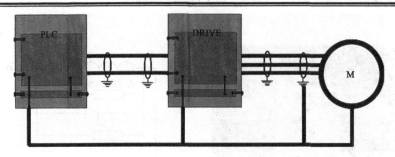

图 2.29　等电位导体连接

6. 电气柜布局原则

保证功率模块的散热空间≥100 mm，如图 2.30 所示。

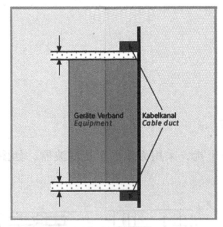

（a）错误

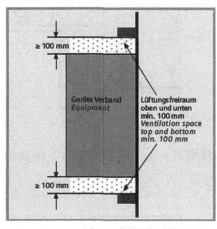

（b）正确

图 2.30

（1）电柜进风温度≤40°，高于 55°时应采取相应措施。

（2）电缆不能放置在模块上面，线槽和线架应保持清洁。连接部分应拧紧或扣入相应位置。动力电缆和信号电缆应分开走线，如图 2.31 所示。

图 2.31

（3）空气循环应符合自然对流从底部流向顶部，如图 2.32 所示。

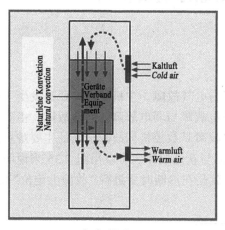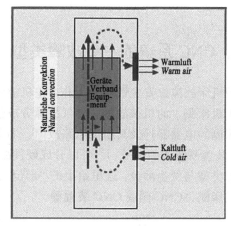

（a）错误　　　　　　　　　　　　　　（b）正确

图 2.32

（4）电柜冷却和空调。

冷却装置和模块之间的距离应≥200 mm，同时避免温差过大导致结露，如图 2.33 所示。

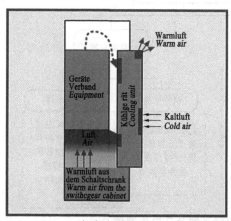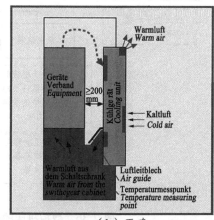

（a）错误　　　　　　　　　　　　　　（b）正确

图 2.33

（5）良好的屏蔽连接：屏蔽应通过较大的接触表面积连接，如图 2.34 所示。

（a）错误　　　　　　　　（b）正确

图 2.34

任务四　CNC 系统的主要故障

一、CNC 系统的主要故障类型

数控机床故障按发生性质分类分为主机故障与电气故障。主机故障主要是发生于机床本体部分（机床侧）的机械故障。电气故障分成强电故障与弱电故障。强电故障，主要是指发生于机床侧的电器器件及其组成电路故障。弱电故障是数控机床故障诊断的主要难点，存在于 CNC 装置系统（CNC 侧），可以分成硬件故障与软件故障。可以用图 2.35 来说明数控机床的故障类型与发生部位。这里给出的"部位"，就是在诊断时要进行"故障大定位"的部位。例如，机床侧、CNC 侧或 CNC 装置等。

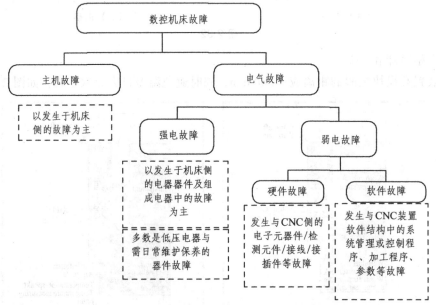

图 2.35　数控机床的故障类型及其发生部位

数控机床的主要故障类型是电气故障，主要是由系统内因所致。据统计：

（1）约 30%的故障来自于机床低压电器。

（2）占有较高故障率的故障来自于：检测元件及其电路、复杂的 I/O 电路、印刷电路板及其元器件。

（3）约 5%的"不明故障"起因于被干扰的数字信号（或存储的数据与参数）。

（4）约 10%的故障起因于监控程序、管理程序以及微程序等造成的软件故障。

（5）新程序或机床调试阶段，操作工失误造成不少"软性"故障。

在实际应用中，经常将涉及操作失误、电磁干扰造成数据或参数混乱，归于"软性"故障。所以，以后分析中也常将故障分成"硬性故障"和"软性故障"。实际工作中，硬性故障泛指所有的低压电器、电子元器件及其连接与线路故障。

二、CNC 系统软件故障现象及其成因

CNC 系统的常见软件故障现象及其原因，可参考表 2.6。由表可见：

（1）一种故障现象可以有不同的原因。例如：键盘故障，参数设置与开关都存在问题可能。

（2）同种成因可以导致不同的故障现象。

有些故障现象表面是软件故障，而究其原因时，却有可能是硬件故障或干扰、人为因素所造成。

表 2.6　CNC 系统常见的软件故障现象及其成因

序号	故障成因		
	软件故障现象	软件故障成因	硬件故障成因
1	操作错误信息	操作失误	RAM/电池失电或失效	器件/电缆/接插线印刷板故障
2	超　调	加/减速或增益参数设置不当		
3	死机或停机	参数设置错误或失匹/改写了 RAM 中标准控制数据/开关位置错置编程错误冗长程序的运算出错/死循环/运算中断/写操作 I/O 的破坏	电磁干扰窜入总线导致时序出错 电网干扰电磁干扰/辐射干扰窜入 RAM，或 ROM 失效与失电造成 RAM 中的程序/数据/参数被更改或丢失：CNC/PLC 中机床数据丢失系统参数的改变与丢失系统程序/PLC 用户程序的改变与丢失零件加工程序编程错误	屏蔽与接地不良电源连接相序错误负反馈接成正反馈主板/计算机内保险丝熔断相关电器，如：接触器、继电器或接线的接触不良传感器污染或失效开关失效电池充电电路线路中故障/各种接触不良/电池寿命终极或失效
4	失　控			
5	程序中断故障停机			
6	无报警不能运行或报警停机			
7	键盘输入后无相应动作			
8	多种报警并存			
说明		维修后/新程序的调试阶段/新操作工	外因：突然停电、周围施工/感性负载 内因：接口电路故障以及屏蔽与接地问题	长期闲置后启用的机床，或老机床失修 带电测量导致短路或撞车后所造成，是人为因素

三、CNC 系统硬件故障现象及其成因

通常为了方便起见，将电气器件故障与硬件故障混合在一起，通称为硬件故障。所以，在后面分析中的"硬件故障"，是指 CNC 系统中电器与电子器件/线缆/线路板及其接插件/电气装置等故障。可能与硬件故障相关的常见故障现象，归纳于表 2.7 中。之所以要加上"可能"两字，是因为有些故障现象还可能与软件故障成因有关。

表 2.7 数控系统常见的硬件或器件故障现象

无输出			输出不正常		
不能启动	不能动作	无反应	失控	异常	
显示器不显示 数控系统不能启动 不能运行	轴不动 程序中断 故障停机 刀架不转 刀架不回落 工作台不回落 机械手不能抓刀	键盘输入后无相 应动作	飞车 超程 超差 不能回零 刀架转而不停	显示器混乱/不稳 轴运行不稳 频繁停机 偶尔停机 振动与噪声 加工质量差 （如表面振纹）	欠压 过压 过流 过热 过载

表 2.5 列出的故障现象中，有些表现为硬件不工作或工作不正常，而实际涉及的成因却可能是软性的或参数设置问题。例如：有的是控制开关位置置错的操作失误；控制开关不动作可能是在参数设置中为"0"状态，而有的开关位置正常（例如急停、机床锁住与进给保持开关）可能在参数设置中为"1"状态等。又如：伺服轴电机的高频振动就与电流环增益参数设置有关；超程与不能回零可能是由于软超程参数与参照点设置不当引起的。同样，参数设置的失匹，可以造成机床的许多控制性故障。

也就是说，故障机理中的软与硬经常是"纠缠"在一起，给诊断工作与故障定位带来困难。因此，"先软后硬"，先检查参数设置与相对硬件的实时状态，将有助于判别是软件故障还是硬件故障。

器件故障包括：低压电器故障、传感器故障、总线装置故障、接口装置故障、直流电源故障、控制器故障、调节器故障、伺服放大器故障等。器件故障的原因，可以归为两类：

（1）器件功能丧失引起的功能故障（或称"硬性故障"）

一般采用静态检查，容易查出。其中又可以分成可恢复性的和不可恢复性的。器件本身硬性损坏，就是一种不可恢复的故障，必须换件。而接触性、移位性、污染性、干扰性（例如散热不良或电磁干扰）以及接线错误等造成的故障是可以修复的。

（2）器件的性能故障（或称"软性故障"）

即器件的性能参数变化以致部分功能丧失。一般需要动态检查，比较难查。例如：传感器的松动、振动与噪声、温升、动态误差大、加工质量差等。

在维护中应该特别关注的器件，也就是在不同条件下最易出现故障的器件。不同的条件，将引发不同机理的硬件故障。例如：长期闲置的机床上的接插件接头、保险丝卡座、接地点、接触器或继电器等触点、电池夹等易氧化与腐蚀，引发功能性故障；老机床易引发拖动弯曲电缆的疲劳折断以及含有弹簧的元器件（多见于低压电器中）弹性失效；机械手的传感器、位置开关、编码器、测速发电机等易发生松动移位；存储器电池、光电池、光电阅读器的读带、芯片与集成电路易出现老化寿命问题以及直流电机电刷磨损等；传感器（光栅/光电头/电机整流子/编码器）、低压控制电器的污染；过滤器与风道的堵塞以及伺服驱动单元大功率器件失效造成温升等，既可为功能性故障又可为性能故障。新机床或刚维修的机床容易出现接线错误等软性故障。

四、小　结

报警的分类如图 2.36 所示。

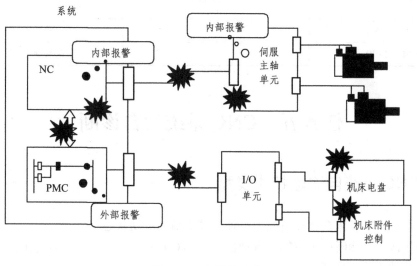

图 2.36　报警的分类

（1）内部报警说明参照发那科相关维修资料。内部报警分类见表 2.8。

表 2.8　FANUC 系统内部报警分类

报警号	分　类
000～	编程设定、操作部分
300～	脉冲编码器部分
400～	伺服部分
500～	超程部分
700～	过热（温度异常）部分
749～	主轴通信部分
900～	CNC 系统部分
5000～	编程设定、操作部分
9000～	主轴部分的报警

（2）外部报警，即机床制造商根据机床外部辅助设备的相关动作，通过 PMC 程序输出报警状态和操作信息。

外部报警参照机床制造商随机资料或咨询机床制造商。外部报警的分类见表 2.9。

表 2.9　外部报警的分类

信息号	CNC 屏幕	显示内容
1000~1999	报警信息屏	报警信息 CNC 转到报警状态
2000~2099	操作信息屏	操作信息
2100~2999		只显示信息数据，不显示信息号

任务五　CNC 系统的自诊断

一、CNC 系统自诊断技术类型

（1）状态诊断：机床在负载情况下主轴与进给轴的运动状态。

（2）动作诊断：诊断机床主轴、自动换刀（ATC）装置、工作台自动交换装置（APCC）的各个动作及动作的不良部位。

（3）点检诊断：定时、循环式点检关键低压电器、伺服接口、液压及气动元件等的状态。

（4）操作诊断：监视程序错误（奇偶校验等）、输入数据，以及操作错误等。

（5）系统诊断：诊断 CNC 装置本身的关键元器件与线路板等的状态。

系统诊断，是指由数控装置系统制造公司所设置程序来进行 CNC 装置系统故障诊断，以 NC 报警文本在 CRT 上显示数控装置（数控侧）故障内容的报警号或报警信息（软件报警）。对照技术手册上的报警说明，即可确定产生故障的可能原因。如果 CNC 板故障，则以在主板上 LED 指示灯不正常显示或报警灯点亮来进行硬件报警。

二、诊断结果的显示方式

状态诊断、动作诊断与点检诊断内容都在机床侧的硬件或器件上。操作诊断的内容是软性的。这四方面诊断，一般由 PLC 可编程控制器来完成。诊断结果的显示有以下三种方式：

1. PLC 报警文本

由机床制造厂或使用者设置的故障报警内容（例如 802S 的 700000~700003 报警号以及其 I/O 板上有多个 IQ.7 端子留给最终用户设置各种报警号）。一旦 PLC 检测到相关的故障信号，即可在 CRT 上显示对应的报警号或报警信息。在技术手册或维修手册上可以查到报警号相关的可能故障原因。

PLC 报警（文本）内容有：用户程序错误；缓冲 PLC 数据错误或故障；机床接口电气控制（状态）故障；面板上各种元器件的状态信息（包括操作后状态信息）；运行中的各类故障报警（包括强电控制电路与低压电器等）。

显然，来自 PLC 装置报警（简称"PLC 报警"）内容大多数是发生在机床侧的硬件或器件故障。

2. 实时诊断画面上多页的实时信号状态表

被检测的信号以自己的代号（标志位）与地址在表中特定位置上显示它们的实时逻辑状态（0 或 1）。需要注意：信号采取的是正逻辑还是反逻辑。查阅技术手册上 PLC 接口说明，可获得它们的标志位与地址。查阅相关 PLC 程序段、梯形图或控制动作流程图，可以得到它们的正常/标准逻辑状态。实时与标准状态对比后即可得知异常信号的器件。

3. 硬件报警

通过 PLC 装置或主板线路板上指示灯、警灯或 CNC 装置面板上的七段数码显示器进行报警。需要注意：有些硬件报警，例如过压、过流、过载、过热、欠压报警等，是保护性电器动作，而不是 PLC 报警。

三、CNC 系统的自诊断

CNC 系统的自诊断，包括了启动诊断、在线诊断与离线诊断三种。它们具体的诊断内容与特点列于表 2.10 中，以便查阅与记忆。

表 2.10　数控系统自诊断的种类、内容与诊断

分类	诊断特点	诊断内容
启动诊断	1. 作用于通电启动时期 2. 诊断时间<1 分钟 3. 按系统内设程序进行	1. 检查所有存储器内容总和 2. 检查系统控制软件 3. 检测关键硬件，主要对主板（详见下一栏）
在线诊断	1. "不断进行"是有条件的 2. 系统不断电情况下 3. 系统在正常运行中 4. 按系统内设程序进行	1. CNC 系统中硬件：总线 I/O 装置、CRT/MDI 接口 2. CNC 主板（CNC 装置本身、位控、PLC 装置及其端口） 3. 主轴伺服单元与主轴电机及其关键的外部装置 4. 伺服是否准备好（各伺服单元及电机各系统不同）
离线诊断	1. 停机状态、脱机诊断 2. 用专用诊断软件进行 3. 它会冲掉 RAM 中原来存储的数据	1. CPU 与 RAM 测试（寻址测试、写入与读出测试） 2. 位置控制测试（坐标轴位置控制中控制器状态的测试） 3. 各轴控制接口与 I/O 接口测试（影响机床启/停等） 4. 阅读机可靠性测试（检查有无误读/重读）

（一）启动诊断

启动诊断，或称"开机诊断"（Start-Up Diagnostics），是按照系统内存中所设置的固有程序进行的"点检"。它工作于数控系统启动后，并且一般必须在不到 1 分钟的时间内完成诊断工作。如果在此时间内不能完成规定的诊断内容，正常的系统装置就会发出报警。

以 FANUC 系统为例，系统启动信息可以通过系统主板上安装的七段 LED 数码管以及状态指示灯显示，它们在系统主板上的位置如图 2.37 所示。七段 LED 数码管以及状态指示灯显示根据系统启动过程状态而发生变化。

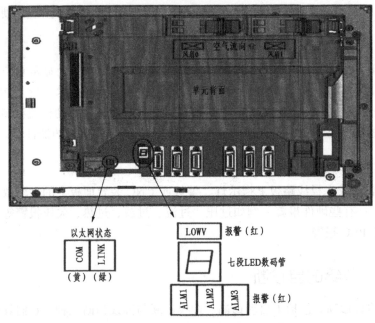

图 2.37　系统主板上七段 LED 数码管以及状态指示灯显示

系统主板上七段 LED 数码管以及状态指示灯含义为：

1. 发生系统报警时的报警指示灯显示（红色 LED）

这些指示灯点亮时，说明硬件发生故障。报警指示灯点亮时的故障含义如表 2.11 所示。

表 2.11　报警指示灯点亮时的故障含义

序 号	报警指示灯 ALM1、ALM2、ALM3	故障含义（■：点亮　□：熄灭）
1	□ ■ □	电池电压下降，可能是因为电池电量已尽
2	■ ■ □	软件检测出错误而使得系统停止运行
3	□ □ ■	硬件检测出系统内故障
4	■ □ ■	轴卡上发生了报警可能是轴卡不良、伺服放大器不良、FSSB 断线等原因所致
5	□ ■ ■	FLASH ROM/SRAM 模块上的 SRAM 中的数据检测错误，可能是 FLASH ROM/USRAM 模块不良、电池电压下降、主板不良所致
6	■ ■ ■	电源异常，可能是噪声影响或电源单元不良所致
7	LOWV	可能是主板不良所致

2. 以太网状态指示灯

以太网状态指示灯含义如表 2.12 所示。

表 2.12　以太网状态指示灯含义

以太网状态指示灯	含　义
LINK（绿）	与 HUB 正常连接时点亮
COM（黄）	收发数据时点亮

3. 七段 LED 数码管

1）系统启动过程中七段 LED 数码管显示的含义

从接通电源到进入可以动作的状态之前的七段 LED 数码管显示和含义如表 2.13 所示，通过观察七段 LED 数码管显示的状态，就能知道目前系统处于何种状态。七段 LED 数码管是点亮的，而不是闪烁变化。

表 2.13　系统启动过程中七段 LED 数码管显示和含义

LED 显示	含　义	LED 显示	含　义
	尚未通电的状态（全熄灭）		加载内装软件
	初始化结束，可以动作		加载可选板的软件
	CPU 开始启动（引导系统）		IPL 监控执行中
	各类 G/A 初始化（引导系统）		DRAM 测试错误（引导系统，CNC 系统）
	各类功能初始化		引导系统错误（引导系统）
	任务初始化		文件清零 等待可选板检查完毕
	检查系统配置参数 等待可选板检查完毕		加载 BASIC 系统软件 （引导系统）
	安装各类驱动程序 文件全部清零		等待可选板检查完毕
	显示标头系统 ROM 测试		系统操作最后检查
	通电后，CPU 尚未启动的状态 （引导系统）		显示器初始化（引导系统）
	退出引导系统，CNC 系统启动 （引导系统）		FLASH ROM 初始化 （引导系统）
	FLASH ROM 初始化		监控引导系统 （引导系统）

2）系统出现故障时七段 LED 数码管显示的含义

由于 CNC 异常，在系统启动过程中停止处理而不显示系统报警页面的情况下，除报警指示红灯点亮外，七段 LED 数码管会显示如表 2.14 所示状态，在维修当中可以参考该表判断处理系统故障。

表 2.14　系统出现故障时七段（ED 数码管显示及含义）

LED 显示	不良部位及确认事项
	可能是电源（24 V）电源模块的故障所致
	可能是主板、显示器的故障所致
	检查主板上的报警指示灯"LOWV"： 若"LOWV"点亮，可能是 CPU 卡的故障所致 若"LOWV"熄灭，可能是主板、CPU 卡的故障所致
	可能是主板的故障所致
	可能是 CPU 卡的故障所致
	可能是 SRAM/FLASH ROM 模块、主板的故障所致
	可能是主板、显示器的故障所致
	可能是 CPU 卡的故障所致

3）出现系统错误时七段 LED 数码管显示

在系统启动过程中，红色报警指示灯点亮且七段 LED 数码管闪烁显示，则说明有系统错误，此时七段 LED 数码管显示及含义如表 2.15 所示。

表 2.15　出现系统错误时七段 LED 数码管显示及含义

LED 显示	含　义
	不良部位及处理方法
	ROM 奇偶校验错误 可能是 SRAM/FLASH ROM 模块的故障所致
	不能创建用于程序存储器的 FLASH ROM 通过引导系统确认 FLASH ROM 上的用于程序存储器文件的状态 执行 FLASH ROM 的整理 确认 FLASH ROM 的容量

续表 2.15

LED 显示	含　义
	不良部位及处理方法
	软件检测的系统报警
	启动时发生的情形：通过引导系统确认 FLASH ROM 上的内装软件的状态和 DRAM 的大小 其他情形：通过报警页面确认错误并采取对策
	DRAM/SRAM/FLASH ROM 的 ID 非法（引导系统、CNC 系统）
	可能是 CPU 卡、SRAM/FLASH ROM 模块的故障所致
	发生伺服 CPU 超时
	可能是伺服卡故障所致通过引导系统确认 FLASH ROM 上的伺服软件的状态
	在安装内装软件时发生错误
	通过引导系统确认 FLASH ROM 中内装软件的状态
	显示器没有能够识别
	可能是显示器的故障所致
	硬件检测的系统报警
	通过报警页面确认错误并采取对策
	没有能够加载可选板的软件
	通过引导系统确认 FLASH ROM 上的用于可选板的软件的状态
	主板与可选板通信的过程中发生了错误
	可能是可选板、PMC 模块的故障所致
	FLASH ROM 中的系统软件被更新（引导系统）
	重新接通电源
	DRAM 测试错误
	可能是 CPU 卡的故障所致
	显示器的 ID 非法
	确认显示器
	BASIC 系统软件和硬件的 ID 不一致
	确认 BASIC 系统软件和硬件的组合

从表 2.13～2.15 可以看出，0i-D 系统把系统正常启动的过程和状态通过七段 LED 数码管显示。若系统启动过程中有故障，通过表 2.14 所示七段 LED 数码管不同显示状态反映出来；若启动过程中有系统错误，则通过表 2.15 所示的七段 LED 数码管显示状态闪烁指示。

从这三个表可以看出，现代数控系统主要通过系统自身提供的自诊断功能进行判断和维修，简化了维修难度。维修人员必须建立现代数控系统维修的理念。

4. IPL 状态监控器系统报警

系统有硬件和软件故障，可以通过 IPL（Information Processing Language）初始装入程序报警提示。在显示屏上可以进行如下操作。

1）个别文件的清除

进行 CNC 参数、刀具补偿数据等的清除。

2）系统报警信息的输入

向存储卡输出保存在履历中的系统报警信息。

当需要对某些参数进行清除和输出系统报警信息时，可以进入 IPL 状态监控器系统报警页面进行具体操作。IPL 状态监控器系统报警页面如图 2.38 所示。

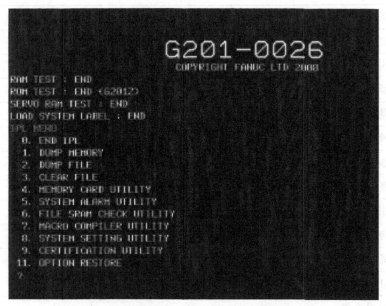

图 2.38　IPL 状态监控器系统报警页面

对该页面进行操作需要经过专业培训，必须按照维修说明书（B-64305CM）上的步骤进行操作。编者建议该页面只由专业技术人员进行操作，一般技术人员不要使用，免得把某些参数数据意外删除。

（二）在线诊断

在线诊断（On-line Diagnostics），也称为运行诊断。它是当系统处于正常运行状态下，通过 CNC 系统内装的诊断程序或内部循环监控测试电路，对 CNC 系统本身、PLC 装置、各个伺服单元与伺服电机、主轴伺服单元和主轴电机，以及与数控系统相连的其他外部装置进行自动的诊断与检查，并且显示相关的状态信息和故障信息。只要系统不断电，在线诊断就会以一定的时间间隔反复进行而不停止。

自诊断的故障信息与报警号信息多则六百多条，少则几十条。内容的多少，取决于系统自诊断功能范围的大小。一般可以分成如表 2.16 所示的几大类。

表 2.16　数控系统在线诊断显示故障信息的类型

过热报警类	例如：机内超温，或电机超温
存储器报警类	例如：RAM 电池电压过低
编程/设定错误类	例如：编程错误、操作错误等故障
系统报警类	例如：主轴系统故障、伺服驱动系统故障
伺服系统报警类	包括伺服系统中有关伺服单元机器伺服电机的故障
限位/超程报警类	包括软件限位/超程故障与硬件限位/超程故障
印刷线路板间连接故障类	例如：NC 与 PLC 间 I/O 故障

在可调用的信号实时状态表（简称"诊断画面"）上显示在线诊断检查结果。显示的状态信号可以分成两大类：内部状态信号与接口信号状态信号，如表 2.17 所示。可见，PLC 报警内容包括软件故障与硬件故障。

表 2.17　数控系统在线诊断状态显示的类型

内部状态信号诊断的显示	接口状态信号诊断的显示
操作面板上开关的状态显示 例：急停或复位，手动或自动	CNC 装置与机床之间 I/O 信号状态
由外因所致不执行指令的状态显示	CNC 装置与 PLC 装置之间 I/O 信号状态
TH 报警状态显示(即显示纸带的水平与垂直校验结果)	PLC 装置与机床之间 I/O 信号状态
CNC 装置内各存储器内容正常与否的状态显示	
各坐标位置偏差的显示	
伺服系统控制信息的状态显示	接口信号状态分析法，可用来进行故障大定位
刀具与机床参照点之间的距离显示	分辨故障发生在数控装置内部（CNC 侧）、
旋转变压器或感应同步器的频率、脉冲编码器或测速器等检测结果显示	PLC 装置（PLC 侧）或机床侧
注：由外因造成系统的一些不执行指令的状态显示，例如：显示 CNC 系统是否处于位置到位检查中、机床锁住、进给倍率设置为 0%、速度到达信号接通的等待状态；螺纹切削时是否处于等待主轴 1 转信号状态；主轴每转进给时是否处于等待位置编码器的旋转信号，等等	

（三）离线诊断

当 CNC 系统出现故障，或需要判定 CNC 装置系统是否真有故障时，往往需要停机进行检查，即进行离线诊断，也称为脱机诊断（Off-Line Diagnostics）。

离线诊断的目的，是故障导通与系统内的故障定位，以判断出是某个线路板或其上的某部分电路，甚至某个芯片或器件的故障。离线诊断，可以在现场，也可以在维修中心或 CNC 系统制造厂进行。

诊断纸带分成数种，分别可以测试装置系统中 CPU 的各种指令及其数据格式；试验有关寄存器与实时时钟中断工作是否正常，以判断控制程序是否工作；测试 RAM 存储器有关寻址与读/写功能是否正常，及其程序是否破坏；测试坐标轴位置控制是否正常；测试轴控制器是否功能正常，各 I/O 接口是否输出符合输入等。

近年来，一些新概念和新方法成功地引入了数控设备的诊断领域，发展了如下几种新的诊断技术。

1. 通信诊断

通信诊断，也称"远程诊断"。维修人员不必亲临现场，只需在约定时间内诊断机与用户机通过数据通信来完成对机床一系列诊断工作。德国西门子公司采用了这种诊断技术。例如 SINUMERIK880 系统，用户只需将 CNC 系统中专用的通信接口以通信电缆连接到互联网的电话线或宽带网线上，与公司维修中心的专用通信诊断计算机进行数据通信连接。由该计算机发送诊断程序，对现场的 CNC 系统进行测试，测试结果回送到计算机后经分析，其诊断结论与处理方法再通知用户。通信诊断系统也能对用户系统作预防性诊断工作，以发现可能存在的故障隐患。

2. 自修复系统

自修复系统，是在 CNC 系统中设置有备用模块（线路板），并在系统软件中装有"自修复程序"。运行"自修复软件"时，一旦发现某模块有故障，就会在 CRT 上显示故障信息并同时自动搜索系统中是否具有备用模块。如果有备用模块，则系统可以自动让故障模块脱机而接通备用模块，从而使系统进入正常工作。因此，所谓"自修复"，是"冗余"概念的一种应用。例如，美国 Cincinanti Milacron 公司的 950CNC 系统采用了这种自修复技术，在系统的空余插槽中安装有备用的 CPU 板，系统中 4 块 CPU 板中任一个出现故障时，均能立即以备用板替代。

3. 具有人工智能（AI）的专家故障诊断系统

这种系统由三大部分组成：知识库（Knowledge Base）、推理机（Inference Engine）与人机控制器（MMC，Man Machine Control）。知识库是在存储器中存储着专家知识分析和解释的数据库（由专家们掌握的有关 CNC 装置的各种故障成因及其处理方法）。人机控制器执行的任务是操作员通过 MDI/CRT 接口，与系统作简单会话式问答操作，让系统获得必要的故障信息。推理机是以知识库为依据，采用推理软件（以专家推理方法的计算机模型来解决问题并得到与专家相同的结论与解释的程序）来分析故障信息、查找故障成因。

伺服系统可能出现的故障类型，既包括了机械故障：制动与传动部件等的缺陷、磨损、误差过大或间隙过大造成的阻力过大、噪声与振动，以及液/气压系统等故障，又包括了电气故障。常见的电气故障，是放大驱动电路与电器器件及其接线故障。诸如：功率器件、动作开关、继电器、测速发电机、电动机等器件故障，及其器件的连接错误与接触不良等。

如果是数字式伺服单元，除了伺服单元本身可能存在的硬件故障外，还可能出现软件与参数设置方面的软性故障。另外，伺服系统的电源供给系统的器件与连接方面也可能出现故障。

伺服系统的自诊断，不一定都被纳入 CNC 系统的自诊断中。也就是说，伺服系统的自诊断，可以由伺服放大器本身具有的自检功能完成。伺服单元通常组合成一个装置，包括了速度控制器（即速度调节器）、功率放大器（伺服驱动器）、速度反馈接口装置、电流控制器等，如图 2.39 所示。所以，它的名称有很多种，最常用的名称是伺服放大器。通常，伺服放大器内具有微处理器，一般可在设定的程序下完成对本伺服系统的自检工作。目前，只有交流数字伺服系统的监测与诊断才可能由 CNC 系统完成。可在 CRT 上显示伺服数据或波形、故障信息与报警号，便于伺服系统的测试设定、调整，以及动态诊断。因此，维修前必须了解 CNC 自诊断功能所涉及的范围，是否包括了对伺服系统的全面诊断。

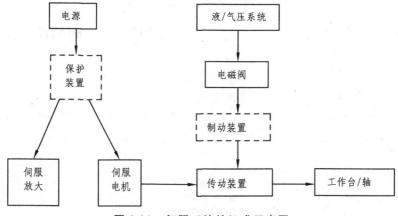

图 2.39　伺服系统的组成示意图

伺服单元的自诊断显示方式，是在其面板上以状态指示灯、报警灯或数码管方式，来进行状态报警的。一般伺服放大器上的报警内容包括：欠压、过压、过载、过热、过流以及电源回路电流 I2t 的监测等。而对于数字式伺服放大器，还可以包括对伺服单元接口连接的相关器件状态与连接进行检测，并通过几个七段数码管上不同线段显示不同的报警，或以液晶显示报警号以及记录报警信息。然而，对于上述伺服系统可能出现的各种类型故障，无论是 CNC 装置或伺服系统本身的自诊断，都不可能给予逐一地检测与报警。因此，在充分利用系统自诊断的同时，还需要合理地结合其他不同的诊断方法。

四、小　结

进入自诊断画面的操作步骤如图 2.40 所示。

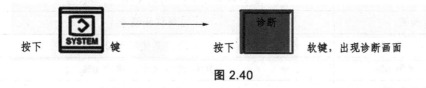

　　按下　SYSTEM　键　　　　　　按下　诊断　软键，出现诊断画面

图 2.40

本小结描述了使用 FANUC 0i D 系统自诊断功能判断 CNC 系统内部状态、阅读机/穿孔机接口输出状态、TH 报警状态、串行脉冲编码器的报警、伺服参数非法报警、电机温度等的自诊断显示，充分应用 CNC 系统的自诊断功能，结合相关资料快速分析数控机床故障原因，为数控机床的维修提供判断依据。

诊断号 000～016：发出移动命令后，机床没有运动的原因（结合 PMC 信号进行排查）；

诊断号 020～025：循环中出现暂停的原因；

诊断号 200～204：串行编码器产生的报警；

诊断号 205～206：分离检出器产生的报警；

诊断号 300～400：伺服报警的诊断；

诊断号 400～457：串行主轴的报警诊断。

（1）CNC 发出指令，但不执行任何动作的原因诊断画面（见图 2.41）。

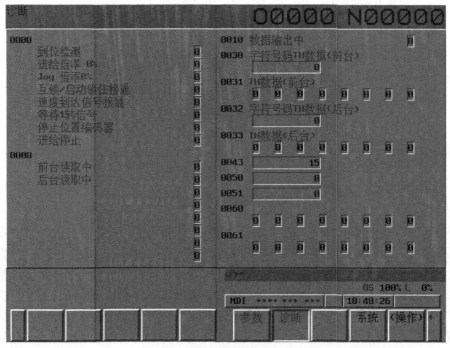

图 2.41　诊断画面（一）

① 诊断号 000：

表 2.18 列出了诊断号 000，当位型数据显示为"1"时的 CNC 内部状态（1）。

表 2.18

名　称	显示内容为"1"时的 CNC 内部状态（1）
到位检测	到位检测中
切削进给速率 0%	进给速度速率为 0%
JOG 进给速率 0%	JOG 进给速度速率为 0%
互锁/启动锁停	互锁/启动锁停接通
等待速度到达信号	等待速度到达信号接通
旋转 1 周信号等待	螺纹切削中等待主轴旋转 1 周信号
位置编码器停止	主轴每转进给中等待位置编码器的旋转
停止进给	进给停止中

② 诊断号 008：

表 2.19 列出了诊断号 008，当位型数据显示为"1"时的 CNC 内部状态（2）。

表 2.19

名 称	显示内容为"1"时的 CNC 内部状态（2）
数据读取中	前台数据输入中
数据读取中	后台数据输入中

（2）阅读机/穿孔机接口输出状态。

诊断号 010：当位型数据显示为"1"时，阅读机/穿孔机接口正在输出数据。

（3）TH 报警状态。

① 诊断号 030。

前台编辑时，从程序段开头的字符数输入中发生 TH 报警的字符位置。

② 诊断号 031。

前台编辑时，输入中发生 TH 报警字符读取代码。

③ 诊断号 032。

后台编辑时，从程序段开头的字符输入中发生 TH 报警的字符位置。

④ 诊断号 033。

后台编辑时，输入中发生 TH 报警字符读取代码。

⑤ 诊断号 043。

显示 CNC 画面的当前的显示语言的编号，各语言与下列编号对应：

0：英语；1：日语；2：德语；3：法语；4：中文（繁体字）；5：意大利语；6：韩语；7：西班牙语；8：荷兰语；9：丹麦语；10：葡萄牙语；11：波兰语；12：匈牙利语；13：瑞典语；14：捷克语；15：中文（简体字）；16：俄语；17：土耳其语。

按下诊断画面（一）中 软键，进入诊断画面二，如图 2.42 所示。

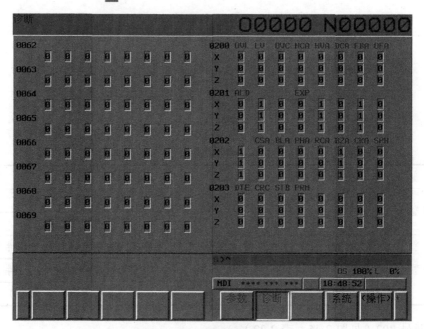

图 2.42 诊断画面（二）

（4）串行脉冲编码器的报警。

① 诊断号 200（见图 2.43、表 2.20）。

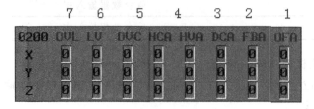

图 2.43

表 2.20

位　号	名　称	显示内容为"1"时的串行脉冲编码器的报警
0	OFA	溢流报警
1	FBA	断线报警
2	DCA	放电报警
3	HVA	过电压报警
4	HCA	异常电流报警
5	OVC	过电流报警
6	LV	电压低报警
7	OVL	过载报警

② 诊断号 201（见图 2.44、表 2.21）。

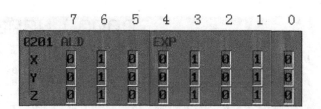

图 2.44

表 2.21

	ALD	EXP	内　容
过载报警	0	—	电机过热
	1	—	放大器过热
断线报警	1	0	内置脉冲编码器断线（硬件）
	1	1	外置脉冲编码器断线（硬件）
	0	0	脉冲编码器断线（软件）

③ 诊断号 202（见图 2.45、表 2.22）。

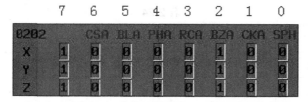

图 2.45

表 2.22

位号	名　称	显示内容为"1"时的串行脉冲编码器的报警
0	SPH	串行脉冲编码器或反馈电缆异常、反馈脉冲信号的计数不正确
1	CKA	串行脉冲编码器异常、内部块停止工作
2	BZA	电池电压降为 0，请更换电池并设定参考点
3	RCA	串行脉冲编码器异常、转速的计数不正确
4	PHA	串行脉冲编码器或反馈电缆异常、反馈脉冲信号的计数不正确
5	BLA	电池电压下降（警告）
6	CSA	串行脉冲编码器的硬件异常

④ 诊断号 203（见图 2.46、表 2.23）。

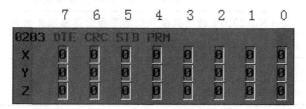

图 2.46

表 2.23

位　号	名　称	显示内容为"1"时的串行脉冲编码器的报警
4	PRM	数字伺服一侧检测出参数非法
5	STB	串行脉冲编码器通信异常、传输过来的数据有误
6	CRC	串行脉冲编码器通信异常、传输过来的数据有误
7	DTE	串行脉冲编码器通信异常、没有通信的响应

⑤ 诊断号 204（见图 2.47、表 2.24）。

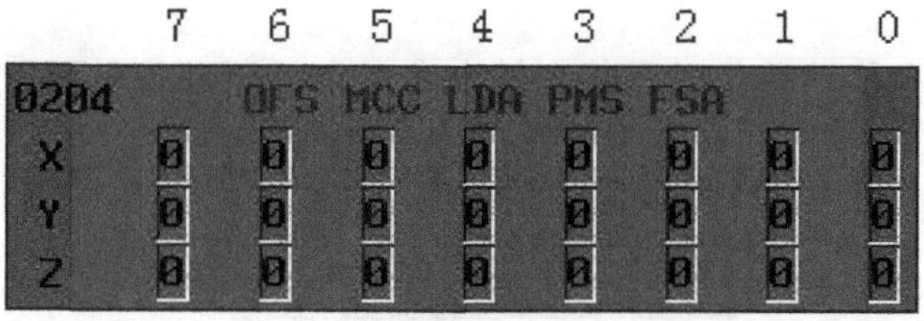

图 2.47

表 2.24

位 号	名 称	显示内容为"1"时的串行脉冲编码器的报警
3	PMS	由于串行脉冲编码器 C、或者反馈电缆的异常
4	LDA	串行脉冲编码器的 LED 异常
5	MCC	伺服放大器中的电磁开关触点熔化
6	OFS	数字伺服的电流值的 A/D 变换异常

（5）伺服参数非法报警（CNC 一侧）。

诊断号 280，见图 2.48、表 2.25。

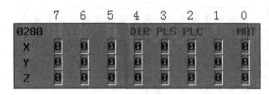

图 2.48

表 2.25

位 号	名 称	显示内容为"1"时的伺服参数非法报警
0	MOT	参数（No.2020）的电机型号设定了指定范围以外的数值
2	PLC	参数（No.2023）的电机每转的速度反馈脉冲数设定了小于等于 0 的错误数值
3	PLS	参数（No.2024）的电机每转的位置反馈脉冲数设定了小于等于 0 错误数值
4	DIR	参数（No.2022）的电机旋转方向没有设定正确的数值（111 或 −111）

（6）位置偏差量诊断（伺服误差）。

诊断号 300：以 CNC 系统检测单位显示每个轴的位置偏差量，见图 2.49。

图 2.49

$$位置偏差量 = \frac{进给速度(mm/min) \times 100}{60 \times 伺服环增益(1/Sec)} \times \frac{1}{检测单位}$$

（7）机械位置。

诊断号 301：以最小移动单位显示每个轴自参考点的距离，见图 2.50。

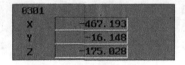

图 2.50

（8）电机温度信息。

① 伺服电机温度信息。

诊断号 308：伺服电机温度（℃），显示伺服电机的绕组温度。在达到 140 ℃ 的阶段，发生电机过热的报警，见图 2.51。

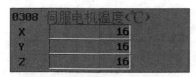

图 2.51

② 脉冲编码器温度（℃）。

诊断号 309：显示脉冲编码器内印刷电路板的温度。在达到 100 ℃（脉冲编码器内环境温度大约 85 ℃）的阶段，发生电机过热的报警。

③ 主轴电机温度（℃）。

诊断号 403：显示第 1 主轴电机的绕组温度，见图 2.52。该信息将为主轴的过热报警的大致标准。（发生过热的温度随电机不同而不同）

图 2.52

3. 操作信息的历史记录

在机床出现故障时，查看操作信息的历史记录，可以结合自诊断功能快速找到故障原因。图 2.53、图 2.54 为 FANUC 0i D 系统进入操作信息历史记录画面。

（1）在图 2.53 所示的诊断画面中按 操作履历 键；

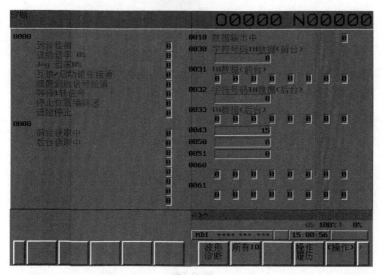

图 2.53

（2）出现如图 2.54 所示的操作信息历史记录画面。

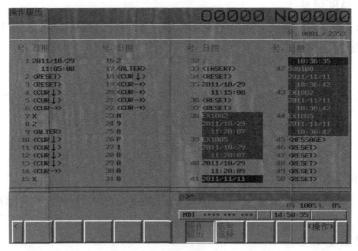

图 2.54

从图 2.54 可以看出：

（1）2011 年 10 月 29 日 11：05：00 操作者在字母数字键盘上连续使用了 RESET 键 2 次
（ 2 <RESET>、3 <RESET> ）、CUR↓键 2 次（ 4 <CUR↓>、5 <CUR↓> ）、CUR→键一次（ 6 <CUR→> ）、输入字符 X2
（ 7 X 、 8 2 ）。

（2）2011 年 11 月 11 日 10：36：35 机床出现 SW0100 报警，10：36：42 出现 EX1002、
EX1005 报警信息。

4. IPL 监控器

1）IPL 监控器画面菜单

该画面有 0～11 共计 12 个菜单。FANUC 公司仅开放了 0、3、5 共计 3 个菜单选项，如
图 2.55 所示。

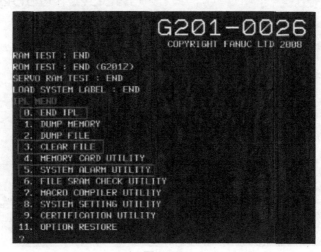

图 2.55

2）进入 IPL 监控器画面的操作方法

同时按下 MDI 面板的"▮▮▮▮▮"和"▮▮▮▮"键，接通 CNC 电源。IPL 监控器启动时，出现如图 2.55 所示的画面。

3）0、3、5 三个菜单的作用

在 MDI 键盘上分别输入 0、3、5 即可进入需要的菜单。

① 0. END IPL：结束 IPL 监控器；

② 3. CLEAR FILE：清除个别文件；

③ 5. SYSTEM ALARM UTILITY：系统报警实用（程序）。

4）结束 IPL 监控器（END IPL）

结束 IPL 监控器，启动 CNC。

5）清除个别文件（CLEAR FILE）

在 IPL 监控器画面输入 3 出现如图 2.56 所示画面。该画面显示了 6 种可清除的文件数据，文件清除操作如下：（注：根据系统配置，"清除个别文件画面"所显示的文件项目不同）

图 2.56

① 输入希望清除的文件号。

出现"CLEAR FILE OK？（NO = 0，YES = 1）"

② 执行时输入"1"，终止时输入"0"。

输入"1"时，执行所指定文件的清除操作，重新显示上述菜单。

③ 要继续清除其他文件时，从①步重复操作。

④ 结束操作时，输入"0"。

6）清除个别文件，进行格式化处理所包括的文件

① 选项参数除外的全部文件。

② CNC 参数文件。

③ 刀具补偿数据。

④ 刀具补偿量存储器 A，C、刀尖 R 补偿数据（包含假想刀尖方向）。

⑤ 程序存储文件。

⑥ PMC 参数文件。

⑦ 用户宏程序文件。

⑧ 宏变量、宏变量名，宏执行器文件。

7）系统报警信息的输出

可以将系统报警信息输出到存储卡中，操作方法见任务六。

任务六　FANUC 0iC 系统报警及维修技术

下面以 0iC/0iMateC 系统为例，分析系统报警的检测机理、故障的产生原因及诊断和排除方法。

FANUC-0iC/0iMateC 系统主板上有监控系统启动和运行状态的 4 个绿色指示灯，分别为 LEDG0、LEDG1、LEDG2、LEDG3，当系统启动时显示系统的动态启动过程。一旦出现系统报警时，就显示系统报警状态。系统启动时指示灯碟示状态对应的系统动态过程；报警指示灯为 6 个红色 LED（2006 年 6 月以前是 4 个无 DliAMP 和 CPBER），当系统出现报警时，报警灯亮。报警灯的报警信息如下：SRAMP 亮表示 SRAM 奇偶错误或 ECC 错误；SEMG 亮表示系统报警（系统硬件故障）；SVALM 亮表示系统伺服报警；SFAIL 亮表示系统报警（系统软件停止）；DRAMP 亮表示系统动态存储器不良；CPBER 亮表示系统主板错误。系统正常工作时只有状态指示灯 LEDGO 亮。

一、900 报警（系统 ROM 奇偶校验错误报警）

1. 系统检测原理

在 FROM/SRAM 模块上的闪存卡中存储有系统软件（包括 CNC 系统软件、伺服软件、PMC 管理软件等）及用户软件（PMC 梯形图）等。在系统开机时，这些软件登录到系统的动态存储器 DRAM 和伺服控制卡的 RAM 后再开始执行。如果存储在 FROM/SRAM 模块的软件被破坏或硬件损坏，系统发出 900 号报警。

2. 故障产生的原因

（1）软件故障可能是系统软件及 PMC 顺序程序被破坏，因为存储在 FROM/SRAM 模块的软件绝大部分是 FANUC 的系统软件以及机床制造商编制的 PMC 梯形图程序等软件；

（2）硬件故障可能是系统 FROM/SRAM 模块、伺服轴板模块及系统母板故障。

3. 故障诊断及处理方法

（1）利用系统存储卡恢复或使用引导系统（BOOT SYSTEM）重新写入系统软件程序及 PMC 顺序程序，如果故障解除则判定故障原因为系统软件故障。

（2）更换系统 FROM/SRAM 模块，再使用引导系统（BOOT SYSTEM），重新写入系统软件程序及 PMC 顺序程序，如果系统恢复正常，故障原因为系统硬件 FRO M/SRAM 模块故障。

如果经过上面两步操作故障还存在，那么就需更换系统主板。

二、912～919 报警（系统动态存储器 DRAM 奇偶校验错误报警）

1. 系统检测原理

系统开机时，CNC 的系统管理软件从 FROM 登录到动态存储器 DRAM 并在动态存储器 DRAM 执行的过程中，出现了数据的奇偶校验错误，系统就会发出该报警。

2. 故障产生的原因

产生故障可能的原因有：系统外部干扰引起的 CPU 出错；系统管理软件不良；系统主 CPU 不良及 DRAM 故障。

3. 故障诊断及处理方法

（1）系统在电源断开再接通后运行正常，则故障可能是由外部干扰引起的。如果故障比较频繁地出现，还要对系统的屏蔽线及接地线进行检查。

（2）重新安装系统管理软件，如果系统恢复正常，则故障原因为系统软件不良。

（3）更换系统 CPU 卡（2006 年 6 月以前），如果系统恢复正常，则故障为系统硬件 DRAM 不良。

如果经过上面三步操作故障还存在，那么就需更换系统主板。

三、920 报警（系统伺服报警）

1. 系统检测原理

系统伺服轴控制模块的监控电路监视主 CPU 的运行。如果 CPU 或外围电路出现故障，监控时钟没有复位及伺服轴控制模块的 RAM 奇偶校验错误时，系统就会出现 920 报警。

2. 故障产生的原因

系统产生该故障的可能原因有：系统外部干扰引起的 CPU 出错；系统伺服软件不良或伺服轴控制模块硬件故障；系统 CPU 或外围电路故障；系统主板不良。

3. 故障诊断及处理方法

（1）系统在电源断开再接通后运行正常，则故障原因可能是外部干扰引起的 CPU 错误。如果故障比较频繁地出现，还要对系统的屏蔽线及接地线进行检查。

（2）重新安装系统伺服软件并进行伺服参数初始化，如果系统恢复正常，则故障原因为系统伺服软件不良。

（3）检查伺服模块连接的光缆是否接触不良或折断。

（4）更换系统伺服轴控制模块并进行伺服参数初始化，如果系统恢复正常运行，则故障为系统伺服硬件或伺服软件故障。

（5）更换系统 CPU 卡（2006 年 6 月以前），如果系统恢复正常，则故障为系统硬件 CPU 或外围电路故障。

如果经过上面五步操作故障还存在，那么就需更换系统主板。

四、926 报警（系统 FSSB 报警）

1. 系统检测原理

CNC 系统与伺服放大器之间及伺服放大器之间通过伺服串行总线（FSSB）进行数据及信息的交换。当进行数据和信息交换的过程中，出现错误数据、信息或信息中断时，系统发出该报警。

2. 故障产生的原因

系统产生该故障的可能原因有：系统与伺服放大器之间及伺服放大器之间的连接光缆接触不良或折断；系统伺服放大器本身故障；系统伺服轴卡故障；系统母板不良。

3. 故障诊断及处理方法

图 2.57 为一个典型的四轴伺服串行总线连接图。

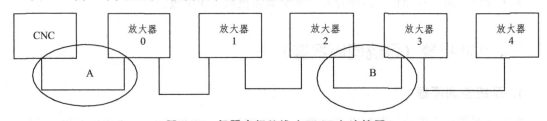

图 2.57　伺服串行总线（FSSB）连接图

（1）假设伺服放大器上的 LED 显示如表 2.26 所示。

表 2.26

放大器号	放大器 0	放大器 1	放大器 2	放大器 3	放大器 4
放大器上的 LED 显示	全部显示"▬"或全部显示"⊔"				

在此情况下，A 部分可能出现故障：

① 连接到 CNC 的光缆。

② CNC 中的伺服轴控制卡。

③ 连接的第一个伺服放大器（图 2.57 中的放大器 0）可能出现故障。

（2）假设伺服放大器上的 LED 显示如表 2.27 所示。

表 2.27

放大器号	放大器 0	放大器 1	放大器 2	放大器 3	放大器 4
放大器上的 LED 显示	—	—	∟ 或 ⌐	⊔	⊔

在此情况下，B 部分可能出现故障：

① 检查从 LED 显示 "∟" 或 "—" 的伺服模块到 LED 显示 "⊔" 的模块之间的连接光缆是否不良。

② 如果所有的伺服模块 LED 显示 "—" 或 "⊔"，则检测第一个伺服模块与系统 CNC 之间的连接光缆是否不良。

③ 第一个伺服模块故障，可用后面的伺服模块对调来判别。

④ 如果以上故障排除后，系统还是出现该报警，则为系统伺服轴卡故障。

五、930 报警（CPU 异常中断报警）

1. 系统检测原理

当 CPU 的外围电路出现故障或受到外界干扰时，CPU 的工作会突然中断，这时会发生 CPU 报警。

2. 故障原因及处理方法

如果在电源断开再接通后系统运行正常，则故障可能是由外部干扰引起的。请检查系统的屏蔽、接地、布线等抗干扰措施是否规范。不能确定原因时，故障可能是 CPU 外嗣电路异常，要更换系统 CPU 卡（2006 年 6 月以前）。新系统则需要更换系统主板。

六、935 报警（静态存储器 SRAM 发生了 ECC 错误报警）

1. 系统检测原理

ECC 检测方法是一种检测 SRAM 存储的数据的方法，可以用来取代传统的奇偶校验。使用 ECC 检测的方法，可以把 8 位修正数据转换成 16 位数据，如果这些 16 位数据中有一位数据发生错误，错误数据会自动被修改为正确数据，CNC 可以继续运行。如果两位或两位以上数据发生错误，系统就产生报警。使用传统的奇偶检测的方法，哪怕只有一位数据发生错误都会引发系统报警。

2. 故障产生的原因

如果电池没电，或由于一些外部原因造成 SRAM 内部数据遭到破坏，就发生此报警。故障原因也有可能是 FROM/SRAM 模块或主板出现故障。

3. 故障诊断及处理方法

（1）系统电池电压（标准为 3 V）如果低于 2.6 V 就会产生电池报警，屏幕上会闪现"BAT"的字样。如果产生了电池报警，及时更换新电池。

（2）将系统 SRAM 的数据全部清除后故障消失，则故障为系统的 SRAM 数据不良。把之前备份的数据重新装载。

（3）如果将存储器的数据全部清除并恢复后还不能解决问题，就需要更换 FROM/SRAM 模块。

（4）如果以上措施都不能解决问题，那么就更换主 CPU 板（2006 年 6 月以前）或系统主板。

七、950 报警（PMC 系统报警）

1. 系统检测原理

系统 PMC 控制采用串行通信 I/O Link 形式与外装的 I/O 卡、I/O 模块进行通信，当传输的数据错误或 PMC 控制硬件故障时，系统发出该报警。

2. 故障产生的原因

当 I/O Link 通信电缆受到外界干扰、硬件连接错误、I/O 设备故障及系统 PMC 控制出现故障时，都会产生此报警。

3. 故障诊断及处理方法

（1）系统断电再重新上电，故障消失则为外界干扰原因所致。

（2）检查 I/O Link 连接的电缆是否良好，排除不良故障；若实际连接和 PMC 地址设定不符，检查地址设定并修改。

（3）检查 I/O Link 连接的设备是否正常，包括 I/O 设备的外部电源是否正常。

（4）更换系统的 CPU 卡（2006 年 6 月以前），因为 PMC 是由系统的主 CPU 控制的。

（5）更换 CPU 卡后，故障仍然存在，则需更换系统的母板，因为系统 PMC 控制模块是与系统母板集成一体的。

八、951 报警（系统 PMC 监控报警）

1. 系统检测原理

系统工作时，系统的主 CPU 随时通过监控电路监视系统 PMC 的运行情况。当系统检测到 PMC 控制出现错误，系统就会发出该报警。

2. 故障产生的原因

当系统 PMC 故障、系统的 PMC 监控电路不良、主 CPU 不良都会导致该报警。

3. 故障诊断及处理方法

（1）系统与 I/O 外部设备脱开后，系统上电，如果故障消失，则故障在系统外部 I/O 设备中，进行检查并排除故障。

（2）如果第（1）步操作后，系统报警仍然存在，则故障在系统内部，需更换系统的 CPU（2006 年 6 月以前）。

（3）如果更换 CPU 卡后（2006 年 6 月以前），系统报警仍然存在，则需更换系统的主板。

九、972 报警（系统连接的各功能板错误报警）

当系统出现报警时，会在系统显示装置上显示功能板的插槽号（I/O 模块插槽号为 01、扩展功能小槽板号为 09 和 10），根据显示的功能板分别进行处理。

十、974 报警（系统 F-BUS 总线错误报警）

1. 系统检测原理

系统的各选择功能模块是通过 FANUC 总线与 CPU 进行数据交换的，如果数据交换过程中出现错误，系统就会产生该报警。

2. 故障原因及处理方法

（1）更换系统 CPU 卡（2006 年 6 月以前），如果故障消失，则故障原因为系统 CPU 卡不良。

（2）更换系统选择功能板，如果故障消失，则故障原因为各选择功能板不良。

（3）更换系统母板，如果前两项没有解决问题，则故障为系统母板不良。

十一、975 报警（系统总线错误报警）

1. 系统检查原理

系统单元的各功能模块是通过 FANUC 总线与 CPU 进行数据交换的，如果数据交换过程中出现错误，系统就会产生该报警。

2. 故障原因及处理方法

（1）更换系统 CPU 卡（2006 年 6 月以前），如果故障消失，则故障为系统 CPU 卡不良。

（2）依次更换系统的轴控制板、显示控制卡及 FROM/SRAM 模块，如果故障消失，则故障为各功能板不良。

（3）更换系统主板，如果前两项没有解决问题，则故障为系统主板不良。

十二、976 报警（系统局部总线错误报警）

1. 系统检查原理

系统单元的各功能模块是通过 FANUC 总线与 CPU 进行数据交换的，如果数据交换过程中出现错误，系统就会产生该报警。

2. 故障原因及处理方法

（1）更换系统 CPU 卡（2006 年 6 月以前），如果故障消失，则故障为系统 CPU 卡不良。

（2）依次更换系统的轴控制板和 FROM/SRAM 模块，如果故障消失，则故障为各功能板不良。

（3）更换系统主板，如果前两项没有解决问题，则故障为系统主板不良。

十三、700 报警（系统 CNC 单元过热报警）

1. 系统检测机理

在系统主板上有温度传感器和温度监控电路，当监控电路检测到 CNC 单元的温度超过最大极限值（55 ℃）时，系统发出该报警。

2. 故障原因及实际处理方法

（1）检查系统风扇和通风道是否良好，如果有问题需更换风扇或清理通风道。

（2）系统温度监控电路不良，更换系统主板。

十四、701 报警（系统风扇报警）

1. 系统检测机理

系统 CNC 安装了两个带有信号检测的风扇（DC 24 V），当检测到风扇卡死不转时，系统就发出该报警。

2. 故障原因及实际处理方法

（1）系统风扇损坏，更换系统风扇。

（2）风扇接线不良，清理并重新安装风扇。

（3）风扇监控电路不良，更换监控电路或系统主板。

十五、系统开机时出现死机故障的实际诊断和处理

（1）系统开机不能进入系统引导侧面，更换系统主 CPU 或主板。

（2）系统显卡或视频信号接口接触不良，更换显卡或系统主板。

（3）系统开机后，机床可以移动，系统显示装置或灯管不良，进行相应的更换。

十六、小　结

1. 系统报警（SYS ALM****）

CNC 在运行过程中，检测程序检测出不能维持 CNC 系统正常动作的状况时，检测程序转移到"系统处于报警中"的特殊处理状态。

进入系统报警状态时，在切换 CNC 的画面的同时，执行下列操作：

（1）断开进给伺服放大器及主轴伺服放大器的励磁电源。

（2）切断 I/O Link 通信。

2. 系统报警分类

（1）由软件检测的报警：主要由专用的 CNC 系统检测软件来检测应用软件的异常。典型的异常原因如表 2.28 所示。

表 2.28

序号	典型的异常原因
1	检测基于内部状态监视软件处理错误或数据矛盾
2	数据或命令范围超出存取范围极限
3	除以零无穷大的数据处理
4	堆栈上溢
5	堆栈下溢
6	DRAM 和数据校验出现错误

（2）由硬件检测的报警：主要用系统硬件来检测硬件的异常。典型的异常原因如表 2.29 所示。

表 2.29

序号	典型的异常原因
1	DRAM、SRAM、超高速缓存奇偶校验错误
2	系统总线错误
3	电源报警
4	FSSB 电缆断线

（3）其他报警，见表 2.30。

表 2.30

序号	异常原因
1	PMC 软件异常、I/O Link 通信异常
2	由于周边软件检测的报警诱发
3	伺服软件

3. 系统报警画面

发生系统报警时，切换到系统报警画面，系统报警画面由多页构成，如图 2.58 所示。

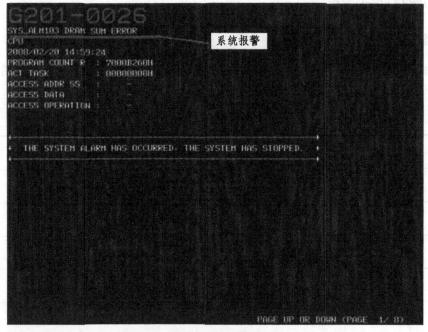

图 2.58 系统报警画面

（1）系统画面的页面切换操作。

按 键或 键，即可完成系统报警画面的切换。

（2）系统画面切换到 IPL 监控画面。

按  键执行 IPL 监控。

4. 系统报警信息的保存

发生系统报警时的各类信息，均被保存在 SRAM 中。SRAM 中可以保存最近发生的 2 次系统报警信息。在保持 2 次信息的状态下发生第 3 次系统报警时，放弃最早发生的系统报警信息，而将新的报警信息保存起来，并依此类推。

值得注意的是：在发生系统报警时，保存在 SRAM 中的系统报警信息可以从 IPL 画面输出到存储卡中，这对于进一步分析系统报警具有重要意义。

5. 系统报警信息输出到存储卡的操作步骤

（1）在发生系统报警时，显示出系统报警画面的情况下，按 键。

（2）CNC 断开电源 5 秒钟，同时按下 MDI 面板的 "   " 和 "   " 键，接通 CNC 电源。

（3）在 IPL 监控器画面上输入 5（见图 2.59），选择 "5. SYSTEM ALARM UTILITY"（系统报警公用程序）。

图 2.59

（4）输入 2（见图 2.60），选择 "2. OUTPUT SYSTEM ALARM FILE"（输出系统报警文件）。

图 2.60

（5）从系统报警画面执行 IPL 监控器时，输入 2（见图 2.61），选择"2. OUTPUT SYSTEM ALARM FILE FROM DRAM"（从 DRAM 输出系统报警）。

暂时断开电源，输入 1，选择"1. OUTPUT SYSTEM ALARM FILE FROM FILE-RAM"（从文件 RAM 输出系统报警）。

图 2.61

（6）在第（4）步输入 1（见图 2.60），选择"1. DISPLAY SYSTEM ALARM"（显示系统报警），显示出所保存的系统报警的列表（见图 2.62），在"SYSTEM ALARM FILE INFORMATION"下输入希望输出的文件号。

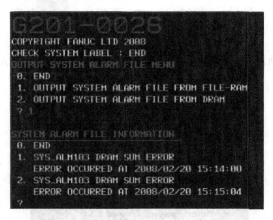

图 2.62

（7）输入要输出到存储卡的文件名，执行输出。

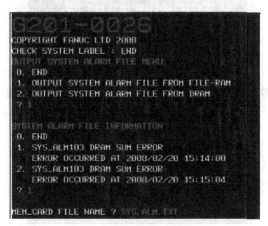

图 2.63

任务七　典型维修案例分析

一、CNC 系统软件故障分析

（一）典型 CNC 软件装置的结构

CNC 系统软件由系统管理软件和系统控制软件组成。管理软件包括数据文件输入/输出、I/O 信号处理、显示、诊断等。控制软件包括译码、刀具补偿、速度处理、插补计算、位置控制等。数控系统的软件结构和数控系统的硬件结构两者相互配合，共同完成数控系统的具体功能。早期的 CNC 装置，数控功能全部由硬件实现，而现在的数控功能则由软件和硬件共同完成。

目前数控系统的软件一般有两种结构：前后台结构和中断型结构。所谓前后台型是指在一个定时采样周期中，前台任务开销一部分时间，后台任务开销剩余部分的时间，共同完成数控加工任务。前台任务一般设计成中断服务程序，系统软件内容如表 2.31 所示，包括三部分：

（1）数控系统的生产厂家研制的启动芯片、系统程序、加工循环、测量循环等。

（2）由机床厂家编制的针对具体机床所用的 NC 机床数据、PLC 机床程序、PLC 机床数据、PLC 报警文本、R 参数等。

（3）由机床用户编制的加工主程序、加工子程序、刀具补偿参数、零点偏置等。

表 2.31　系统软件内容

分类	名　称	传输识别符		说　明	制造者
		820/810	850/880		
Ⅰ	启动芯片	—	—	存储或固化到 EPROM 中	系统生产厂家
	基本系统软件	—	—		
	加工循环	—	—		
	测量循环	—	—		
Ⅱ	NC 机床数据	%TEA1	TEA1	存储或固化到 EPROM 或 RAM 中	机床生产厂家
	PLC 机床数据	%TEA2	TEA2		
	PLC 用户程序	%PCP			
	PLC 报警文本	%PCA			
	系统设定数据	%SEA	SEA		
Ⅲ	加工主程序	%MPF	MPF	存储在 RAM 中	机床用户
	加工子程序	%SPF	SPF		
	刀具补偿参数	%TOA	TOA		
	零点偏置参数	%ZOA	ZOA		
	R 参数	%RPA	RPA		

（二）软件故障发生的原因

软件故障一般由软件中数据文件损坏或数据文件丢失而形成。软件故障可能形成的原因如下：

（1）误操作引起：在调试用户程序或者修改参数时，操作者删除或更改了数据内容，从而造成了软件故障。

（2）供电电池电压不足：为 SRAM 供电的电池或电池电路短路或断路、接触不良等都会造成 SRAM 得不到维持电压，从而使系统丢失软件及参数，如图 2.64 所示。

① 系统参数
② 加工程序
③ 工件坐标
④ 补偿参数
⑤ 用户变量
⑥ 螺距补偿
⑦ PMC参数

SRAM

图 2.64 电池支持的 SRAM 参数

（3）干扰信号引起：有时电源的波动或干扰脉冲会串入数控系统总线，引起时序错误或数控装置停止运行。

（4）软件死循环：运行比较复杂程序或进行大量计算时，有时会造成系统死循环引起系统中断，造成软件故障。

（5）系统内存不足或软件的溢出引起：在系统进行大量计算时，或者是误操作，引起系统的内存不足，从而引起系统的死机。

（6）软件的溢出引起：调试程序时，调试者修改参数不合理，或进行了大量错误的操作，引起了软件的溢出。

（三）故障现象、原因分析及对应的排除方法（见表 2.32）

表 2.32 CNC 软件故障现象、原因分析及对应的排除方法

故障现象	故障原因	排除方法
不能进入系统，运行系统时，系统界面无显示	1. 可能是系统文件被病毒破坏或丢失，可能是计算机被病毒破坏，也可能是系统软件中，有文件损坏了或丢失了 2. 电子盘或硬盘物理损坏 3. 系统 CMOS 设置不对	1. 重新安装数控系统，将计算机的 CMOS 设为 A 盘启动；插入干净的软盘启动系统后，重新安装数控系统 2. 电子盘或硬盘在频繁的读写中有可能损坏，这时应该修复或更换电子盘或硬盘 3. 更改计算机的 CMOS

续表 2.32

故障现象	故障原因	排除方法
运行或操作中出现死机或重新启动	1. 参数设置不当 2. 同时运行了系统以外的其他内存驻留程序 3. 正从软盘或网络调用较大的程序 4. 从已损坏的软盘上调用程序 5. 系统文件被破坏 （系统在通信时或用磁盘进行拷贝文件时，有可能感染病毒，用杀毒软件检查软件系统清除病毒或者重新安装系统软件进行修复）	1. 正确设置系统参数 2～4. 停止正在运行或调用的程序 5. 用杀毒软件检查软件系统清除病毒或者重新安装系统软件进行修复
系统出现乱码	1. 参数设置不合理 2. 系统内存不足或操作不当	1. 正确设置系统参数 2. 对系统文件进行整理，删除系统产生的垃圾
操作键盘不能输入或部分不能输入	1. 控制键盘芯片出现问题 2. 系统文件被破坏 3. 主板电路或连接电缆出现问题 4. CPU 出现故障	1. 更换控制芯片 2. 重新安装数控系统 3. 修复或更换 4. 更换 CPU
I/O 单元出现故障，输入输出开关量工作不正常	1. I/O 控制板电源没有接通或电压不稳 2. 电流电磁阀、抱闸连接续流二极管损坏各个直流电磁阀、抱闸一定要连接续流二极管，否则，在电磁阀断开时，因电流冲击使得 DC 24 V 电源输出品质下降，而造成数控装置或伺服驱动器随机故障报警	1. 检查线路，改善电源 2. 更换续流二极管
数据输入输出接口（RS-232）不能够正常工作	1. 系统的外部输入输出设备的设定错误或硬件出现了故障 2. 参数设置的错误 通信时需要将外部设备的参数与数控系统的参数相匹配，如波特率、停止位必须设成一致才能够正常通信。外部通信端口必须与硬件相对应 3. 通信电缆出现问题 不同的数控系统，通信电缆的管角定义可能不一致，如果管角焊接错误或者是虚焊等，通信将不能正常完成。另外通信电缆不能过长，以免信号衰减引起故障	1. 对设备重新设定，对损坏的硬件进行更换 2. 按照系统的要求正确地设置参数 3. 对通信电缆进行重新焊接或更换
系统网络连接不正常	1. 系统参数设置或文件配置不正确 2. 通信电缆出现问题，通信电缆不能过长，以免信号衰减引起故障 3. 硬件故障。通信网口出现故障或网卡出现故障，可以用置换法判断出现问题的部位	1. 按照系统的要求正确地设置参数 2. 对通信电缆进行重新焊接或更换 3. 对损坏的硬件进行更换

二、急停报警类故障分析

数控装置操作面板和手持单元上，均设有急停按钮，用于当数控系统或数控机床出现紧急情况，需要使数控机床立即停止运动或切断动力装置（如伺服驱动器等）的主电源；当数控系统出现报警信息后，须按下急停按钮。待查看报警信息并排除故障后，再松开急停按钮，使系统复位并恢复正常。如图 2.65 所示，该急停按钮及相关电路所控制的中间继电器（KA）的一个常开触点应该接入数控装置的开关量输入接口，以便为系统提供复位信号。

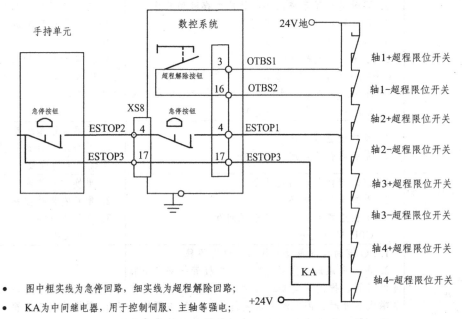

- 图中粗实线为急停回路，细实线为超程解除回路；
- KA为中间继电器，用于控制伺服、主轴等强电；
- 建议该继电器的一个常开触点进入 PLC开关量输入点，用于产生外部运行允许信号。

图 2.65　急停控制回路原理

系统急停不能复位是一个常见的故障现象，引起此故障的原因也较多，总的说来，引起此故障的原因大致可以分为如下几种：

（1）电气方面的原因。图 2.65 为一普通数控机床的整个电气回路的接线图，从图上可以清晰地看出可以引起急停回路不闭合的原因有：急停回路断路、限位开关损坏、急停按钮损坏。

如果机床一直处于急停状态，首先检查急停回路中 KA 继电器是否吸合，继电器如果吸合而系统仍然处于急停状态，可以判断出故障不是出自电气回路方面，这时可以从别的原因查找。如果继电器没有吸合，可以判断出故障是因为急停回路断路引起，这时可以利用万用表对整个急停回路逐步进行检查，检查急停按钮的常闭触点，并确认急停按钮或者行程开关是否损坏。急停按钮是急停回路中的一部分，急停按钮的损坏可以造成整个急停回路的断路。检查超程限位开关的常闭触点，若未装手持单元或手持单元上无急停按钮，XS8 接口中的 4、17 脚应短接，逐步测量，最终确认故障的出处。

（2）系统参数设置错误，使系统信号不能正常输入输出或复位条件不能满足引起的急停故障；PLC 软件未向系统发送复位信息。检查 KA 中间继电器；检查 PLC 程序。

（3）松开急停按钮，PLC 中规定的系统复位所需要完成的信息未满足要求。如伺服动力电源准备好、主轴驱动准备好等信息。

若使用伺服，伺服动力电源是否未准备好：检查电源模块；检查电源模块接线；检查伺服动力电源空气开关。

（4）PLC程序编写错误，检查逻辑电路。

另外，急停回路是为了保证机床的安全运行而设计的，所以整个系统的任一部分出现故障均有可能引起急停，其常见故障现象如表2.33所示。

表2.33　急停报警类故障原因及排除方法

故障现象	故障原因	排除方法
机床一直处与急停状态，不能复位	1. 电气方面的原因 2. 系统参数设置错误，使系统信号不能正常输入输出或复位条件不能满足引起的急停故障；PLC软件未向系统发送复位信息。检查KA中间继电器；检查PLC程序 3. PLC中规定的系统复位所需要完成的条件未满足要求。如伺服动力电源准备好、主轴驱动准备好等信息未到达 4. PLC程序编写错误 5. 防护门没有关紧	1. 检查急停回路，排除线路方面的原因 2. 按照系统的要求正确地设置参数 3. 根据电气原理图，再根据系统的检测功能判断什么条件未满足，并进行排除 4. 重新调试PLC 5. 关紧防护门
数控系统在自动运行的过程中，跟踪误差过大引起的急停故障	1. 负载过大。如负载过大，或者夹具夹偏造成的摩擦力或阻力过大，从而造成加在伺服电动机的扭矩过大，使电动机造成了丢步形成了跟踪误差过大 2. 编码器的反馈出现问题，如：编码器的电缆出现了松动 3. 伺服驱动器报警或损坏 4. 进给伺服驱动系统强电电压不稳或者是电源缺相引起 5. 打开急停系统在复位的过程中，带抱闸的电机由于打开抱闸时间过早，引起电机的实际位置发生了变动，产生了跟踪误差过大的报警	1. 减小负载，改变切削条件或装夹条件 2. 检查编码器的接线是否正确，接口是否松动或者用示波器检查编码所反馈回来的脉冲是否正常 3. 对伺服驱动器进行更换或维修 4. 改善供电电压 5. 适当延长抱闸电机打开抱闸的时间，当伺服电机完全准备好以后再打开抱闸
伺服单元报警引起的急停	1. 伺服单元如果报警或者出现故障，PLC检测到后可以使整个系统处在急停状态，如过载、过流、欠压、反馈断线等 2. 如果是因为伺服驱动器报警而出现的急停，有些系统可以通过急停对整个系统进行复位，包括伺服驱动器，可以消除一般的报警	找出引起伺服驱动器报警的原因，将伺服部分的故障排除，令系统重新复位
主轴单元报警引起的急停	1. 主轴空开跳闸 2. 负载过大 3. 主轴过压、过流或干扰 4. 主轴单元报警或主轴驱动器出错	1. 减小负载或增大空开的限定电流 2. 改变切削参数，减小负载 3～4. 清除主轴单元或驱动器的报警

三、31 号报警故障分析

（一）故障现象

北京第一机床厂生产的 XK5040 数控立铣，数控系统为 FANUC-3MA，驱动 Z 轴时就产生 31 号报警。

（二）故障分析

查维修手册，31 号报警为误差寄存器的内容大于规定值。我们根据 31 号报警指示，将 31 号机床参数的内容由 2000 改为 5000，与 X、Y 轴的机床参数相同，然后用手轮驱动 Z 轴，31 号报警消除，但又产生了 32 号报答。查维修手册知，32 号报警为：Z 轴误差寄存器的内容超过了 ±32 767 或数模变换器的命令值超出了 −8 192 ~ +8 191 的范围。我们将参数改为：3333 后，32 号报警消除，31 号报警又出现。反复修改机床参数，故障均不能排除。为了诊断 Z 轴位置控制单元是否出了故障。将 800、801、802 诊断号调出，发现 800 在 −1 与 −2 间变化，801 在 +1 与 −1 间变化，802 却为 0，没有任何变化，这说明 Z 轴位置控制单元出现了故障。为了准确定位控制单元故障，将 Z 轴与 Y 轴的位置信号进行变换，即用 Y 轴控制信号去控制 Z 轴，用 Z 轴控制信号去控制 Y 轴，Y 轴就发生 31 号报警（实际是 Z 轴报警），同时，诊断号 801 也变为"0"，802 有了变化。通过这样交换，再一次证明 Z 轴位置控制单元有问题。

交换 Z 轴、Y 轴伺服驱动系统，仍不能排除故障。交换伺服驱动控制信号及位置控制信号，Z 信号能驱动 Y 轴，Y 信号不能驱动 Z 轴。这样就将故障定点在 Z 轴伺服电机上，打开 Z 轴伺服电机，发现位置编码器与电机之间的十字联结块脱落，位置编码器上的螺丝断致使电机在工作中无反馈信号而产生上述故障报警。

（三）故障处理

将十字联结块与伺服电机、位置编码器重新联结好，故障排除。

四、参考点、编码器类故障分析

（一）回参考点的方式

按机床检测元件检测原点信号方式的不同，返回机床参考点的方法有两种，即栅点法和磁开关法。在栅点法中，检测器随着电机一转信号同时产生一个栅点或一个零位脉冲，在机械本体上安装一个减速挡块及一个减速开关，当减速撞块压下减速开关时，伺服电机减速到接近原点速度运行。当减速撞块离开减速开关时，即释放开关后，数控系统检测到的第一个栅点或零位信号即为原点。在磁开关法中，在机械本体上安装磁铁及磁感应原点开关或者接近开关，当磁感应开关或接近开关检测到原点信号后，伺服电机立即停止运行，该停止点被认作原点。

栅点法的特点是如果接近原点速度小于某一特定值，则伺服电机总是停止于同一点，也就是说，在进行回原点操作后，机床原点的保持性好。磁开关法的特点是软件及硬件简单，但原点位置随着伺服电机速度的变化而成比例地漂移，即原点不确定。目前，大多数机床采用栅点法。

栅点法中，按照检测元件的不同分为以绝对脉冲编码器方式归零和以增量脉冲编码器方式归零。在使用绝对脉冲编码器作为测量反馈元器件的系统中，机床调试时第一次开机后，通过参数设置配合机床回零操作调整到合适的参考点后，只要绝对编码器的后备电池有效，此后每次开机，不必进行回参考点操作。在使用增量脉冲编码器的系统中，回参考点有两种方式：一种是开机后在参考点回零模式下直接回零；另一种在存储器模式下，第一次开机手动回原点，以后均可用 G 代码方式回零。

回参考点的方式一般可以分为如下几种：

（1）手动回原点时，回原点轴先以参数设置的快速移动的速度向原点方向移动，当减速挡块压下原点减速开关时，回零轴减速到系统参数设置较慢的参考点定位速度，继续向前移动，当减速开关被释放后，数控系统开始检测编码器的栅点或零脉冲，当系统检测到第一个栅点或零脉冲后，电机马上停止转动，当前位置即机床零点。

（2）回原点轴先以参数设置的快速移动的速度向原点方向移动，当减速挡块压下原点减速开关时，回零轴减速到系统参数设置较慢的参考点定位速度，轴向相反方向移动，当减速开关被释放后，数控系统开始检测编码器的栅点或零脉冲，当系统检测到第一个栅点或零脉冲后，电机马上停止转动，当前位置即机床零点。

（3）回原点轴先以参数设置的快速移动的速度向原点方向移动，当减速挡块压下原点减速开关时，回零轴减速到系统参数设置较慢的参考点定位速度，轴向相反方向移动，当减速开关被释放后，回零轴再次反向，当减速开关再次被压下后，数控系统开始检测编码器的栅点或零脉冲，当系统检测到第一个栅点或零脉冲后，电机马上停止转动，当前位置即机床零点。

（4）回原点轴接到回零信号后，就在当前位置以一个较慢的速度向固定的方向进行移动，同时数控系统开始检测编码器的栅点或零脉冲，当系统检测到第一个栅点或零脉冲后，电机马上停止转动，当前位置即机床零点。使用增量式检测反馈元件的机床，开机第一次各伺服轴手动回原点大多采用撞块式复归，其后各次的原点复归可以用 G 代码指令，以快速进给速度复归至开机第一次回原点的位置。

使用绝对式检测反馈元件的机床第一次回原点时，首先，数控系统与绝对式检测反馈元件进行数据通信以建立当前的位置，并计算当前的位置到机床原点的距离及当前位置到距离最近栅点的距离，系统将所有的数值计算后，赋给计数器，栅点即被确立。

当数控机床回参考点出现故障时，先检查原点减速撞块是否松动，减速开关固定是否牢靠或者被损坏。用百分表或激光干涉仪进行测量，确定机械相对位置是否漂移；检查减速撞块的长度，安装的位置是否合理；检查回原点的起始位置，原点位置和减速开关的位置三者之间的关系；确定回原点的模式是否正确；确定回原点所采用的反馈元器件的类型；检查有关回原点的参数设置是否正确；确认系统是全闭环还是半闭环的控制；用示波器检查是否是脉冲编码器或光栅尺的零点脉冲出现了问题；检查 PLC 的回零信号的输入点是否正确。

（二）回参考点故障现象及分析

回参考点常见故障现象、原因分析及对应的排除方法如表 2.34 所示。

表 2.34　回参考点常见故障现象、原因分析及对应的排除方法

故障现象	故障原因		排除方法
机床回原点后原点漂移或参考点发生整螺距偏移的故障	参考点发生单个螺距偏移	1. 减速开关与减速撞块安装不合理，使减速信号与零脉冲信号相隔距离过近 2. 机械安装不到位	1. 调整减速开关或者是撞块的位置使机床轴开始减速的位置大概处在一个栅距或一个螺距的中间位置 2. 调整机械部分
	参考点发生单个螺距偏移	1. 参考点减速信号不良引起的故障 2. 减速挡块固定不良引起寻找零脉冲的初始点发生了漂移 3. 零脉冲不良引起	1. 检查减速信号是否有效，接触是否良好 2. 重新固定减速挡块 3. 对码盘进行清洗
系统开机回不了参考点、回参考点不到位	1. 系统参数设置错误 2. 零脉冲不良引起的故障，回零时找不到零脉冲 3. 减速开关损坏或者短路 4. 数控系统控制检测放大的线路板出错 5. 导轨平行/导轨与压板面平行/导轨与丝杠的平行度超差 6. 当采用全闭环控制时光栅尺进了油污		1. 重新设置系统参数 2. 对编码器进行清洗或者更换 3. 维修或更换 4. 更换线路板 5. 重新调整平行度 6. 清洗光栅尺
找不到零点或回参考点时超程	1. 回参考点位置调整不当引起的故障，减速挡块距离限位开关行程过短 2. 零脉冲不良引起的故障，回零时找不到零脉冲 3. 减速开关损坏或者短路 4. 数控系统控制检测放大的线路板出错 5. 导轨平行/导轨与压板面平行/导轨与丝杠的平行度超差 6. 当采用全闭环控制时光栅尺进了油污		1. 调整减速挡块的位置 2. 对编码器进行清洗或者更换 3. 维修或更换 4. 更换线路板 5. 重新调整平行度 6. 清洗光栅尺
回参考点的位置随机性变化	1. 干扰 2. 编码器的供电电压过低 3. 电机与丝杠的联轴节松动 4. 电动机扭矩过低或由于伺服调节不良，引起跟踪误差过大 5. 零脉冲不良引起的故障 6. 滚珠丝杠间隙增大		1. 找到并消除干扰 2. 改善供电电源 3. 紧固联轴节 4. 调节伺服参数，改变其运动特性 5. 对编码器进行清洗或者更换 6. 修磨滚珠丝杆螺母调整垫片，重调间隙

续表 2.34

故障现象	故障原因	排除方法
攻丝时或车螺纹时出现乱扣	1. 零脉冲不良引起的故障 2. 时钟不同步出现的故障，主轴部分没有调试好。如主轴转速不稳，跳动过大或因为主轴过载能力太差，加工时因受力使主轴转速发生太大的变化	1. 对编码器进行清洗或者更换 2. 更换主板或更改程序 3. 重新调试主轴
主轴定向不能够完成，不能够进行镗孔，换刀等动作	1. 脉冲编码器出现问题 2. 机械部分出现问题 3. PLC 调试不良，定向过程没有处理好	1. 维修或更换编码器 2. 调整机械部分 3. 重新调试 PLC

五、ALM926（FSSB 通讯报警）故障分析

（一）处理方法

（1）通过报警画面的显示进行分析；

（2）通过放大器 LED 显示进行分析。

（二）FSSB 的连接

FSSB 的连接方法如图 2.66 所示，由 CNC 连接到放大器 1，再从放大器 1 连接到放大器 2，再依次连接到放大器 3、放大器 4，最后到分离检测单元。

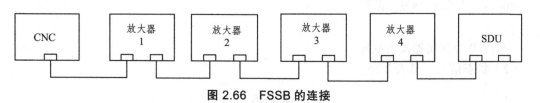

图 2.66 FSSB 的连接

主控端：命令发出单元，FSSB 回路中，CNC 为主控单元。

从属器：命令接受方，FSSB 回路中，放大器为从属器。串行连接中离主控端最近的为 0 号从属器，依此类推。多轴放大器中每一轴为一个从属器。

注：从属器中除放大器之外还包括连接外部检出器用的分离型检出单元（SDU）。

（三）报警信息分析

报警画面如图 2.67 所示。

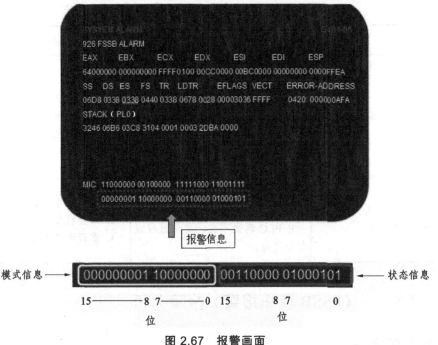

图 2.67　报警画面

（1）模式信息，见表 2.35。

表 2.35

位	15	14	13	12	11～0
含义	发生报警时从属器编号				无意义

0000：0 号从属器发生故障

0001：1 号从属器发生故障

⋮

1001：9 号从属器发生故障

（2）状态信息，见表 2.36。

表 2.36

位	15～12	11	10	9	8～7	6	5	4	3～0
A	XXXX	0	0	0	XX	1	X	0	XXX
A	XXXX	0	1	0	XX	0	X	1	XXX
B	XXXX	0	0	1	XX	0	X	1	XXX
C	XXXX	1	0	0	XX	0	X	1	XXX

X：可能为 0 也可能为 1，对实际结果没有影响。

（四）报警原因

（1）原因 A。

① 模式 12～15 位所表示的从属器与前级连接光缆不良，或该光缆间模块异常。

② 给该从属器供电的电源降低，或放大器内部电源异常。

③ CNC 内轴卡异常。

（2）原因 B。

① 模式 12～15 位所表示的从属器与后级连接光缆不良，或该光缆间模块异常。

② 给该从属器供电的电源降低，或放大器内部电源异常。

（3）原因 C。

① 模式 12～15 所表示的从属器不良。

② 给该从属器供电的电源降低，或放大器内部电源异常。

（五）故障排除

从以上故障诊断原因以及实际故障汇总来看，造成 926 报警的更多原因与其单元的控制电源降低有关，电源电压降低除了输入电源低的原因之外，也与外部短路所造成内部控制电压下降有关，例如外部的编码器 + 5 V 回路。

六、小　结

（一）数控机床参考点建立的意义

通过执行参考点返回的操作，将机床移动到机床的某一固定位置，用来确定机械坐标系的原点。

（1）相对位置控制：使用相对编码器来建立参考点，机床断电后，绝对坐标位置丢失。因此，每次上电后都需要进行参考点返回。

（2）绝对位置控制：使用绝对编码器来建立参考点，机床断电后，绝对坐标位置不丢失。因此，每次上电后不需要进行参考点返回。

（二）参考点设定种类（见表 2.37）

表 2.37

设定参考点的种类	减速挡块	脉冲编码器	
		增量式	绝对式
标记点式	无	不可	可以
无挡块式	无	可以	可以
有挡块式	有	可以	可以

（三）挡块式参考点的调整

在机床某一固定点安装减速开关，通过和移动副的挡块进行碰压来确定参考点的位置。

（1）图 2.68 为 FANUC 0i D 系统挡块式参考点的实际调整过程。

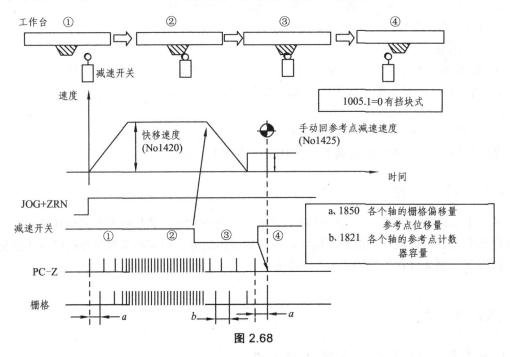

图 2.68

（2）返回参考点时序及栅格调整方法。

图 2.68 中，①、②表示在参考点返回方式下启动回零，进给轴以快速速度向参考点方向前进，该前进方向由 PMC 程序预先规定，同时检测到编码器一个 Z 向信号后建立栅格。

③表示当碰压到挡块，减速信号由 "1" 变为 "0" 后，速度由快速降低成爬行速度。

④表示当脱开挡块后，减速信号由 "0" 变成 "1" 后，系统检测到其后的第一个栅格点，停止轴运行，同时把该点设定为参考点。

从以上回零时序中看到，当在维修实践中脱开电机与丝杆的连接后，电机与丝杆的相对位置会发生偏移，从而会造成参考点的偏移，因此可以通过栅格偏移的方法来调整，使得参考点与原先的设定位置重合。

技巧：可以通过测量维修前与维修后工件坐标系的偏移来获取栅格偏移量。栅格偏移量的设置在参数 No1850 中。

（3）确认减速挡块的位置的调整方法。

装在机床固定点上的减速开关不能保证每次对减速挡块的碰压和弹起时间完全一致，所以如何调整减速开关脱开挡块距离原点的位置（脱开挡块的第一个栅格）就变得非常关键。该调整不当时，就会发生参考点偏差在一个螺距的现象。如图 2.69 所示。

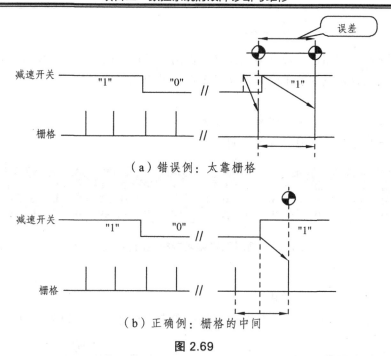

（a）错误例：太靠栅格

（b）正确例：栅格的中间

图 2.69

调整方法如下：（例：参考计数器容量（栅格间距）= 10000）

① 返回参考点，建立原点。

② 通过参数 1850 栅格偏移使新、老原点重合（视调整或维修情况而定）。

③ 再次返回参考点，观察诊断 DGN302 的数值。

④ 调整挡块位置使诊断 DGN302 在 5000 左右数值即可（为参考计数器容量的 1/2）。

DGN302 如图 2.70 所示。

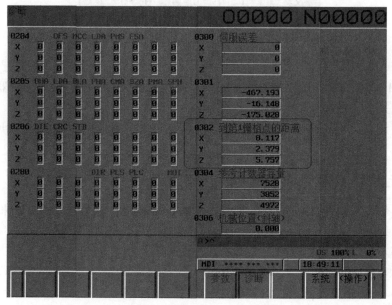

图 2.70

（四）基准点方式参考点设定

此设定方法必须使用绝对位置编码器进行控制，通过在机床上特定位置设定原点标记，使移动工作台上的标记点与之重合来建立参考点，见图2.71。

参数设定如下：

No1005.1 = 1　　　　　　　无挡块参考点设定

No1815.5 = 1　　　　　　　绝对位置控制

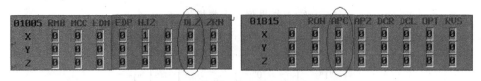

图2.71　绝对位置编码器检测的参数设置

操作：

（1）电机旋转两圈以上，关机。

（2）开机，手动移动工作台，使之与机床的参考点标记重合，如图2.72所示。

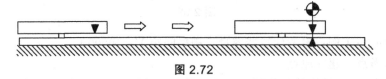

图2.72

（3）手动设定参数1815.4 = 1（见图2.73），关机开机后参考点建立。图2.73为X向已完成绝对参考点建立的参数情形。

图2.73

1815.4 = 1 位置检测器使用绝对位置编码器时，机械位置与绝对位置编码器之间的位置已经建立对应关系，绝对参考点设定。

（4）原点建立后再执行手动回参考点，则系统自动判断返回方向，并以快速速度进行定位。

（五）无挡块式参考点设定

当从机床不能准确设定原点时，在使用绝对编码器的前提下可以采用此方法来建立参考点。

参数设定如下：

No1815.5 = 1　绝对位置控制

No1005.1 = 1　无挡块式

No1006.5 = 0：正方向回零；No1006.5 = 1：负方向回零

操作：

（1）开机，电机旋转两圈以上（运动方向任意），关机。

（2）开机，以手动方式向参考点的方向前进，方向以参数 No1006.5 所设定的方向前进。

（3）前进到距离参考点大约一半螺距位置，切换成参考点返回方式。

（4）再次以 No1006.5 所设定的方向启动轴运行，此时运行速度为 No1425 的设定值，当系统找到最近的栅格后，建立原点并自动设定 No1815.4 为 1。

（六）参考点设定时报警

1. ALM300：请求建立参考点

采用绝对位置控制时，参考点没有建立（No1815.4 = 0）。

故障分析：

（1）电池电压低或断开编码器与伺服的连接造成原点的丢失。

（2）参数被修改，如 No1850、No1821、No1815.4 等。

（3）使用了轴脱开功能（No1005.7）。

故障处理：采用相应的参考点设定方法建立

2. ALM90：不能建立原点

（1）编码器故障（一转信号不良）。

（2）回零时初始移动速度太慢（尽量以>500 mm/min 的速度移动）。

（3）无挡块式参考点设定时，接通参考点方式之前和之后的移动方向必须是参数设定的方向。

（4）电机旋转的圈数不足一圈。

（七）编码器种类

机床的位置与速度反馈，需经由电机侧或机床侧的检测器，通过 FSSB 总线传递给系统的轴卡进行控制，其反馈元件种类如图 2.74 所示。

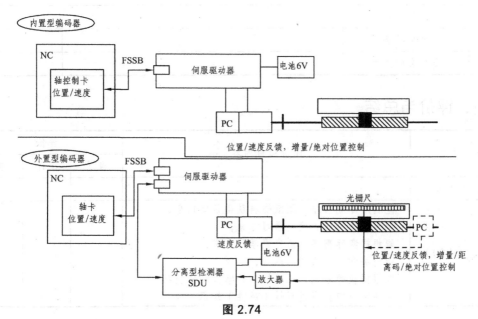

图 2.74

第二部分　实践工作页

一、资　讯

（1）实践目的；

（2）工作设备；

（3）工作过程知识综述。

引导问题：

（1）系列备份与分区备份各包括哪些内容？

（2）数据恢复的方法有哪些？如何实现？

（3）数控系统通电前需进行什么检查？

（4）简述机床参数设定的作用。

（5）为什么要进行伺服参数的优化？如何进行？

二、计划与决策

工具、材料或工作对象、工作步骤、质量控制、安全预防、工作分工。

三、实　施

四、检　查

序号	检查项目	具体内容	检查结果
1	技术资料准备		
2	工具准备		
3	材料准备		
4	安全文明生产		

五、评价与总结

评价项目	评价项目内容	评价		
		自评	他评	师评
专业能力（60）				
方法能力（20）	能利用专业书籍、图纸资料获得帮助信息； 能根据学习任务确定学习方案； 能根据实际需要灵活变更学习方案； 能解决学习中碰到的困难； 能根据教师示范，正确模仿并掌握动作技巧； 能在学习中获得过程性（隐性）知识			

续表

评价项目	评价项目内容	评价		
		自评	他评	师评
社会能力（20）	能以良好的精神状态、饱满的学习热情、规范的行为习惯、严格的纪律投入课堂学习中； 能围绕主题参与小组交流和讨论，使用规范易懂的语言，恰当的语调和表情，清楚地表述自己的意见； 能在学习活动中积极承担责任，能按照时间和质量要求，迅速进入学习状态； 应具有合作能力和协调能力，能与小组成员和教师就学习中的问题进行交流和沟通，能够与他人共同解决问题，共同进步； 能注重技术安全和劳动保护，能认真、严谨地遵循技术规范			

思考与练习

1. 数控系统由哪几部分构成？各有什么作用？
2. 数控系统故障诊断有哪些基本要求？常用的方法有哪些？
3. 试举例阐述系统的自诊断功能。
4. 试说明 FANUC 数控系统的基本配置情况。
5. 数控机床系统参数丢失可能的原因是什么？应如何防止？
6. 一台数控车床，开机之后出现死机，任何操作均不起作用。试分析其可能的原因。

项目三 主轴驱动系统的故障诊断与维修

任务一：认识主轴驱动系统
任务二：学习模拟主轴驱动系统
任务三：维护维修模拟主轴驱动系统
任务四：学习串行主轴驱动系统
任务五：维护维修串行主轴驱动系统
任务六：典型维修实例分析

本项目主要使读者了解 FANUC 数控车床、数控铣床主轴驱动系统的配置方式，理解主轴多种控制方式，主轴放大器、变频器及主轴电机日常维护和故障诊断，串行主轴系统参数的设定及初始化，主轴驱动系统的故障维修实例分析，掌握主轴驱动系统的故障排除的基本思路及方法。

第一部分 相关知识

任务一 认识主轴驱动系统

金属切削类数控机床的主轴驱动系统和主传动系统，它们的性能直接决定了加工工件的表面质量。因此，在数控机床的电气维修和维护中，主轴驱动系统显得很重要。

一、主轴驱动系统概述

主轴驱动系统也叫主轴伺服驱动系统，它包括主轴伺服驱动器和主轴伺服电机，在机床系统中为主运动提供动力源装置。

主传动系统是将主轴驱动系统中，主轴电机输出的动能传递给主传动机构，安装在主传动机构末端的刀具或工件将主传动转矩和旋转速度带动刀具或工件旋转，配合进给轴的运动，加工出理想的零件。它是零件加工的典型运动之一，其精度对零件的加工精度有较大的影响。

例如：铣削类机床的主运动为刀具旋转，刀具旋转配合进给轴上的工件移动实现零件加工；车削类机床的主运动为工件，工件旋转配合进给轴上的刀具移动实现零件加工。

机床的主轴驱动和进给驱动有较大的差别。机床主轴的工作运动通常是旋转运动，不像进给驱动需要丝杠或其他直线运动装置作往复运动。数控机床通常通过主轴的回转与进给轴的进给实现刀具与工件的快速的相对切削运动。在 20 世纪 60、70 年代，数控机床的主轴一般采用三相感应电动机配上多级齿轮变速箱实现有级变速的驱动方式。随着刀具技术、生产技术、加工工艺以及生产效率的不断发展，上述传统的主轴驱动已不能满足生产的需要。现代数控机床对主轴传动提出了更高的要求：

1. 调速范围宽并实现无级调速

为保证加工时选用合适的切削用量，以获得最佳的生产率、加工精度和表面质量。特别对于具有自动换刀功能的数控加工中心，为适应各种刀具、工序和各种材料的加工要求，对主轴的调速范围要求更高，要求主轴能在较宽的转速范围内根据数控系统的指令自动实现无级调速，并减少中间传动环节，简化主轴箱。

目前主轴驱动装置的恒转矩调速范围已可达 1∶100，恒功率调速范围也可达 1∶30，一般过载 1.5 倍时可持续工作达到 30 min。

主轴变速分为有级变速、无级变速和分段无级变速三种形式，其中有级变速仅用于经济型数控机床，大多数数控机床均采用无级变速或分段无级变速。在无级变速中，变频调速主轴一般用于普及型数控机床，交流伺服主轴则用于中、高档数控机床。

2. 恒功率范围要宽

主轴在全速范围内均能提供切削所需功率，并尽可能在全速范围内提供主轴电动机的最大功率。由于主轴电动机与驱动装置的限制，主轴在低速段均为恒转矩输出。为满足数控机床低速、强力切削的需要，常采用分级无级变速的方法（即在低速段采用机械减速装置），以扩大输出转矩。

3. 具有四象限驱动能力

要求主轴在正、反向转动时均可进行自动加、减速控制，并且加、减速时间要短。目前一般伺服主轴可以在 1 s 内从静止加速到 6 000 r/min。

4. 具有位置控制能力

即进给功能（C 轴功能）和定向功能（准停功能），以满足加工中心自动换刀、刚性攻丝、螺纹切削以及车削中心的某些加工工艺的需要。

5. 具有较高的精度与刚度，传动平稳、噪声低

数控机床加工精度的提高与主轴系统的精度密切相关。为了提高传动件的制造精度与刚度，采用齿轮传动时齿轮齿面应采用高频感应加热淬火工艺以增加耐磨性。最后一级一般用斜齿轮传动，使传动平稳。采用带传动时应采用齿型带。应采用精度高的轴承及合理的支撑跨距，以提高主轴的组件的刚性。在结构允许的条件下，应适当增加齿轮宽度，提高齿轮的

重叠系数。变速滑移齿轮一般都用花键传动，采用内径定心。侧面定心的花键对降低噪声更为有利，因为这种定心方式传动间隙小，接触面大，但加工需要专门的刀具和花键磨床。

6. 良好的抗振性和热稳定性

数控机床加工时，可能由于持续切削、加工余量不均匀、运动部件不平衡以及切削过程中的自振等原因引起冲击力和交变力，使主轴产生振动，影响加工精度和表面粗糙度，严重时甚至可能损坏刀具和主轴系统中的零件，使其无法工作。主轴系统的发热使其中的零部件产生热变形，降低传动效率，影响零部件之间的相对位置精度和运动精度，从而造成加工误差。因此，主轴组件要有较高的固有频率、较好的动平衡，且要保持合适的配合间隙，并要进行循环润滑。

二、主轴传动配置方式

（一）普通笼型异步电动机配齿轮变速箱

如图 3.1 所示，带变速齿轮的主传动是大、中型数控机床的常用配置，通过简单的几对齿轮减速来扩大输出扭矩是最经济的一种主轴配置方式，但只能实现有级调速，由于电动机始终工作在额定转速下，经齿轮减速后，在主轴低速下输出力矩大，重切削能力强，非常适合粗加工和半精加工的要求。如果加工产品比较单一，对主轴转速没有太高的要求，配置在数控机床上也能起到很好的效果；它的缺点是噪声比较大，由于电机工作在工频下，主轴转速范围不大，不适合有色金属和需要频繁变换主轴速度的加工场合。其滑移齿轮大多采用液压拨叉或直接液压油缸来移动，而很少使用电磁离合器，以避免电刷磨损与摩擦、剩磁与发热等影响变速的可靠性、加工精度与主轴寿命。

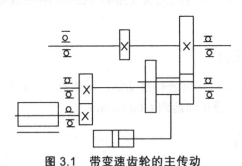

图 3.1　带变速齿轮的主传动

（二）普通笼型异步电动机配简易型变频器

如图 3.2 所示，同步齿形皮带传动常用于低扭矩特性的小型数控机床的主轴传动，以避免齿轮传动引起的噪声与振动，同时满足主轴伺服功能，可以实现主轴的无级调速。主轴电动机只有工作在约 500 r/min 以上才能有比较满意的力矩输出，否则，特别是车床很容易出现堵转的情况，一般会采用两挡齿轮或皮带变速，但主轴仍然只能工作在中高速范围，另外因为受到普通电动机最高转速的限制，主轴的转速范围受到较大的限制。

这种方案适用于需要无级调速但对低速和高速都无要求的场合，例如数控钻铣床。国内生产的简易型变频器较多。

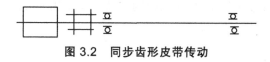

图 3.2　同步齿形皮带传动

（三）普通笼型异步电动机配通用变频器

目前进口的通用变频器，除了具有 U/f 曲线调节功能，一般还具有无反馈矢量控制功能，对电动机的低速特性有所改善，配合两级齿轮变速，基本上可以满足车床低速（100 ~ 200 r/min）小加工余量的加工，但同样受电动机最高速度的限制。这是目前经济型数控机床比较常用的主轴驱动系统。

（四）专用变频电动机配通用变频器

一般采用有反馈矢量控制，低速甚至零速时都可以有较大的力矩输出，有些还具有定向甚至分度进给的功能，是非常有竞争力的产品。以先马 YPNC 系列变频电动机为例，电压：三相 200 V、220 V、380 V、400 V 可选；输出功率：1.5 ~ 18.5 kW；变频范围 2 ~ 200 Hz；（最高转速 r/min）；30 min150%过载能力；支持 U/f 控制、U/f + PG（编码器）控制、无 PG 矢量控制、有 PG 矢量控制。提供通用变频器的厂家以国外公司为主，如西门子、安川、富士、三菱、日立等。

中档数控机床主要采用这种方案，主轴传动两挡变速甚至仅一挡即可实现转速在 100 ~ 200 r/min 时车、铣的重力切削。一些有定向功能的还可以应用于要求精镗加工的数控镗铣床，若应用在加工中心上，还不是很理想，必须采用其他辅助机构完成定向换刀的功能，而且也不能达到刚性攻丝的要求。

（五）伺服主轴驱动系统

伺服主轴驱动系统具有响应快、速度高、过载能力强的特点，还可以实现定向和进给功能，当然价格也是最高的，通常是同功率变频器主轴驱动系统的 2 ~ 3 倍以上。伺服主轴驱动系统主要应用于加工中心上，用以满足系统自动换刀、刚性攻丝、主轴 C 轴进给功能等对主轴位置控制性能要求很高的加工。

Cf 轴：早期的车削中心，由于主轴高精度定位的技术尚不成熟，所以采用两个电机及复杂的离合机构切换控制两种不同的方式——主轴电机高速旋转和伺服电机低速高精度定位。一个电机是异步变频调速电机，另一个是同步伺服电机，这种结构在 FANUC 系统被称之为 Cf 轴。其含义是用 feed（进给）轴电机控制 C 轴（即主轴）定位。

Cs 轴：90 年代后，随着现代数控技术及电机驱动技术日趋成熟，特别是矢量控制技术在异步电机驱动中的应用，实现了一个电机既可控制主轴高速旋转，又可低速高精度定位。而不同公司又各有不同的解决方案，FANUC 公司仍采用异步电机，但是在反馈形式和控制方式上作了改进，采用高精度位置反馈装置，如高分辨率磁性脉冲编码器（通称 Cs 传感器）

可达 90 000 脉冲/转，同时融入矢量控制技术，既保留了变频调速高速大功率输出的特性，又可实现位置控制（低速大扭矩及高精度位置控制性能不及同步电机的伺服控制）。FANUC公司将这种形式的主轴驱动方案称为 Cs 轴控制，其含义是用 spindle（主轴）电机控制 C 轴（即主轴）定位。

（六）电主轴

调速电机直接启动的主传动是小扭矩数控机床新发展的配置方法。主轴与其电动机制成一体。这种主轴电机的转子轴就是机床的主轴，省去了齿轮传动结构，而电机的定子装于主轴头内。它由空心轴转子、带绕组的定子和速度检测器所组成。它简化了结构并提高了主轴部件的刚度，但是电机发热直接影响主轴精度。所以液体油路冷却往往是需要的电主轴是主轴电动机的一种结构形式，驱动器可以是变频器或主轴伺服，也可以不要驱动器。电主轴由于电机和主轴合二为一，没有传动机构，因此，大大简化了主轴的结构，并且提高了主轴的精度，但是抗冲击能力较弱，而且功率还不能做得太大，一般在 10 kW 以下。由于结构上的优势，电主轴主要向高速方向发展，一般在 10 000 r/min 以上。

安装电主轴的机床主要用于精加工和高速加工，例如高速精密加工中心。另外，在雕刻机和有色金属以及非金属材料加工机床上应用较多，这些机床对主轴高转速有要求。

主轴轴承是对数控机床精度与加工质量直接影响的部件。主轴轴承的配置主要有三种形式。普遍使用的前轴承通常是由双列短圆柱滚珠与 60°角双列向心推力球轴承组合；后轴承为成对向心推力球轴承。精密的、高速又轻载的数控机床前轴承采用高精度双列向心推力球轴承。而中等精度、低速重载的数控机床的前后轴承则分别采用单列与双列圆锥滚子轴承。除了主轴轴承的本身精度与安装精度直接影响加工精度与主轴噪声与振动外，轴承的温升会直接引起主轴变形而影响加工精度。所以，通常采用润滑油循环冷却系统来带走热量。近些年采用封入高级油脂方式也获得了较理想的效果。

三、常用的主轴驱动系统

（一）FANUC（发那科）公司主轴驱动系统

从 80 年代开始，该公司已使用了交流主轴驱动系统，直流驱动系统已被交流驱动系统所取代。目前三个系列交流主轴电动机为：S 系列电动机，额定输出功率范围 1.5~37 kW；H系列电动机，额定输出功率范围 1.5~22 kW；P 系列电动机，额定输出功率范围 3.7~37 kW。该公司交流主轴驱动系统的特点为：

（1）采用位处理器控制技术，进行矢量计算，从而实现最佳控制。

（2）主回路采用晶体管 PWM 逆变器，使电动机电流非常接近正弦波形。

（3）具有主轴定向控制、数字和模拟输入接口等功能。

（二）SIEMENS（西门子）公司主轴驱动系统

SIEMENS 公司生产的直流主轴电动机有 1GG5、1GF5、1GL5 和 1GH5 四个系列，与这四个系列电动机配套的 6RA24、6RA27 系列驱动装置采用晶闸管控制。

20 世纪 80 年代初期，该公司又推出了 1PH5 和 1PH6 两个系列的交流主轴电动机，功率范围为 3～100 kW。驱动装置为 6SC650 系列交流主轴驱动装置或 6SC611 A（SIMODRIVE 611 A）主轴驱动模块，主回路采用晶体管 SPWM 变频器控制的方式，具有能量再生制动功能。另外，采用位处理器 80186 可进行闭环转速、转矩控制及磁场计算，从而完成矢量控制。通过选件实现 C 轴进给控制，在不需要 CNC 的帮助下，实现主轴的定位控制。

（三）DANFOSS（丹佛斯）公司系列变频器主轴驱动系统

该公司目前应用于数控机床上的变频器系列常用的有：VLT2800，可并列式安装方式，具有宽范围配接电机功率——0.37～7.5 kW 200 V/400；VLT5000，可在整个转速范围内进行精确的滑差补偿，并在 3 ms 内完成。在使用串行通讯时，VLT 5000 对每条指令的响应时间为 0.1 ms，可使用任何标准电机与 VLT 5000 匹配。

（四）HITACHI（日立）公司系列变频器主轴驱动系统

HITACHI 公司的主轴变频器应用于数控机床上通常有：L100 系列通用型变频，额定输出功率范围为 0.2～7.5 kW，V/f 特性可选恒转矩/降转矩，可手动/自动提升转矩，载波频率 0.5～16 Hz 连续可调。日立 SJ100 系列变频器，是一种矢量型变频，额定输出功率范围为 0.2～7.5 kW，载波频率在 0.5～16 Hz 内连续可调，加减速过程中可分段改变加减速时间，可内部/外部启动直流制动；日立 SJ200/300 系列变频器，额定输出功率范围为 0.75～132 kW，具有 2 台电机同时无速度传感器矢量控制运行且电机常数在/离线自整定的功能。

（五）HNC（华中数控）公司系列主轴驱动系统

HSV-20S 是武汉华中数控股份有限公司推出的全数字交流主轴驱动器。该驱动器结构紧凑、使用方便、可靠性高。

该驱动器采用的是最新专用运动控制 DSP、大规模现场可编程逻辑阵列（FPGA）和智能化功率模块（IPM）等当今最新技术设计，具有 025、050、075、100 多种型号规格，具有很宽的功率选择范围。用户可根据要求选配不同型号驱动器和交流主轴电机，形成高可靠性、高性能的交流主轴驱动系统。

四、主轴控制方式

系统对主轴提供的硬件接口分为串行主轴接口和模拟主轴接口两种方式，模拟主轴接口控制方式如图 3.3 所示。CNC 的模拟主轴接口 JA40 将速度指令信号（0～10 V 模拟信号）传送到变频器，控制三相交流异步电机的转速。

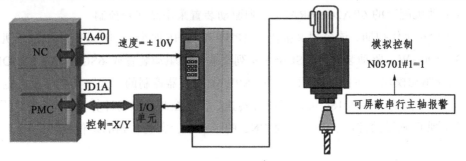

图 3.3　模拟主轴接口

串行主轴接口控制方式如图 3.4 所示，CNC 的串行主轴接口 JA7A 将速度指令信号传输到主轴驱动器的 JA7B，再传输到伺服主轴电机，控制主轴伺服电机的转速。

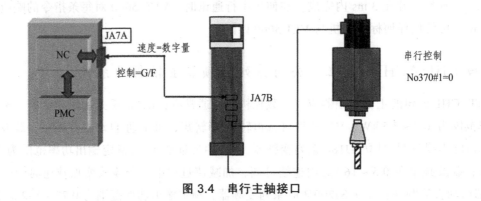

图 3.4　串行主轴接口

五、主轴驱动系统维修

（一）维修类别

不管是 FANUC 主轴放大器还是具有模拟接口的主轴放大器，其维修均分为电路板级维修和芯片级维修，实际上对最终用户而言，主要进行电路板级维修，也就是快速进行电路板故障诊断与维修处理。

（二）维修理念

两种接口的主轴放大器都是硬件芯片集成度很高的控制部件，既有硬件电路，也有软件算法，同样对主轴放大器的维修也不是简单通过万用表或普通仪器就可以完成的，必须通过主轴放大器制造厂家提供维修帮助来判断故障存在的地方。FANUC 主轴放大器有故障显示状态以及丰富的故障诊断软件来帮助用户进行故障定位，为用户维修 FANUC 主轴放大器提供了极大的便利。具有模拟接口的主轴放大器也有丰富的诊断信息提供给用户进行故障诊断。

（三）维修方法

在 FANUC 主轴驱动系统故障诊断和维修当中，首先要区分 FANUC 主轴驱动系统属于哪一种方式，再根据不同的控制原理进行故障诊断与维修。

1）串行主轴驱动系统

串行主轴驱动系统故障诊断与维修要求维修人员掌握串行主轴驱动系统硬件连接；理解串行主轴控制框图；掌握控制框图中涉及的主轴参数、G 地址信号、F 地址信号、逻辑控制关系等；掌握串行主轴参数设置和调整方法以及串行主轴监控和诊断方法。

熟悉 FANUC 主轴放大器及主轴电机故障报警和错误信息含义以及处理方法。掌握 PMC 诊断方法及备件更换方法。有时 FANUC 主轴放大器维修不仅要参考故障报警和错误信息提供的维修方法，还要结合主轴机械以及现场干扰等情况综合处理。

2）模拟主轴驱动系统

维修模拟主轴驱动系统主要是理解模拟主轴控制框图，以及涉及的模拟主轴接口参数、G 地址信号、F 地址信号。详细内容可参考 FANUC Series 0i-C/0i mate-C 维修说明书（B-64115CM）。

只能利用万用表测试 JA40 接口是否具有 0～±10 V 模拟电压来检测 FANUC 数控系统输出速度控制。因为机床制造厂家选配的具有模拟接口的主轴放大器不同，所以维修时需要参考相应的主轴放大器使用手册，常见的具有模拟接口的主轴放大器选用变频器。

六、小　结

（一）主轴速度控制指令（见表 3.1）

表 3.1

名　称	功　能
模拟接口指令	将数控系统的 S 指令转化成 ±10 V 的模拟电压输出至第三方驱动单元（变频器等）
串行接口指令	与主轴伺服驱动器相连，将 CNC 系统的 S 指令转化成数字量的形式发送至主轴伺服驱动器进行处理
12 位二进制指令（PMC 程序控制）	将 PMC 发出 12 位二进制指令转化成相应的指令速度输出至串行接口或模拟接口

（二）主轴速度的获取及速度监控

主轴速度的获取及速度监控见图 3.5。

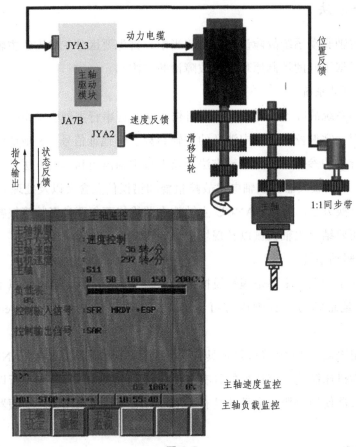

图 3.5

（三）认识电主轴

1. 电主轴的概念

随着电气传动技术（变频调速技术、电动机矢量控制技术等）的迅速发展和日趋完善，高速数控机床主传动系统的机械结构已得到极大的简化，基本上取消了带轮传动和齿轮传动。

机床主轴由内装式电动机直接驱动，从而把机床主传动链的长度缩短为零，实现了机床的"零传动"。这种主轴电动机与机床主轴"合二为一"的传动结构形式，使主轴部件从机床的传动系统和整体结构中相对独立出来，因此可做成"主轴单元"，俗称"电主轴"（Electric Spindle，Motor Spindle）。

由于当前电主轴主要采用的是交流高频电动机，故也称为"高频主轴"（High Frequency Spindle）。由于没有中间传动环节，有时又称它为"直接传动主轴"（Direct Drive Spindle）。

2. 电主轴的特点及结构

（1）电主轴具有结构紧凑、重量轻、惯性小、振动小、噪声低、响应快等优点，而且转速高、功率大，机床设计简化，易于实现主轴定位，是高速主轴单元中的一种理想结构。

（2）电主轴轴承采用高速轴承技术，耐磨耐热，寿命是传统轴承的几倍。产品特性：高转速、高精度、低噪声，内圈带锁口的结构更适合喷雾润滑。

（3）主要用途：数控机床、机电设备、微型电机、压力转子。

（4）电主轴是最近几年在数控机床领域出现的将机床主轴与主轴电机融为一体的新技术，它与直线电机技术、高速刀具技术一起，将会把高速加工推向一个新时代。

（5）电主轴是一套组件，它包括电主轴本身及其附件：电主轴、高频变频装置、油雾润滑器、冷却装置、内置编码器、换刀装置。

（6）电主轴所融合的技术。

① 高速轴承技术：电主轴通常采用动静压轴承、复合陶瓷轴承或电磁悬浮轴承。动静压轴承寿命长，具有很高的刚度，能大幅度提高加工效率、加工质量、延长刀具寿命、降低加工成本。

复合陶瓷轴承目前在电主轴单元中应用较多，这种轴承滚动体使用热压 Si_3N_4 陶瓷球，轴承套圈仍为钢圈，标准化程度高，对机床结构改动小，易于维护。

电磁悬浮轴承高速性能好，精度高，容易实现诊断和在线监控，但是由于电磁测控系统复杂，这种轴承价格十分昂贵，而且长期居高不下，至今没有得到广泛应用。

② 高速电机技术：电主轴是电动机与主轴融合在一起的产物，电动机的转子即为主轴的旋转部分，理论上可以把电主轴看作一台高速电动机。关键技术是高速度下的动平衡。

③ 电主轴的润滑一般采用定时定量油气润滑，也可以采用油脂润滑，但相应的速度要打折扣。所谓定时，就是每隔一定的时间间隔注一次油。所谓定量，就是通过一个叫定量阀的器件，精确地控制每次润滑油的油量。而油气润滑，指的是润滑油在压缩空气的携带下，被吹入陶瓷轴承。油量控制很重要，太少，起不到润滑作用；太多，在轴承高速旋转时会因油的阻力而发热。

④ 电主轴的冷却系统：为了尽快给高速运行的电主轴散热，通常对电主轴的外壁通以循环冷却剂，冷却装置的作用是保持冷却剂的温度。

⑤ 电主轴的内置脉冲编码器反馈系统：为了实现自动换刀以及刚性攻螺纹，电主轴内置一脉冲编码器，以实现准确的相角控制以及与进给的配合。

⑥ 自动换刀装置：为了应用于加工中心，电主轴配备了自动换刀装置，包括碟形簧、松刀油缸等。

⑦ 高速刀具的装卡方式：广为熟悉的 BT、ISO 刀具，已被实践证明不适合于高速加工。这种情况下出现了 HSK、SKI 等高速刀具。

3. 典型电主轴技术参数

图 3.6 为德国西泰克（Cytec）公司加工中心用电主轴典型型号的外形图。其技术参数见表 3.2。

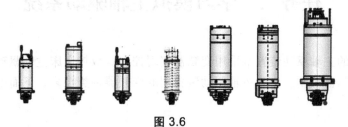

图 3.6

表 3.2

型号	CS12-150-A	CS12-180	CS15-170	CS21-180-B	CS21-240	CS30-2400	CSG60-300
主轴功率 S1/kW	12	12	15	21	21	30	60
最大扭矩 S6/N·m	26	55	67	129	260	372	1 150 行星齿轮传动
最大转速 r/min	18 000	24 000	24 000	15 000	18 000	12 000	8 000
刀具接口	HSK-A50	HSK-A63	HSK-A63	HSK-A63	HSK-A63	HSK-A100	HSK-A100

4. 电主轴结构图

图 3.7 为德国西泰克公司电主轴典型结构图。

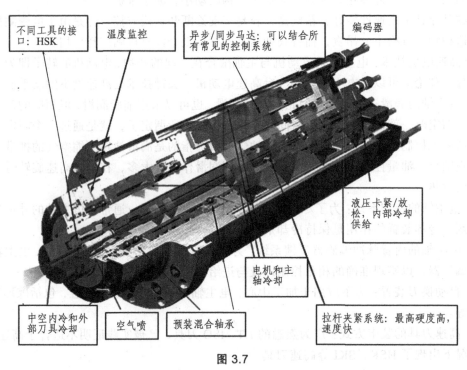

图 3.7

任务二　学习模拟主轴驱动系统

模拟量控制的主轴驱动装置常采用变频器实现控制。数控车床主轴驱动以及普通机床的改造中多采用变频器控制。作为主轴驱动装置用的变频器种类很多，下面以安川变频器为例进行介绍。

一、调速方式

交流异步电动机的转速关系式如下：

$$n = (1-s)60f_1/p$$

式中，f_1 为定子供电频率；p 为磁极对数；s 为转差率；n 为电动机转速。交流异步电动机的调速方式有三种。

（1）变极调速：通过改变电动机定子绕组的接线方式以改变电机极数实现调速。这种调速方法是有级调速，不能平滑调速，而且只适用于鼠笼式异步电动机。

（2）改变电机转差率调速：其中有通过改变电机转子回路的电阻进行调速，此种调速方式效率不高，且不经济，只适用于绕线式异步电动机。其次是采用电磁转差离合器进行调速，调速范围宽且能平滑调速，但这种调速装置结构复杂，低速运行时损耗较大、效率低。较好的转差率调速方式是串级调速，这种调速方法是通过在转子回路串入附加电动势实现调速的。这种调速方式效率高、机械特性好，但设备投资费用大、操作不方便。

（3）变频调速：通过改变异步电动机定子的供电频率 f_1，以改变电动机的同步转速达到调速的目的，其调速性能优越，调速范围宽，能实现无级调速。

二、变频器的基本结构

变频器的控制方式从最初的电压空间矢量控制（磁通轨迹法）到矢量控制（磁通定向控制），发展至今为直接转矩控制，从而能方便地实现无速度传感器化；脉宽调制（PWM）技术技术从正弦 PWM 发展至优化 PWM 技术和随机 PWM 技术，以实现电流谐波畸变小，电压利用率最高、效率最优、转矩脉冲最小及噪声强度大幅度削弱的目标；功率器件由 GTO、GTR、IGBT 发展到智能模块 IPM，使开关速度快、驱动电流小、控制驱动简单、故障率降低、干扰得到有效控制及保护功能进一步完善。

变频器是把电压、频率固定的交流电变成电压、频率可调的交流电的变换器。与外界的联系基本上分三部分：一是主电路接线端，包括工频电网的输入端（R、S、T），接电动机的输出端（U、V、W）；二是控制端子，包括外部信号控制变频器的端子，变频器工作状态指示端子，变频器与微机或其他变频器的通信接口；三是操作面板，包括液晶显示屏和键盘。

三、工作原理

安川 G5 变频器主电路原理图如图 3.8 所示。

（一）整流、逆变单元

整流器和逆变器是变频器的两个主要功率变换单元。电网电压由输入端（R、S、T）输入变频器，经整流器整流成直流电压，整流器通常是由二极管构成的三相桥式整流，直流电压由逆变器逆变成交流电压，交流电压的频率和电压大小受基极驱动信号控制，由输出端（U，V，W）输出到交流电动机。

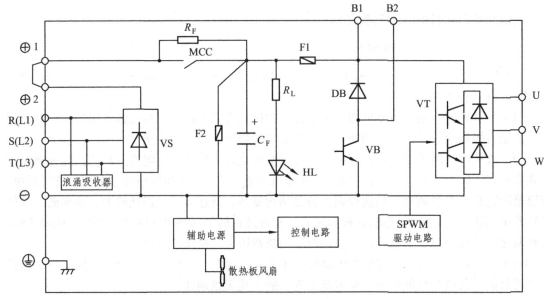

图 3.8　安川 G5 变频器主电路原理图

（二）驱动控制单元（LSI）

驱动控制单元主要包括 PWM 信号分配电路、输出信号电路等。主要作用是产生符合系统控制要求的驱动信号。

（三）中央处理单元（CPU）

中央处理单元包括控制程序、控制方式等部分，是变频器的控制中心。外部控制信号、内部检测信号、用户对变频器的参数设定信号等送到 CPU，经 CPU 处理后，对变频器进行相关的控制。

（四）保护及报警单元

变频器通常都有故障自诊断功能和自保护功能。当变频器出现故障或输入、输出信号异常时，由 CPU 控制 LSI，改变驱动信号，使变频器停止工作，实现自我保护功能。

（五）参数设定和监视单元

该单元主要由操作面板组成，用于设定变频器的参数和监视变频器当前的运行状态。采用华中 HNC-21 数控系统，变频主轴控制系统的配置如图 3.9 所示。0～10 V 模拟信号由数控系统的 XS9 信号接口传输给变频器，控制主轴电机的速度。

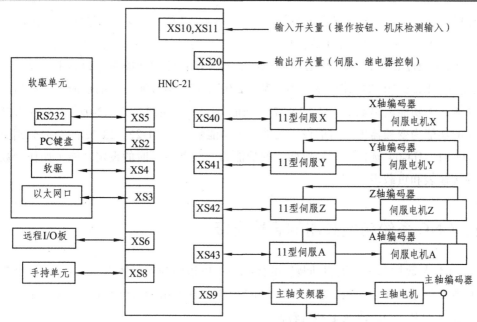

图 3.9　华中 HNC-21 数控系统配变频主轴调速系统

四、模拟主轴驱动系统的接线

（一）变频器主电路端部接线

根据变频器输入规格选择正确的输入电源。

（1）变频器输入侧采用断路器（不宜采用熔断器）实现保护，其断路器的整定值应按变频器的额定电流选择而不应按电动机的额定电流来选择。

（2）变频器三相电源实际接线无需考虑电源的相序。

（3）1 和 2 用来接直流电抗器（为选件），如果不接时，必须把 1 和 2 短接（出厂时，1 和 2 用短接片短接）。

U、V、W 三个端子为变频器的输出端子，这些端子直接与电动机相连接。变频器输出接线实际使用注意事项如下：

（1）输出侧接线须考虑输出电源的相序。

（2）实际接线时，决不允许把变频器的电源线接到变频器的输出端。

（3）一般情况下，变频器输出端直接与电动机相连，无需加接触器和热继电器。

B1 和 B2 端子用于外接制动电阻，外接制动电阻的功率与阻值应根据电动机的额定电流来选择。

（二）变频器控制回路端部接线

安川变频器的控制回路端子有开关量输入控制端子（1、2、3、4、5、6、7、8 和 11 组成）、模拟量输入控制端子（13、14、16 和 17 组成）、继电器输出控制端子（18、19 和 20

及 9 和 10 组成）、开路集电极输出控制端子（25、26 和 27 组成）及模拟量输出控制端子（21、23 和 22 组成）。其中多功能端子 3、4、5、6、7、8 的具体功能分别由变频器参数 H1-01、H1-02、H1-03、H1-04、H1-05 及 H1-06 选择，括号所标注的功能为变频器出厂时的设定功能；多功能输出端 9-10 的功能由变频器参数 H2-01 选择，括号所标注的功能为变频器出厂时的设定功能；多功能输出端 25-27、26-27 的功能分别由变频器参数 H2-02、H2-03 选择，括号所标注的功能为变频器出厂时的设定功能；多功能输出端 21-22、23-22 的功能分别由变频器参数 H4-01、H4-04 选择，括号所标注的功能为变频器出厂时的设定功能（如作为数控机床的主轴转速表和负载表）。

五、CNC 系统与变频器的信号连接

图 3.10 为某数控车床主轴驱动装置的接线图，以该图为例具体说明 CNC 系统、数控机床与变频器的信号连接与功能。通过改变 CNC 模拟主轴输出端输出的 0～10 V 模拟电压，改变变频器输出频率，最终改变电动机转速。

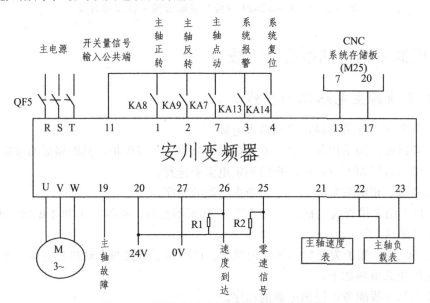

图 3.10 数控车床主轴驱动装置的接线图

（一）CNC 到变频器的信号

（1）主轴正转信号（1-11）、主轴反转信号（2-11）；

（2）系统故障输入（3-11）；

（3）系统复位信号（4-11）；

（4）主轴电动机速度模拟量信号（13-17）；

（5）主轴点动信号（7-11）。

（二）变频器到 CNC 的信号（通过系统的 PMC）

（1）变频器故障输入信号（19-20）；

（2）主轴速度到达信号（26-27）；

（3）主轴零速信号（25-27）；

（4）主轴负载表的信号；

（5）主轴速度表的信号。

六、变频器功能参数的设定及操作

（一）变频器参数的设定

（1）A 组参数：标准功能参数。

（2）B 组参数：微调功能参数。

（3）C 组参数：智能端子功能。

（4）F 组参数：主要常用参数。

（5）D 组参数：监视功能参数。

（二）变频器编程器的操作

变频器编程器不仅可以进行功能参数的设定及修改，而且可以显示报警信息、故障发生时的状态（如故障时的输出电压、频率、电流等）及报警履历等，这些内容都是通过编程进行显示。

七、变频器输入接线实际使用注意事项

（1）根据变频器输入规格选择正确的输入电源。

（2）变频器输入侧采用断路器（不宜采用熔断器）实现保护，其断路器的整定值应按变频器的额定电流选择而不应按电动机的额定电流选择。

（3）变频器三相电源实际接线无需考虑电源的相序。

（4）1 和 2 用来接直流电抗器（为选件），如果不接时，必须把 1 和 2 短接（出厂时，1 和 2 用短接片短接）。

（5）指示灯 HL 不仅作为直流电压的显示，而且维修作为变频器是否有电标志。

八、变频器输出接线实际使用注意事项

（1）输出侧接线须考虑输出电源的相序。

（2）实际接线时，绝不允许把变频器的电源线接到变频器的输出端。

（3）一般情况下，变频器输出端直接与电动机相连，无需加接触器和热继电器。

九、小 结

（一）漏电流及其对策

变频器的输入/输出布线与其他电缆线之间、与大地之间及变频电机之间均存在寄生电容，由此会有漏电流流动。电流值受寄生电容和载波频率等因素的影响，变频器的载波频率设置较高并在低噪声下运行时漏电流会增加，需采取措施。另外，漏电断路器的选择与载波频率的设置值无关，而是根据漏电断路器的额定灵敏度电流进行选择。

1. 对大地的漏电流

漏电流不仅通过变频器的自身系统，有时会通过接地线等流向其他系统。漏电流可能会引起漏电断路器或漏电继电器的不必要动作。

（1）需采取以下措施解决对大地的漏电流问题：通过在自身系统及其他系统的漏电断路器使用防谐波浪涌吸收器，在低噪声下将载波频率提高。

（2）布线长度的增加将引起漏电流的增加，尽量缩短变频器的布线长度可减小变频器的载波频率以减小漏电流。

（3）提高电机容量将导致漏电流加大。

2. 线间漏电流

由于在变频器输出布线之间存在分布静电电容，分布电容流过电流的高频部分，外接的热继电器有时会产生不必要的动作。小容量机种（特别是 7.5 kW 以下），在配线较长（50 m以上）时，对应于电机额定电流的漏电流比例会变大，因此，在外部使用的热继电器容易发生不必要的动作。

图 3.11 为线间漏电流的路径。

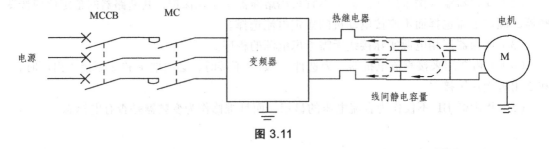

图 3.11

在变频器电源进线侧，为了保护变频器输入侧的布线，需安装无熔丝断路器（MCCB）。MCCB 根据变频器的输入侧功率因数（根据电源电压、输出频率、负载等不同而变化）进行选择。特别是完全电磁式的 MCCB 会由于谐波电流而改变动作特性，必须选择稍大一些容量。

（二）变频器噪声产生的种类和减少方法

变频器噪声有从外部侵入变频器误动作的噪声、从变频器辐射出去使外围设备误动作的噪声等。

变频器被设计为不易受噪声影响，但由于是处理微弱信号的电子仪器，所以必须采取下述基本对策。其次，变频器用高载波频率将输出斩波，所以成为噪声的发生源，由于这种噪声的发生会使外围机器误动作，应实施抑制噪声的对策。这种对策由于噪声回路而略有不同。

（1）基本对策。

① 避免变频器的输入输出动力线与信号线平行布线和集束布线，应分散布线。

② 传感器的连接线、控制用信号线使用双绞屏蔽线，屏蔽层连接 SD 端。

③ 变频器、电机等的接地线接到同一点上。

（2）对于从外部侵入使变频器误动作的噪声的对策。

在变频器附近安装了大量发生噪声的机器或设备（电磁接触器，电磁制动器，大量的继电器，等等）。在变频器发生误动作时，需要采取下述对策：

① 在大量产生噪声的机器上装设浪涌抑制器，抑制发生噪声。

② 在传感器电缆上安装数据线滤波器，可以防止噪声的侵入。

③ 将传感器的连接线、控制用信号线的屏蔽层用电缆金属夹钳接地。

（3）对于从变频器辐射出去使外围设备误动作的噪声的对策。

从变频器发出的噪声有变频器机身和变频器主回路（输入，输出）连接线辐射两种，如图 3.12 所示。

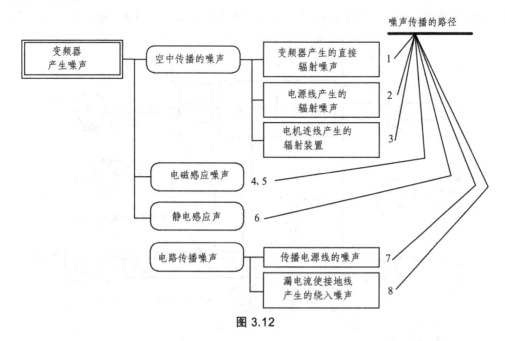

图 3.12

表 3.3 列出了 8 种噪声转播路径及处理对策。

表 3.3

噪声传播路径	处 理 对 策
1、2、3	当测量仪表、接收机、传感器等弱电信号，受噪声影响容易误动作的机器设备其信号线、变频器装于同一屏蔽网内而且很接近布线时，由于噪声的空中传播，机器有时会误动作，因此需要采取下述对策： （1）容易受影响的机器设备，应尽量远离变频器安装。 （2）容易受影响的弱电信号线，应尽量远离变频器和它的输入/输出线。 （3）避免信号线和动力线（变频器输入/输出线）平行布线和成束布线。 （4）变频器输出线中安装噪声滤波器，可以抑制电缆产生的辐射噪声。 （5）信号线和动力线使用屏蔽，分别套入金属管，效果更好
4、5、6	信号线和动力线平行布线或与动力线成束布线时，由于电磁感应噪声、静电感应噪声、噪声在信号线中传播，有时会发生误动作，所以需要采取下述对策： （1）容易受影响的机器设备，应尽量远离变频器。 （2）容易受影响的弱电信号线，应尽量远离变频器的输入/输出线。 （3）避免信号线和动力线（变频器输入/输出线）平行布线和成束布线。 （4）信号线和动力线使用屏蔽，分别套入金属管时，效果更好
7	在外围机器的电源与变频器的电源是同一系统时，由于从变频器发生的噪声，会经电源线传播，机器有时会误动作，因此需要采取下述对策： 变频器的动力线（输出线）设置线噪声滤波器
8	外围机器设备的布线由于变频器的布线构成回路时，由变频器的接地线流过漏电流，有时机器会误动作。这时，若拆开机器的接地线，有时不会发生误动作

（三）噪声对策

电气噪声即电气干扰，图 3.13 列举了变频器系统噪声控制方法，值得注意的是，它不仅适用于变频器系统，而且适用于数控机床电气控制设计、安装、调试、维修等方面。

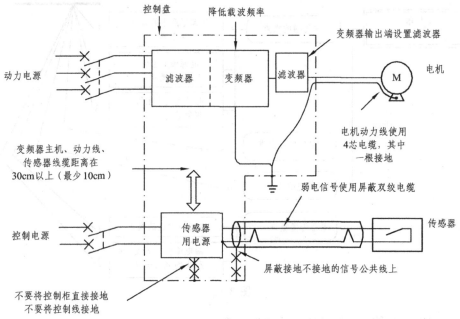

图 3.13

任务三　维护维修模拟主轴驱动系统

一、报警代码及维修技术

当变频器检测出故障时，在数字操作器上显示该报警内容，并停止变频器的输出。数控机床主轴（模拟量控制）故障信号发出时，可以根据变频器的报警信息判定故障的产生原因。

（一）电压故障报警

1. 主回路低电压故障 UV1（DC Bus Under Volt）

变频器主回路的直流电压低于参数 L2-05 的标准设定值（320 V）。产生故障的可能原因有：变频器的三相交流输入电压过低；变频器内部熔断器熔断；变频器的整流块损坏；变频器的电压监控电路不良。

2. 控制回路低电压故障 UV2（CTL Ps Under Volt）

变频器控制电路的电压（辅助电源输出 24 V、5 V）过低报警。产生故障的可能原因有：电路本身故障；变频器电压监控电路不良。

3. 浪涌电压保护回路动作故障 UV3（MC Answerback）

产生故障的可能原因有：变频器交流输入出现浪涌电压（尖峰电压）；变频器的浪涌吸收器（压敏电阻）损坏。

4. 过电压故障 OV（Over Voltage）

变频器的直流主回路直流电压超过检测标准值（一般为 DC 800 V）而报警。产生故障的原因有：变频器交流输入电压过高；电动机减速时间设定过短；变频器制动单元故障；变频器内部电压监控电路不良。

5. 瞬时停电检查中 UV（Under Voltage）

变频器运行过程中检测出电源瞬间断电再通电而报警。将机床断电再重新上电操作可以解除该故障。

（二）电流故障报警

（1）过电流故障 OC（Over Current）；
（2）主回路熔断器故障 PUF（DC Bus Flues Open）；
（3）输出侧短路故障 SC（Short Circuit）；
（4）变频器输出对地短路故障 GF（Ground Fault）。

（三）散热片过热故障 OH（Heat sink Over Tmp）

变频器散热片的温度超过了 L8-02 的设定值（出厂值为 95 ℃）。产生故障的可能原因有：变频器的散热风扇损坏；散热片的通风道堵塞；参数 L8-02 设定过低（误设定）；变频器周围温度过高（如电箱通风的风扇故障）；变频器温度监控电路不良。

（四）电动机过载故障 OLl（Motor Over Loaded）

变频器的实际输出电流超过了电动机额定电流且超过参数 L1-02 设定的时间（即变频器内的电子热保护动作）。产生故障的可能原因有：电动机额定电流参数 E2-01 设定不当；电动机负载过重；电动机绕组匝间短路。

（五）功能参数设定错误报警

OPE01：变频器容量设定不当。

OPE02：参数设定不当（参数设定超过设定范围）。

OPE03：多功能输入设定不当（多功能输入有 2 个以上相同的值）。

OPE06：控制方式参数选择错误（参数 A1-02 设定与变频器实际控制方式不符）。

OPE10：U/F 参数设定不当（最高频率、基本频率、中间频率、最低频率之间设定矛盾）。首先进行变频器的初始化操作，如果故障解除，则为参数设定不当，然后重新输入参数。

（六）外部端子 3～8 异常信号输入故障 EF3～EF8（External Fault 3～8）

当变频器的多功能输入端参数（H01-H06）设定为 20-2F 时，该输入端为外部异常报警输入控制。故障原因可能是：外部控制故障；变频器输入端子输入电路故障。

（七）变频器本身硬件或软件故障

OPR（Oper Disconnect）：面板操作器接触不良或损坏。

ERR（EEPROM R/W Err）：EEPROM 的数据读/写出现异常，用户软件不良或 EEPROM 硬件故障。

二、变频器常见报警保护

为了保证驱动器安全、可靠地运行，在主轴伺服系统出现故障和异常等情况时，设置了较多的保护功能，这些保护功能与主轴驱动器的故障检测与维修密切相关。当驱动器出现故障时，可以根据保护功能的情况，分析故障原因。

1. 接地保护

在伺服驱动器的输出线路以及主轴内部等出现对地短路时，可以通过快速熔断器间切断电源，对驱动器进行保护。

2. 过载保护

当驱动器、负载超过额定值时，安装在内部的热开关或主回路的热继电器将动作，进行过载保护。

3. 速度偏差过大报警

当主轴的速度由于某种原因，偏离了指令速度且达到一定的误差后，将产生报警，并进行保护。

4. 瞬时过电流报警

当驱动器中由于内部短路、输出短路等原因产生异常的大电流时，驱动器将发出报警并进行保护。

5. 速度检测回路断线或短路报警

当测速发电动机出现信号断线或短路时，驱动器将产生报警并进行保护。

6. 速度超过报警

当检测出的主轴转速超过额定值的115%时，驱动器将发出报警并进行保护。

7. 励磁监控

如果主轴励磁电流过低或无励磁电流，为防止飞车，驱动器将发出故障报警并进行保护。

8. 短路保护

当主回路发生短路时，驱动器可以通过相应的快速熔断器进行短路保护。

9. 相序报警

当三相输入电源相序不正确或缺相状态时，驱动器将发出报警。驱动器出现保护性的故障时（也叫报警），首先通过驱动器自身的指示灯以报警的形式反映出内容，具体说明见表 3.4。

表 3.4 驱动器保护性故障报警

报警名称	报警时的 LED 显示	动作内容
对地短路	对地短路故障	检测到变频器输出电路对地短路时动作（一般为≥30 kW）。而对≤22 kW变频器发生对地短路时，作为过电流保护动作。此功能只是保护变频器。为保护人身和防止火警事故等应采用另外的漏电保护继电器或漏电短路器等进行保护
过电压	加速时过电压	由于再生电流增加，使主电路直流电压达到过电压检出值（有些变频器为 800 V DC 时），保护动作。（但是：如果由变频器输入侧错误地输入控制电路电压值时，将不能显示此报警）
	减速时过电流	
	恒速时过电流	
欠电压	欠电压	电源电压降低等使主电路直流电压低至欠电压检出值（有点变频器为 400 V DC）以下时，保护功能动作。注意：当电压低至不能维持变频器控制电路电压值时，将不显示报警

续表 3.4

报警名称	报警时的 LED 显示	动作内容
电源缺相	电源缺相	连接的 3 相输入电源 L1/R、L2/S、L3/T 中任何 1 相缺时,有点变频器能在 3 相电压不平衡状态下运行,但可能造成某些器件(如:主电路整流二极管和主滤波电容器损坏),这种情况下,变频器会报警和停止运行
过热	散热片过热	如内部的冷却风扇发生故障,散热片温度上升,则产生的保护动作
	变频器内部过热	如变频器内通风散热不良等,则其内部温度上升,保护动作
	制动电阻过热	当采用制动电阻且使用频度过高时,会使其温度上升,为防止制动电阻烧损(有点会有"叭"的很大的爆炸声),保护动作
外部报警	外部报警	当控制电路端子连接控制单元、制动电阻、外部热继电器等外部设备的报警常闭接点时,按这些节点的信号动作
过载	电动机过负载	当电动机所拖动的负载过大使电子热继电器的电流超过设定值时,按反时限性保护动作
	变频器过负载	此报警一般为变频器主电路半导体元件的温度保护,按变频器输出电流超过过载额定值时保护动作
通信错误	RS 通信错误	当通信时出错,则保护动作

三、变频器常见故障及处理

变频器常见故障及排除方法如表 3.5 所示。

表 3.5　通用变频器常见故障与处理

故障现象	发生时的工作状况	处理方法
电动机不运转	变频器输出端子 U、V、W 不能提供电源	电源是否已提供给端子
		运行命令是否有效
		RS(复位)功能或自由运行停车功能是否处于开启状态
	负载过重	电动机负载是否太重
	任选远程操作器被使用	确保其操作设定正确
电动机反转	输出端子 U/T1,V/T2 和 W/T3 的连接是否正确	使得电动机的相序与端子连接相对应,通常来说:正转(FWD)= U - V - W,反转(REV)= U - W - V
	电动机正反转的相序是否与 U/T1,V/T2 和 W/T3 相对应	
	控制端子(FW)和(RV)连线是否正确	端子(FW)用于正转,(RV)用于反转
电动机转速不能到达	如果使用模拟输入,电流或电压"O"或"OI"	检查连线
		检查电位器或信号发生器

续表 3.5

故障现象	发生时的工作状况	处理方法
电动机转速不能到达	负载太重	减少负载
		重负载激活了过载限定（根据需要不让此过载信号输出）
转动不稳定	负载波动过大	增加电动机容量（变频器及电动机）
	电源不稳定	解决电源问题
	该现象只是出现在某一特定频率下	稍微改变输出频率，使用调频设定将此有问题的频率跳过
过流	加速中过流	检查电动机是否短路或局部短路，输出线绝缘是否良好
		延长加速时间
		变频器配置不合理，增大变频器容量
		降低转矩提升设定值
	恒速中过流	检查电动机是否短路或局部短路，输出线绝缘是否良好
		检查电动机是否堵转，机械负载是否有突变
		变频器容量是否太小，增大变频器容量
		电网电压是否有突变
	减速中或停车时过流	输出连线绝缘是否良好，电动机是否有短路现象 延长减速时间
		更换容量较大的变频器
		直流制动量太大，减少直流制动量
		机械故障，送厂维修
短路	对地短路	检查电动机连线是否有短路
		检查输出线绝缘是否良好
		送修
过压	停车中过压	延长减速时间，或加装刹车电阻 改善电网电压，检查是否有突变电压产生
	加速中过压	
	恒速中过压	
	减速中过压	
变频器过载	一分钟以上	检查变频器容量是否配小，否则加大容量
		检查机械负载是否有卡死现象
		U/f 曲线设定不良，重新设定
电动机过载	连续超负载 150%	机械负载是否有突变
		电动机配用太小
		电动机发热绝缘变差

续表 3.5

故障现象	发生时的工作状况	处理方法
电动机过载	连续超负载 150%	电压是否波动较大
		是否存在缺相
		机械负载增大
低压	检查输入电压是否正常	
	检查负载是否有突变	
	是否缺相	
变频器过热	检查风扇是否堵转，散热片是否有异物	
	环境温度是否正常	
	通风空间是否足够，空气是否能对流	
电动机过转矩	机械负载是否有波动	
	电动机配置是否偏小	

关于上表的情况说明：

（1）电源电压过高。变频器一般允许电源电压向上波动的范围是 + 10%，超过此范围时，就进行保护。

（2）降速过快。如果将减速时间设定得太短，在再生制动过程中，制动电阻来不及将能量放掉，只是直流回路电压过高，形成高电压。

（3）电源电压低于额定值电压 10%。

（4）过电流可分为：

① 非短路性过电流：可能发生在严重过载或加速过快。

② 短路性过电流：可能发生在负载侧短路或负载侧接地。另外，如果变频器逆变桥同一桥臂的上下两晶体管同时导通，形成"直通"。因为变频器在运行时，同一桥臂的上下两晶体管总是处于交替导通状态，在交替导通的过程中，必须保证只有在一个晶体管完全截止后，另一个晶体管才开始导通。如果由于某种原因，如环境温度过高等，使器件参数发生漂移，就可能导致直通。

四、小 结

变频器是以半导体元件为核心构成的静止机器。在使用过程中变频器受到环境因素及元器件老化两个方面影响，造成变频器使用寿命降低。

环境因素对变频器使用寿命的影响包括：温度、潮湿、灰尘、污垢以及振动。所以必须对运行中的变频器进行日常检查。

1. 维护和检查时的注意事项

断开变频器电源后不久，平波电容上仍然剩余有高压电，当进行检查时，断开电源，过10分钟后用万用表等确认变频器主电路端子之间电压在直流 30 V 以下后进行。

（1）日常点检一般每月一次。

（2）定期检查周期为 1~2 年，不过根据安装使用的环境周期也会存在差异。

（3）测量变频器主电路端子和接地端子之间时，必须确认平波电容放电以后才能进行。

（4）清扫变频器时，请用柔软布料浸入中性清洁剂或铵基乙醇，轻轻地擦去变脏的地方。不要用溶剂，例如：丙酮、苯、甲苯和酒精，它们会造成变频器表面涂料脱皮。

2. 变频器检查分为日常检查和定期检查

（1）日常检查。

① 电机运行是否异常。

② 安装环境是否合适。

③ 冷却系统是否异常。

④ 是否有异常振动声音。

⑤ 是否出现过热和变色。

⑥ 在运行中用万用表测量变频器的输入电压。

（2）定期检查。

当变频器运行时，日常检查难以检查到的地方必须要求定期检查。

① 清扫空气过滤器等冷却系统。

② 由于振动、温度的变化造成变频器上的螺丝和螺栓松动，检查松动情况，并重新可靠拧紧。必要时按照变频器手册要求，使用力矩扳手按照扭力要求重新拧紧。

③ 检查导体和绝缘物质是否被腐蚀或损坏。

④ 测量绝缘电阻。

⑤ 检查或更换冷却风扇、继电器触点有无烧蚀等情况。

（3）变频器日常点检及定期点检部位（见表 3.6）。

表 3.6

点检位置	检查项目	检查事项	检查周期		发生异常时的处置方法
			日常	定期	
变频器外围	周围环境	确认环境温度、湿度、尘埃、有害气体、油雾等	★		改善环境
	变频本体	检查是否有不正常的振动和噪音	★		确认异常部位，进行紧固
	电源电压	主回路电压，控制电压是否正常	★		点检电源
主电路	一般性定期点检	用兆欧表检查（主电路端子和接地端子之间）		★	
		检查螺丝钉和螺钉是否松动		★	紧固
		检查各零件是否过热		★	
		是否存在脏污		★	清扫
	连接导体电缆	导体是否歪斜		★	
		不存在电线电缆类外皮的破损，老化（开裂、变色等）现象		★	停止装置运行、维修

续表 3.6

点检位置	检查项目	检查事项	检查周期		发生异常时的处置方法
			日常	定期	
主电路	变压器、电抗器	是否有异臭、嗡鸣音是否异常增加	★		停止装置运行、维修
	端子排	是否损伤		★	
	继电器，接触器	动作是否正常、是否出现异音		★	停止装置运行、维修
	电阻器	电阻器绝缘物是否存在开裂		★	
		是否有断线现象		★	
控制电路保护电路	动作检查	变频器单机运行时，各相间的输出电压是否平衡		★	停止装置运行、维修
	部件检查	是否有异臭、变色		★	
		是否存在明显的生锈		★	
		电容器是否存在漏液、变形的痕迹		★	
		通过目测或控制回路电容器寿命诊断方法来进行判断		★	
冷却系统	冷却风扇	是否有异常振动和噪声	★		更换风扇
		连接部件是否有松动		★	紧固
		是否存在脏污		★	清扫
	冷却散热片	是否存在堵塞		★	清扫
		是否存在脏污		★	清扫
	空气过滤器等	是否存在堵塞		★	清扫、更换
		是否存在脏污		★	清扫、更换
显示	显示	是否可以正确显示	★		停止装置运行
		是否存在脏污	★		清扫
	仪表	检查读出值是否正常	★		停止装置运行
负载电机	动作检查	振动及运行音是否存在异常增加	★		

任务四　学习串行主轴驱动系统

　　加工中心对主轴驱动器系统有较高的控制要求，首先要求在大力矩、强过载能力的基础上实现宽范围无级变速，其次要求在自动换刀动作中实现定角度停止（即准停），这使加工中心主轴驱动系统比一般的变频调速系统或小功率交流伺服系统在电路设计和运行参数整定上具有更大的难度。主轴的驱动可以使用交流变频或交流伺服两种控制方式，交流变频主轴能够无级变速但不能准停，需要另外装设主轴位置传感器（即变频器矢量控制），配合 CNC 系统 PMC（即数控系统内置 PLC）的逻辑程序来完成准停速度控制和定位停止；由于主轴伺服电机本体有主轴编码器反馈系统即具有准停功能，其自身的轴控 PLC 信号可直接连接至 CNC 系统的 PMC，配合简捷的 PMC 逻辑程序即可完成准停定位控制。

一、主轴速度控制指令

主轴速度控制指令有以下三种方法，如表 3.7 所示。

表 3.7　主轴速度控制指令

名　　称	功　　能
串行接口指令	与发那科主轴伺服相连，将系统的 S 指令转化成数字量的形式发送至主轴伺服进行处理
模拟接口指令	将系统的 S 指令转化成 ±10 V 的模拟量输出至第三方驱动单元
12 位二进制指令（PMC 控制）	将 PMC 发出 12 位二进制指令转化成相应的指令速度输出至串行接口或模拟接口

二、串行主轴控制系统的配置

主轴伺服电机必须选用配套的主轴伺服放大器构成主轴伺服驱动系统。主轴伺服电机用于主轴传动，刚性强、调速范围宽、响应快、速度高、过载能力强，主轴正转、反转以及停止和调速通过编制含 M03、M04、M05 指令和 S 代码的加工程序实现，价格比同样功率的变频器主轴驱动系统高，为了实现低速大转矩并扩大调速范围，也可以加配变速齿轮，最终实现分段无级调速。

使用主轴伺服电机除具有上述介绍的速度控制优点外，数控系统对主轴伺服驱动系统还可以实现主轴定向（又称主轴准停）、刚性攻螺纹、CS 轮廓控制、主轴定位等主轴伺服特殊功能，满足数控机床加工中心特殊工艺需要。主轴伺服电机实现主轴传动示意图如图 3.9 所示。

三、FANUC 串行主轴控制方式

在 FANUC 0i 系列数控系统中，FANUC CNC 控制器与 FANUC 主轴伺服放大器之间数据控制和信息反馈采用串行通信进行。配套的主轴伺服电机也称为串行主轴电机。主轴放大器就是指 FANUC 串行主轴伺服放大器。主轴电机就是指 FANUC 主轴伺服电机。串行主轴控制方式如表 3.8 所示。

表 3.8　串行主轴控制方式

控制方式	控制功能	速度/位置控制
速度控制	由 CNC 与主轴放大器通过数字串行通信方式实现主轴速度控制	速度控制
定向控制	数控系统对主轴位置的简单控制，该功能使得主轴准确停止在某一固定位置，一般用于加工中心主轴换刀的情况	位置控制
刚性攻螺纹	主轴旋转一转，所对应钻孔轴的进给量与攻螺纹的螺距相同，在刚性攻螺纹时，主轴的旋转和进给轴的进给之间总是保持同步	速度和位置控制
CS 轮廓控制	该功能使安装在主轴上的专用检测器对串行主轴进行位置控制	位置控制
定位控制	车床主轴定位（或主轴分度）是任意角度定位，该功能是车床通过主轴电机侧的传感器或与主轴连接的位置编码器来实现的	位置控制

FANUC 串行主轴运行方式很丰富，提供了多达 6 种控制运行方式，主要有：速度控制、主轴定向、同步控制、刚性攻螺纹、主轴 CS 轮廓控制、主轴定位控制（T 系列）。除速度控制运行方式外，其他 5 种运行方式都需要主轴电机或主轴位置检测反馈。

在维修工作中，必须了解运行方式的基本原理，特别是速度控制运行方式工作原理，速度控制运行方式是串行主轴其他运行方式的基础。

（一）速度控制

速度控制是串行主轴控制基本运行方式，主要指令有 M03S×××或 M04S×××或 M05，M03 和 M04 以及 M05 分别实现主轴正转、反转和停止，S×××中×××表示主轴速度。任何一款 FANUC 主轴都有此运行方式，物理连接时，必须把电机内置传感器接至主轴放大器的 JYA2。主轴停下来时，不固定停于某个位置，而是随机停于某个位置。FANUC 主轴放大器如何控制主轴电机速度呢？

（1）当编制 S×××指令时，系统首先进行主轴电机最大钳制速度（参数 3736）和换挡范围（参数 3741～参数 3744）的比较和检查。主轴电机最大钳制速度、换挡范围的参数显示画面见图 3.14。

图 3.14

此参数设定主轴电机的最高钳制速度，其设定值为：

$$设定值 = \frac{主轴电机的最高钳制转速}{主轴电机的最大转速} \times 4\,095$$

从图 3.14 可以看出，该机床主轴电机的最高钳制速度设定值为 2857。主轴电机的最高使用转速（钳制转速）小于主轴电机的最大转速。

图 3.15 所示参数可设定每个齿轮对应的主轴最大转速。从图中可以看出：

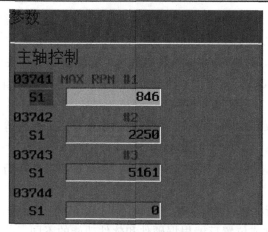

图 3.15

该机床主轴电机转速度≤846 r/min 时，主轴为第一挡位齿轮啮合旋转；当 846 r/min<主轴电机转速度≤2 250 r/min 时，主轴为第二挡位齿轮啮合旋转；

当主轴电机转速度大于 5 161 r/min 时，主轴为第二挡位齿轮啮合旋转。

（2）主轴根据参数 3751、3752 设定的值进行齿轮挡位切换。

从图 3.16 可知，该机主轴为在主轴电机的挡位切换点分别为 2423、2730。

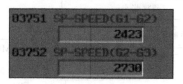

图 3.16

（3）若定向信号 SOR 为 0（G29.5 = 0），没有定向功能，保持前面计算的主轴电机速度数据。若定向信号 SOR 为 1（G29.5 = 1），则主轴电机速度数据取自参数 3732 设定的定向速度。不管是否有定向功能，把目前主轴电机的速度数据转换成 12 位数据发送至 PMC 的 R01O ～ R12O（F36 和 F37 存储区）。如图 3.17 所示。

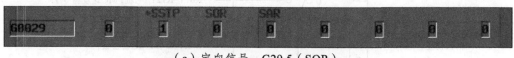

（a）定向信号：G29.5（SOR）

（b）主轴定向时的主轴电机的旋转速度

图 3.17

（4）若主轴速度指令选择信号 SIND 信号为 0（G33.7 = 0），则主轴电机速度数据仍然来自 CNC 前面处理的数据。若 SIND 信号为 1（G33.7 = 1），主轴电机速度数据取自 PMC 程序，即主轴电机速度数据不是来自加工程序 S×××，而是来自 PMC 编程数据 R01I ～ R12I（物理地址 C32 和 CJ33.0 ～ G33.3 共 12 位二进制组合）。

（5）经过通信电缆，把主轴电机速度数据发送到串行主轴放大器。

（6）同时，主轴电机速度极性控制信号来自于 CNC 指令还是 PMC 程序取决于 SSIN 信号（G33.6）。若 SSIN 为 0（C33.6 = 0），主轴电机速度极性控制信号来自 CNC 的参数 3706#6、3706#7；若 SSIN 为 1（G33.6 = 1），主轴电机速度极性控制信号来自 PMC 逻辑输出的 SCN 信号（G33.5）。

（7）主轴电机的正反转控制、定位、串行主轴停止、主轴急停等功能，需要编制逻辑控制程序，分别输出 SFRA（G70.5）、SRVA（G70.4）、ORCMA（G70.6）、*SSTP1（G27.3）、*ESPA（G71.1）等信号，最后经 CNC 处理完后，把数据发送到串行主轴放大器实现主轴电机的逻辑控制。

（8）主轴放大器运行状态以及报警信息也通过串行通信经 CNC 传送到 PMC 的 F 存储区。

（9）主轴电机的速度或位置反馈根据硬件和软件功能的不同，分别接至 JYA2、JYA3 或 JYA4 等。串行主轴简化了硬件连接，提供了主轴监控页面，在此页面中主轴电机控制方式、报警信息、控制信号、运行状态等一目了然，在掌握主轴运行基本控制过程基础上，借助主轴监控页面可以进行维修工作。

图 3.18 是 FANUC 串行主轴控制框图（以第 1 主轴为例），理解此图对理解 FANUC 主轴放大器及主轴电机控制关系是至关重要的。

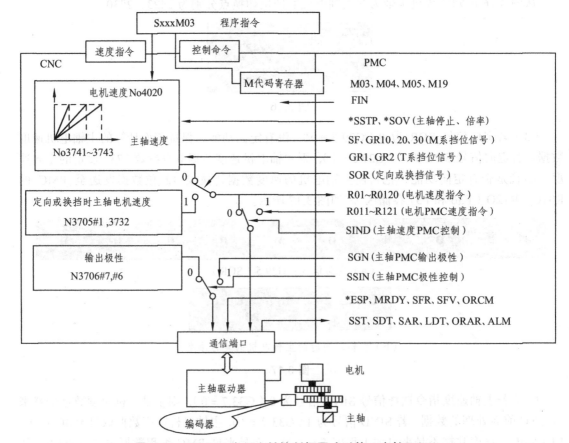

图 3.18 FANUC 串行主轴控制框图（以第 1 主轴为例）

（二）主轴定向

主轴定向是对主轴位置的简单控制，该运行方式使得主轴准确停止在某一固定位置，一般用于换刀，主轴定向也叫主轴准停。

主轴定向运行方式要求主轴具有主轴位置反馈检测功能。

（三）同步控制

同步控制可以使两个主轴同步，主轴同步是指两个主轴的速度同步。此外，同步控制还可以进行主轴的旋转相位控制，所以，要求主轴电机同样具有位置反馈检测功能。主轴同步控制中，将接收 S 指令一侧的主轴叫作主控主轴。忽略 S 指令，同步于主控主轴进行旋转的主轴叫作从控主轴。

（四）刚性攻螺纹

刚性攻螺纹对攻螺纹循环（M 系列：G84/G74、T 系列：G84/G88）中的钻孔轴（攻螺纹轴）的钻孔动作和主轴动作进行同步控制，可进行高速、高精度的攻螺纹。为了进行刚性攻螺纹，主轴放大器除了进行速度反馈检测连接外，还需要进行主轴位置反馈检测连接，同时向 PMC 追加顺序控制，以及进行相关参数的设定。

（五）主轴 CS 轮廓控制

主轴 CS 轮廓控制要求串行主轴具有组合专用的检测器，可以对主轴电机进行定位以及与其他伺服轴之间的插补。其与主轴定位控制相比精度更高。

对主轴的位置进行控制叫做主轴 CS 轮廓控制（通过移动指令使主轴旋转）。主轴旋转控制和 CS 轮廓控制的切换，随 PMC 输出的 G 地址信号而定。

主轴 CS 轮廓控制要求主轴放大器除具备速度反馈检测功能外，还必须具备主轴位置反馈检测功能，能用于主轴 CS 轮廓控制的主轴反馈检测器有：① 内置 MZi 传感器；② 内置 BZi 或 CZi 传感器；③ 外置反位置编码器 S 类型；④ 外置 BZi 或 CZi 传感器。

（六）主轴定位控制（T 系列）

这种运行方式通过主轴电机和位置编码器进行定位。与主轴 CS 轮廓控制相比，主轴定位控制（T 系列）最小移动单位大，无法与其他轴进行插补。在车削加工中，使连接于主轴电机的主轴以某一转速旋转，这种情况下的主轴控制状态叫做"主轴旋转方式"。与其相比，使连接于主轴电机的主轴移动某一角度，就是主轴定位功能，这种情况下的主轴控制状态叫做"主轴定位方式"。

要实现主轴定位控制运行方式，需要编制 PMC 程序，还需要指定 M 代码和相关参数，主轴电机至少需要内置 MZi/BZi/CZi 传感器位置反馈和 α 位置编码器反馈功能。

维修与主轴有关的功能时，要熟悉主轴控制运行方式，理解主轴控制运行方式特点，每一种控制运行方式都连接主轴电机，但所涉及的检测反馈方式有一定差异，此外 PMC 程序的编制和参数的设定也有差异。

四、小 结

本小结对串行主轴速度控制相关信号、参数说明进行了详细说明，串行主轴速度控制各部分见图 3.19 中①～⑥。

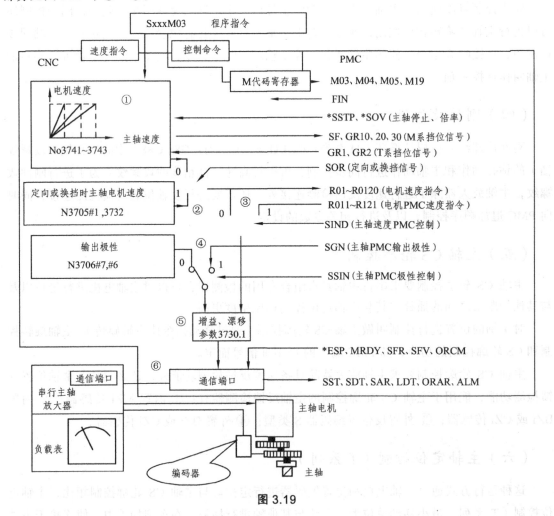

图 3.19

（1）CNC 控制软件根据由加工程序指令的 S 代码和参数设定的主轴电机与主传动系统的传动比，计算并得到该 S 代码对应的主轴电机的转速。

① 主轴 S 代码容许位数的设定，见图 3.20。该图说明，主轴电机 S 代码允许的位数为 5 位。

图 3.20

② 设定主轴电机与主传动系统的传动比。

主轴电机以额定转速旋转时，用图 3.21 所示参数设定各挡位对应的主轴转速。图 3.21 为加工中心主轴三挡变速的参数设定示例。

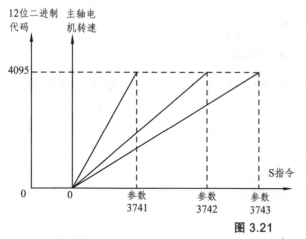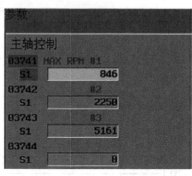

图 3.21

a. 加工中心可使用传动比 1～3 挡变速，车床可使用传动比 1～4 挡。

b. 当不使用挡位时，以上参数设为 0。

③ 加工中心主轴传动系统采用挡位切换方式 A。

当参数 3705.2 设置为 0 时，主传动系统采用挡位切换方式 A 进行挡位切换。参数设置如图 3.22 所示。

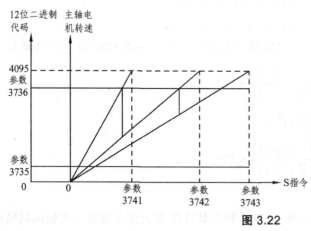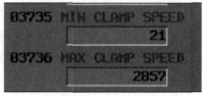

图 3.22

参数 3735：主轴电机的下限转速设定值。

$$设定值 = \frac{主轴电机的下限转速}{主轴电机的最高转速} \times 4\,095$$

参数 3736：主轴电机的上限转速设定值。

$$设定值 = \frac{主轴电机的上限转速}{主轴电机的最高转速} \times 4\,095$$

④ 加工中心主轴传动系统采用挡位切换方式 B

a. 当参数 3705.2 设置为 1 时，主传动系统采用挡位切换方式 B 进行挡位切换。参数设置如图 3.23 所示。

图 3.23　参数 3705.2（SGB）= 1

b. 加工中心用主传动变速系统各挡位主轴电机转速上限的设定，如图 3.24 所示。

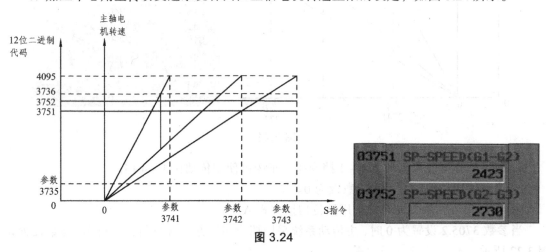

图 3.24

参数 3751：主传动在第一挡位时，主轴电机的上限转速。

参数 3752：主传动在第二挡位时，主轴电机的上限转速。

参数 3736：主传动在第三挡位时，主轴电机的上限转速（见参数 3736 设定值画面）。

$$设定值 = \frac{主轴电机的上限转速}{主轴电机的最高转速} \times 4\,095$$

参数 3735：主轴电机的下限转速设定值。

$$设定值 = \frac{主轴电机的下限转速}{主轴电机的最高转速} \times 4\,095$$

⑤ 加工中心用换挡信号。

a. 加工程序使用 S 功能指令主轴转速，CNC 控制软件按照上述参数计算主轴电机转速和换挡信号进行控制，换挡信号输出给 PMC。如图 3.25 所示。

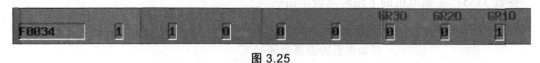

图 3.25

b. PMC 程序根据 SF 信号选择 S 指令所指定的挡位，挡位选择信号送回辅助能完成信号 FIN。

⑥ 主轴停止信号（*SSTP），见图 3.26。

图 3.26

⑦ 主轴倍率信号（SOV），见图 3.27。

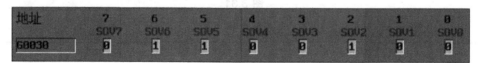

图 3.27

（2）主轴定向速度。

主轴定向信号 SOR 为 1 时，主轴电机按照 3732 设定的定向速度旋转直到定向完成，如图 3.28 所示。

图 3.28

（3）由 PMC 控制主轴速度指令：该部分包含主轴速度控制图的③、④。

① 由 CNC 控制软件计算得到的主轴电机转速指令，以 12 位二进制值通知 PMC，CNC 输出给 PMC 程序的主轴电机速度指令信号如图 3.29、表 3.9 所示。

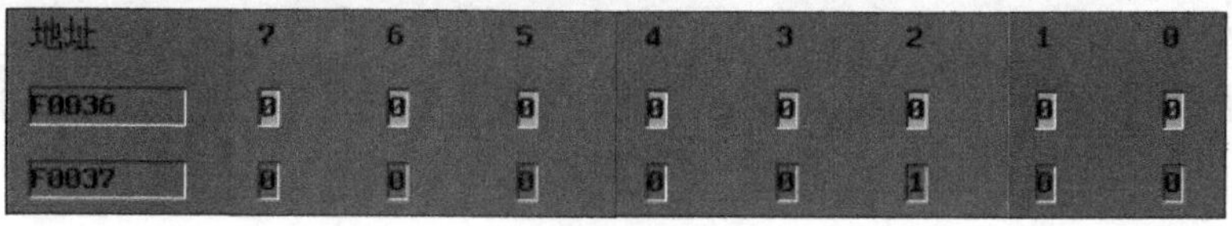

图 3.29

表 3.9

地址	7	6	5	4	3	2	1	0
F0036	R08O	R07O	R06O	R05O	R04O	R03O	R02O	R01O
F0037	—	—	—	—	R12O	R11O	R10O	R09O

② 主轴电机速度指令选择信号（SIND）。

当 G33.7（SIND）设定为 1 时，主轴速度控制为 12 位二进制代码控制主轴电机转速。

③ 主轴电机速度指令极性指令信号 G33.5（SNG）。

当主轴速度控制为 12 位二进制代码控制主轴电机转速时，该信号控制主轴电机旋转方向，见图 3.30。

图 3.30

④ 主轴电机速度指令信号。

由 PMC 程序输出的下列 12 位信号直接控制主轴电机转速，见图 3.31、表 3.10。

图 3.31

表 3.10

地址	7	6	5	4	3	2	1	0
G0032	R08I	R07I	R06I	R05I	R04I	R03I	R02I	R01I
G0033	—	—	—	—	R12I	R11I	R10O	R09I

（4）主轴增益、偏移。

在模拟主轴中，CNC 软件将计算到的主轴电机转速，施加增益和漂移补偿。主传动系统的主轴转速精确、提高动态响应性。

参数 3730：主轴速度指令的增益调整数据。

参数 3731：主轴速度指令的漂移补偿数据。

（5）串行接口。

① CNC——串行主轴放大器的相关信号（见图 3.32、表 3.11）。

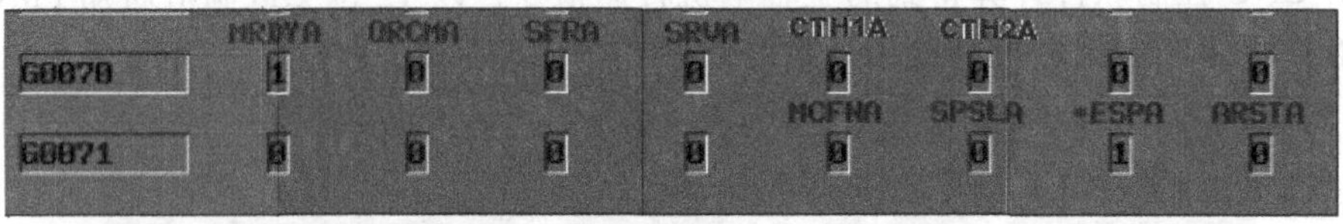

图 3.32

表 3.11

信号名	名　称	意　义		
MRDY	机床准备就绪	=1 时，MCC 接通；=0 时，MCC 断开		
ORCMA	主轴定向	=0：无定向指令；=1：定向中		
SFRA	主轴正转指令	=1：主轴正转；=0：主轴停止		
SRVA	主轴反转指令	=1：主轴反转；=0 主轴停止		
CTH1 A；CTH2 A	主轴挡位切换	CTH1 A	CTH2 A	档位
		0	0	主轴 4 档
		0	1	主轴 3 档
		1	0	主轴 2 档
		1	1	主轴 1 档
*ESP	急　停	=0：急停；=1：系统准备好		
ARSTA	报警复位	从 1 到 0 的后沿，系统复位		

② 串行主轴放大器——CNC 的相关信号（见图 3.33、表 3.12）。

| F0045 | ORARA | 0 | 0 | 0 | 0 | SARA 0 | STDA 0 | SSTA 1 | ALMA 1 | 0 |

图 3.33

表 3.12

信号名	名　称
ORARA	主轴定向完成
SARA	主轴速度到达
STDA	主轴速度检测
SSTA	主轴停止
ALMA	主轴报警中

任务五　维护维修串行主轴驱动系统

一、FANUC 主轴电机

（一）FANUC 主轴电机分类

FANUC 主轴电机必须与 FANUC 主轴放大器配套使用。FANUC 主轴电机和主轴放大器有 αi 系列和 βi 系列多种规格，FANUC 主轴电机不仅在加速性能、调速范围、调速精度等方面大大优于变频器，而且主轴放大器可以在极低的转速下输出大转矩，同时可以像伺服放大器一样实现闭环位置控制功能，满足主轴定位、刚性攻螺纹、螺纹加工、CS 轴控制等功能要求。

1. αi 系列主轴电机

αi 系列主轴电机规格见表 3.13。标准 αiI 系列主轴电机是常规机床使用的主轴电机；αiIP 系列是恒功率、宽调速范围的主轴电机，可以通过绕组切换实现高低速控制，不需要减速单元；αiIT 和 αiIL 系列主轴电机与主轴直接相连，其中 αiIT 是风扇外部冷却的，通过联轴器与中心内冷主轴直接连接，而 αiIL 与 αiIT 结构类似，但 αiIL 还具有液态冷却机构，适合高速、高精度的加工中心。此外 FANUC 主轴电机还有 400 V 高压型系列可供用户选择。

表 3.13　αi 系列主轴电机规格

系列	额定功率/kW	性　能	应用场合
αiI	0.55～45	常规机床使用	适合车床和加工中心机床
αiIP	5.5～22	可通过切换线圈绕组实现很宽的调速范围，不需要减速单元	

续表 3.13

系列	额定功率/kW	性　　能	应用场合
αiIHV	0.55～100	高压 400 V 系列的 αi 系列主轴电机	
αiIT	1.5～22	主轴电机转子轴是中空结构，主轴电机与主轴直接连接，维修方便，传动结构简化，具有更高的转速	适合加工中心机床
αiIL	7.5～22	具有液态冷却机构，主轴电机与主轴直接连接，适合高精度的加工中心	

2. βi 系列主轴电机

βi 系列主轴电机规格见表 3.14。βi 系列主轴电机适用于普及型、经济型加工中心、数控车床，与同规格的 αi 系列主轴电机相比，其输出转矩较低、额定转速较高。

表 3.14　βi 系列主轴电机规格

系列	额定功率/kW	性　　能	应用场合
βiI	3.7～15	可选择 Mi 或 MZi 传感器，最高转速为 10 000 r/min	普及型、经济型加工中心、数控车床的经济型产品
βiIc	3.7～15	无传感器，最高转速为 6 000 r/min	
βiIP	3.7～11	可通过切换线圈绕组实现很宽的调速范围，不需要减速单元	

用户可以根据需要选择 αi 系列和 βi 系列主轴电机，主轴电机有法兰安装和地脚安装两种安装结构。

（二）FANUC 数控系统主轴电机维护

主轴电机与伺服电机维护知识也是一样的，主轴电机也不能长时间满负荷使用，主轴电机及接口不能浸入冷却液，否则会使主轴放大器损坏，注意使用环境。主轴电机现场电缆也要经常检查是否有破皮、电缆张力太大等现象。

1. FANUC 主轴电机订货号

FANUC 主轴电机与主轴放大器配套，也有两大系列：αi 和 βi 系列。αi 和 βi 主轴电机规格还是比较多的。在 αi 和 βi 主轴电机上的标签已经提供了该主轴电机的规格和性能参数以及订货号，βi 主轴电机标签如图 3.34 所示。

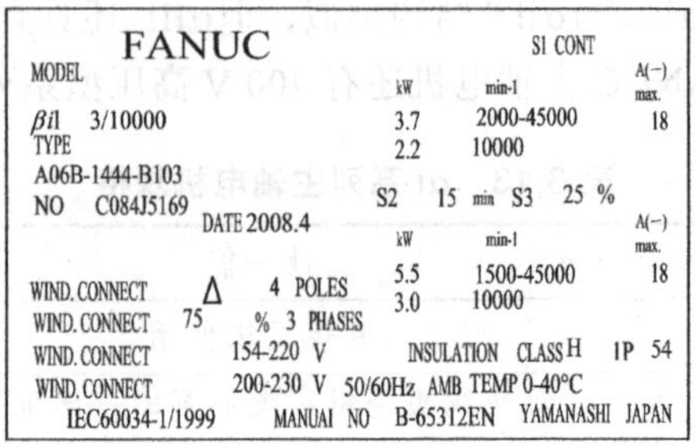

FANUC			S1 CONT	
MODEL		kW	min-1	A(−) max.
βi1 3/10000		3.7	2000-45000	18
TYPE		2.2	10000	
A06B-1444-B103				
NO　C084J5169		S2　15　min　S3　25 %		
	DATE 2008.4	kW	min-1	A(−) max.
		5.5	1500-45000	18
WIND. CONNECT　△　4 POLES		3.0	10000	
WIND. CONNECT　75　% 3 PHASES				
WIND. CONNECT　154-220 V		INSULATION CLASS H　IP 54		
WIND. CONNECT　200-230 V　50/60Hz　AMB TEMP 0-40°C				
IEC60034-1/1999　MANUAI NO　B-65312EN　YAMANASHI JAPAN				

图 3.34　βi 主轴电机标签

从图 3.34 所示 βi 主轴电机标签可以看出：

① 产品商标：FANUC。

② 产品型号：βiI3/10000。

③ 产品规格：订货号 A06B-1444-B103。

④ 生产序列号：C084J5169。

⑤ 制造日期：2008 年 4 月。

⑥ 参考资料：B-65312EN。αi 系列主轴电机规格（部分）见表 3.15。

表 3.15　αi 系列主轴电机规格（部分）

序号	型　　号	订货号
1	αiI3/10000（1500/10000 min^{-1}）	A06B-1405-Bxyz
2	αiI8/8000（1500/8000 min^{-1}）	A06B-1407-Bxyz
3	αiI40/6000（1500/6000 min^{-1}）	A06B-1413-Bxyz
4	αiI6/12000（1500/12000，4000/12000 min^{-1}）	A06B-1426-Bxyz
5	αiI8/10000（1500/10000，4000/10000 min^{-1}）	A06B-1427-Bxyz
6	αiIP15/6000（500/1500，750/6000 min^{-1}）	A06B-1449-Bxyz

注意，表 3.15 中：

① x：1（法兰安装）；2（地脚安装）。

② y：0（无键）。

③ z：0（Mi 传感器，尾部排气）；1（Mi 传感器，前部排气）；3（MZi 传感器，尾部排气）；4（MZi 传感器，前部排气）。

βi 系列主轴电机规格（部分）见表 3.16。

表 3.16　βi 系列主轴电机规格（部分）

序号	型　　号	订货号	备　　注
1	βiI3/10000（2000/10000 min^{-1}）	A06B-1444-Bxyz	
2	βiI6/10000（2000/10000 min^{-1}）	A06B-1445-Bxyz	xyz 含义同 αi 系列
3	βiI8/10000（2000/10000 min^{-1}）	A06B-1446-Bxyz	
4	βiIP15/6000（1200/6000 min^{-1}）	A06B-1442-Bxyz	

主轴电机订货时，除了要注意电机功率，还要注意电机是否有反馈检测及反馈检测的类型，是法兰安装还是地脚安装。反馈检测类型是调试主轴电机参数必须了解的。表 3.15 和表 3.16 中没介绍的主轴电机规格可以分别参考 FANUC AC SPINDLE MOTOR αi SERIES. DESCRIPTIONS（B-65272EN）65271EN/08 和 FANUC AC SPINDLE MOTOR βi SERIES DESCRIPTIONS（B-65312EN）。

2. 主轴电机日常维护

要经常按照表 3.17 所示内容进行目测检查。

表 3.17　日常维护主要内容

序号	检测项目	状　况	处理方法	
1	异常响声或异常振动	出现以前所没有的异常响声以及振动； 在最高转速下，电机的振动加速度在 0.5 g 以下	1. 检查基座安装； 2. 检查电机与轴的连接； 3. 检查电机轴承是否有异常响声； 4. 检查减速机以及皮带是否有振动以及响声； 5. 检查主轴放大器是否有异常响声； 6. 检查风扇电机是否有异常响声	
2	冷却风通道	冷却风通道沾有粉尘或油污	定期打扫电机定子孔和风扇电机	
3	电机表面	电机表面沾有切削液	1. 及时进行清扫； 2. 若有大量切削液，应设法加罩覆盖	
4	风扇电机	不能正常运转	用手可以转动风扇时	更换风扇电机
			用手不可以转动风扇时	清除异物，若仍出现异常响声或无反应，则更换风扇
		出现异常响声	清除异物，若仍出现异常响声或无反应，则更换风扇	
5	电机轴承	电机轴承出现异响	确认轴承是否需要更换，注意轴承规格，如有需要可咨询 FANUC 公司	
6	端子箱内部状况	端子箱内部进入切削液	检查端子箱盖以及管道密封圈； 端子箱内部有大量切削液，应用罩覆盖起来	
		端子板螺钉松动	紧固螺钉； 电机旋转时确认是否还有异常振动	
7	传动皮带	传动皮带有异常响声	检查主轴和电机安装是否松动； 检查皮带是否有磨损	

3. 主轴电机散热风扇维护

FANUC 主轴电机一般都带有散热风扇，散热风扇有电机轴端散热型，也有电机尾部散热型。风扇电机和风扇盖罩的订货号是不同的，不同的主轴电机，风扇电机规格也是不同的，部分主轴电机风扇盖罩和风扇电机订货号见表 3.18。主轴电机风扇电机工作电压一般为三相交流 200 V，具体可参考主轴电机规格手册。

表 3.18　部分主轴电机风扇盖罩和风扇电机订货号

型号	风扇盖罩	风扇电机	排气方向
αi2/10000、αi 2/15000 βi3/10000、βi6/10000	A290-1404-T500	A90L-0001-0514/R	后方
	A290-1404-T501	A90L-0001-0514/F	前方
αi 6/10000、αi 8/8000 βi 8/8000i、βi 12/700	A290-1406-T500	A90L-0001-0515/R	后方
	A290-1406-T501	A90L-0001-0514/F	前方
αi 12/7000、αi 22/7000 αi12/10000、αi 22/10000 αiP12/6000、αi P22/6000	A290-1408-T500	A90L-0001-0514/R	后方
	A290-1408-T501	A90L-0001-0514/F	前方
αiP30/6000、αi P5O/6000	A290-1412-T500	A90L-0001-0514/RW	后方
	A290-1412-T501	A90L-0001-0514/FW	前方

在更换散热风扇时，注意散热风扇导线端子箱位置如图 3.35 所示，导线的安装方法如图 3.36 所示。

图 3.35 散热风扇导线端子箱位置

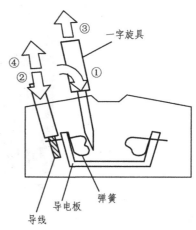

图 3.36 散热风扇导线的安装方法

安装散热风扇导线方法：

① 将一字旋具插入相应端子排位置；

② 把导线剥掉塑料外壳，使导线芯裸露 8 ~ 10 mm 长，将导线芯放入端子排外边孔中，插入到底；

③ 轻轻拔出一字旋具；

④ 轻轻拽动导线，导线拔不出即表示安装好。

二、FANUC 数控系统主轴放大器

主轴放大器也是精密电子器件，同样要注意使用环境的温度、湿度，要做到日检、周检、月检等，注意电气柜的密封，不能有过多的粉尘和油污等。具体可参考伺服放大器的维护。

要维护和维修 FANUC 主轴驱动系统，必须了解主轴放大器的订货号以及部件订货号，FANUC 数控系统主轴放大器主要有两种系列：αi 系列和βi 系列。

（一）FANUC 数控系统主轴放大器分类

1. αi 主轴放大器模块及部件订货号

αi 主轴放大器模块是整个αi 伺服单元的一部分，αi 伺服单元中还有电源模块。有关电源模块的订货知识可以参考相关说明书。本单元主要介绍αi 主轴放大器模块及部件的订货信息。订货前，首先要了解使用的主轴放大器模块的规格和订货情况，这些在主轴放大器模块的标签上有介绍，αi 主轴放大器模块标签如图 3.37 所示。

图 3.37　αi 主轴放大器模块标签

图 3.37 中：

① 产品商标：FANUC。

② 产品型号：αiSP11。

③ 产品规格：订货号 A06B-6141-H011#H580。

④ 规格参数：额定输入电压 283～339 V；功率 13.2 kW；最大输出电压 240 V；额定输出电流 48 A。

⑤ 参考资料：B-65282。

⑥ 生产标准：EN50178，UL508C 等。

⑦ 生产序列号：V10X60829。

⑧ 制造厂家：FANUC LTD。

从主轴放大器模块的标签上可以看到主轴放大器模块产品规格、订货号、规格参数等信息，这样就可以到 FANUC 公司订货了。主轴放大器模块有两种规格：A 型和 B 型。A 型主轴放大器模块只能连接 1 个主轴位置检测编码器，B 型主轴放大器模块可以同时连接 2 个主轴位置检测编码器，而且主轴内置式编码器也可以由主轴放大器模块输出到 CNC 中。一般使用 A 型较多。表 3.19 为αi 系列部分 A 型主轴放大器模块与部件订货号一览表（200 V），表 3.20 为αi 系列部分 B 型主轴放大器模块与部件订货号一览表（200 V）。

表 3.19　αi 系列部分 A 型主轴放大器模块与部件订货号一览表（200 V）

名　称	订货号	伺服单元订货号	动力印制电路板订货号	控制印制电路板订货号
αiSP2.2	A06B-6111-H002	A06B-6111-C002	A16B-2203-0650	A20B-2100-0800
αiSP5.5	A06B-6111-H006	A06B-6111-C006	A16B-2203-0651	A20B-2100-0800
αiSP15	A06B-6111-H015	A06B-6111-C015	A16B-2203-0653	A20B-2100-0800
αiSP26	A06B-6111-H026	A06B-6111-C026	A16B-2203-0621	A20B-2100-0800

表 3.20　αi 系列部分 B 型主轴放大器模块与部件订货号一览表（200 V）

名　称	订货号	伺服单元订货号	动力印制电路板订货号	控制印制电路板订货号
αiSP2.2	A06B-6112-H002	A06B-6111-C002	A16B-2203-0650	A20B-2100-0801
αiSP5.5	A06B-6112-H006	A06B-6111-C006	A16B-2203-0651	A20B-2100-0801
αiSP15	A06B-6112-H015	A06B-6111-C015	A16B-2203-0653	A20B-2100-0801
αiSP26	A06B-6112-H026	A06B-6111-C026	A16B-2203-0621	A20B-2100-0801

通过表 3.19 可以看出，订货号很有规律，A06B-6111-H0 xx，后面两位数字代表电机的功率，功率不一样，动力印制电路板也不一样，但同一系列的控制印制电路板是一样的。可以根据此规律灵活维修，例如：2 台αi 系列主轴放大器模块功率不同，1 台为αiSP5.5，1 台为αiSP15，它们各自损坏的部件不同，αiSP15 损坏了动力印制电路板，可以把αiSP5.5 的控制印制电路板用于αiSP15，作为应急使用。

另从表 3.11 和表 3.12 可以看出 A 型 200 V 和 B 型 200 V 主轴放大器模块的订货号是不同的，主要是控制印制电路板不同，在维修时，两种规格也可以灵活组合作为应急使用。

2. βi 伺服放大器及部件订货号

βi 伺服放大器与主轴放大器是一体化的，没有独立模块，关于βiSVSP 的订货信息可以参考相关说明书。要注意主轴检测编码器有两种配置，一种是 A 型主轴接口，另一种是 C 型主轴接口。A 型主轴接口可以连接内置 Mi 或 MZi 传感器、主轴外置α型位置编码器与接近开关，主轴可以实现刚性攻螺纹、主轴定位控制、主轴定向、主轴 CS 轮廓控制等位置控制功能；而 C 型主轴接口不可以连接主轴电机内置编码器，主轴的测量反馈需要通过外置编码器实现，且不能实现主轴 CS 轮廓控制功能。对应的βiSVSP 订货号也不一样。

（二）FANUC 数控系统主轴放大器维护

1. FANUC 数控系统主轴放大器维护

FANUC 数控系统主轴放大器与伺服放大器一样，都是精密的电子器件，对使用环境都有一定的要求，主轴放大器的日常维护可以参见伺服放大器的日常维护。

2. 主轴放大器散热风扇维护

FANUC 0i-D 数控系统适配的主轴放大器有αi 和βi 系列，主轴放大器有一个重要的散热部件——散热风扇，它是一个容易损坏的部件。由于主轴放大器系列不一样，散热风扇规格有些是不一样的，部分αi 和βi 系列主轴放大器风扇单元和风扇电机订货号分别如表 3.18 和表 3.21 所示。在维修当中，若判断出散热风扇故障，就要购买风扇部件，必须按照表 3.18 和表 3.21 所示订货号进行订货和更换。

表 3.21　部分αi 系列主轴放大器风扇单元和风扇电机订货号一览表

名　称	内部冷却用		外部冷却用	
	风扇单元订货号	风扇电机订货号	风扇单元订货号	风扇电机订货号
αiSP2.2	A06B-6110-C605	A90L-0001-0510	—	—
αiSP5.5	A06B-6110-C605	A90L-0001-0510	A06B-6110-C601	A90L-0001-0507

续表 3.21

名　称	内部冷却用		外部冷却用	
	风扇单元订货号	风扇电机订货号	风扇单元订货号	风扇电机订货号
αiSP11	A06B-6110-C606	A90L-0001-0510	A06B-6110-C603	A90L-0001-0508
αiSP15	A06B-6110-C606	A90L-0001-0510	A06B-6110-C603	A90L-0001-0508
αiSP22	A06B-6110-C607	A90L-0001-0511	A06B-6110-C604	A90L-0001-0509
αiSP26	A06B-6110-C607	A90L-0001-0511	A06B-6110-C604	A90L-0001-0509

注意：风扇单元由风扇电机和风扇安装用的盖子组合而成。αi 主轴放大器模块散热风扇更换方法与 αi 伺服放大器模块散热风扇的更换方法是一样的。

βi 主轴放大器风扇单元订货号和风扇电机订货号可参考表 3.21。由于 βi 主轴放大器散热风扇都是外置的，更换时，注意尽可能更换同规格的散热风扇，若实在没有现成的，也可以自行根据散热流量配置，但要注意电机的电压等级。

3. 主轴放大器熔断器的更换

主轴放大器的控制印制电路板上是有快速熔断器的，αi 和 βi 系列控制印制电路板上熔断器位置和规格不一样，控制印制电路板更换方法基本差不多。主轴放大器控制印制电路板熔断器规格与伺服放大器控制印制电路板上的是一样的，更换方法和注意事项见相关章节。

（三）主轴放大器的保养

为了使主轴伺服驱动系统长期可靠连续运行，防患于未然，应进行日常检查和定期检查。注意以下的作业项目。

（1）日常检查：通电和运行时不取去外盖，从外部目检变频器的运行，确认没有异常情况。通常检查以下各点：

① 运行性能符合标准规范。

② 周围环境符合标准规范。

③ 键盘面板显示正常。

④ 没有异常的噪声、振动和气味。

⑤ 没有过热或变色等异常情况。

（2）定期检查：定期检查时，应注意事项。

① 维护检查时，务必先切断输入变频器（R、S、T）的电源。

② 确定变频器电源切断，显示消失后，等到内部高压指示灯熄灭后，方可实施维护、检查。

③ 在检查过程中，绝对不可以将内部电源及线材、排线拔起及误配，否则会造成变频器不工作或损坏。

④ 安装时螺丝等配件不可置留在变频器内部，以免造成电路板短路现象。

⑤ 安装后保持变频器的干净，避免尘埃，油雾，湿气侵入。

（3）特别注意：

即使断开变频器的供电电源后，滤波电容器上仍有充电电压，放电需要一定时间。为避免危险，必须等待充电指示灯熄灭，并用电压表测试，确认此电压低于安全值（≤25 V DC），才能开始检查作业。详见表 3.22。

表 3.22 检查一览表

检查部分		检查项目	检查方法	判断标准
周围环境		1. 确认环境温度、湿度、振动和有无灰尘、气体、油雾、水等 2. 周围是否放置工具等异物和危险品	1. 用目测和仪器测量 2. 依据目视	1. 符合技术规范 2. 不能放置
电压		主电路、控制电路电压是否正常	用万用表等测量	符合技术规范
键盘显示面板		1. 显示是否看得清楚 2. 是否缺少字符	1~2. 均用目测	需要时都能显示，没有异常
框架盖板等结构		1. 是否异常声音，异常振动 2. 螺栓等（紧固件）是否松动 3. 是否有变形损坏 4. 是否由于过热而变色 5. 是否沾着灰尘、污损	1. 依据目视、听觉 2. 拧紧 3~5. 依据目视	1~5. 没有异常
主电路	公用	1. 螺栓等是否有松动和脱落 2. 机器、绝缘体是否有变形、裂纹、破损或由于过热和老化而变色 3. 是否附着污损、灰尘	1. 拧紧 2~3. 依据目视	1~3. 没有异常 注意铜排变色不表示特性有问题
	导体导线	1. 导体由于过热而变色和变形等 2. 电线护层有破裂和变色	1~2. 依据目测	1~2. 没有异常
	端子排	损伤	依据目测	没有损伤
	滤波电容器	1. 漏液、变色、裂纹和外壳膨胀 2. 安全阀出来；阀体显著膨胀 3. 按照需要测量静电容量	1~2. 依据目测 3. 根据维护信息判断寿命或用静电容量测量测定电容量。	1~2. 没有异常 3. 静电容量≥初始值×0.85
	电阻器	1. 由于过热产生异味和绝缘体开裂 2. 断线	1. 依据嗅觉或目视 2. 依据目视或卸开一端的连接，用万用表测量	1. 没有异常 2. 电阻值在±10%标称值以内
	变压器电抗器	有异常的振动声和异味	依据听觉、目视、嗅觉	没有异常
	电磁接触器	1. 工作时有振动声音 2. 接触点接触是否良好	1. 依据听觉 2. 依据目视	1~2. 没有异常
控制电路	控制印刷电路板连接器	1. 螺丝和连接器有松动 2. 有异味和变色 3. 有裂缝、破损、变形、显著锈蚀 4. 电容器有漏液和变形痕迹	1. 拧紧 2. 依据嗅觉或目视 3. 依据目视 4. 目视并根据维护信息判断寿命	1~4. 没有异常
冷却系统	冷却风扇	1. 有异常声音振动 2. 螺栓等有松动 3. 有由于过热而变色	1. 依据听觉、视觉、或用手转一下（必须切断电源） 2. 拧紧 3. 依据目视、并按维护信息判断寿命	1. 平稳旋转 2~3. 没有异常
	通风道	散热片和进气、排气口有堵塞和附着异物	依据目视	没有异常

注意： 污染的地方，请用化学上中性的清扫布擦拭干净。用电气清除器除去灰尘等。

三、串行主轴系统参数的设定及初始化

（一）FANUC 串行主轴参数初始化的原因

在 FANUC 串行主轴放大器的 FLASH ROM 中装有各种电机的标准参数，串行主轴放大器适合多种主轴电机，串行主轴放大器与 CNC 连接进行第一次运转时，必须把具体使用的主轴电机的标准参数从串行主轴放大器中传送到数控系统的 SRAM 中，这就是串行主轴参数的初始化。

FANUC 公司为主轴电机的标准参数定义了电机代码，进行串行主轴参数初始化步骤时，只要输入相应的电机代码即可。有些主轴电机没有电机代码，由机床厂家按相近代码确定。

主轴电机的标准参数在出厂时已经初始化过了，维修时不需要再初始化，除非更换不同的主轴电机时才需要初始化。

（二）FANUC 串行主轴参数设置意义

串行主轴参数初始化仅仅是把主轴电机配置的标准参数自动设置在 CNC 当中，而主轴电机与主轴传动关系、主轴电机最高转速和主轴最高转速等要求是不同的，主轴电机速度传感器和位置传感器检测类型也不同，从 αi 主轴放大器模块与外围设备连接框图就可以看出主轴速度和位置反馈电气连接有不同的类型，必须针对每一台数控设备分别设定。

串行主轴参数在数控设备出厂时已经调整过了，在维修当中一般不需要用户再调整，除非用户变更了主轴物理配置，就需要调整，用户必须知道参数调整的含义以及可能造成的结果。

（三）主轴参数初始化的设定过程

（1）将 NC 的 JA7 A→主轴单元 JA7B 通信线连接；
（2）参数 No4133 设定主轴电机代码；
（3）参数 No4019#7 设定为 1；
（4）切断 NC 与主轴单元供电；
（5）重新上电，No4019#7 自动变成 0，主轴初始化完成。

（四）串行主轴系统参数的初始化步骤

主轴标准参数是存放在主轴单元上的，因此必须在正确连接主轴单元的情况下进行初始设定，初始设定的过程就是将主轴参数引导至系统的 SRAM 中。

（1）主轴伺服画面显示参数。
串行主轴伺服画面显示参数（SPS）置为"1"，FANUC-16/16i/18/18i/0i 系统参数为 3111#1。
（2）主轴画面显示操作，如图 3.38 所示。

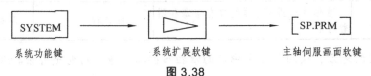

图 3.38

（3）主轴设定。

在 4133# 参数中输入电机代码（见表 3.23），设定电机 ID 号，FANUC-0i 系统参数为 2020，设定为各轴的电机的类型号。

表 3.23 串行主轴电动机的代码

代码	系列电机型号	代码	系列电机型号
102	1.5/8000	308	3/10000i
103	2/8000	312	8/8000i
104	2/1500	401	6/12000i
105	3/8000	314	12/7000i
106	6/8000	316	15/7000i
107	8/8000	320	22/7000i
108	12/6000	406	22/10000i
109	15/6000	322	30/6000i
110	18/6000	323	40/6000i
111	22/6000	411	P30/6000i
112	P8/6000	413	P50/6000i
113	P12/6000	242	C3/6000i
114	P15/6000	243	C6/6000i
115	P18/6000	244	C8/6000i
116	P22/6000	245	C12/6000i
117	P30/4500	246	C15/6000i

把 4019#7 设定为 1 进行自动初始化。断电再上电后，系统会自动加载部分电机参数，如果在参数手册上查不到代码，则输入最接近的电机代码，初始化后根据主轴电机参数说明书的参数表对照一下，有不同的部分加以修改（没有出现的不用更改）。修改后主轴初始化结束。设定相关的电机速度（3741，3742，3743 等）参数，在 MDI 画面输入"M03 S100"检查电机的运行情况是否正常。

不使用串行主轴时设定 3701#1，ISI 设定为 1，屏蔽串行主轴，否则出现 750 报警。注意：如果在 PMC 中 MRDY 信号没有置 1，则参数 4001#0 设为 0。

在维护主轴电机过程中，除了区别主轴电机功率、最高转速以外，还要注意主轴电机反馈检测类型，同时，在参数调试中也必须进行设置。

要想知道购买的电机属于哪一种主轴反馈检测，可以从以下几方面入手：

① 通过主轴电机订货号自行辨别，常见的 αi 或 βi 系列主轴电机订货号一般是 A06B-××××-B×××，中间的"××××"为电机规格，B 后面的"×××"代表三位数字，第一位数字代表是法兰安装还是地脚安装，第二位数字代表输出轴类型，第三位数字就代表主轴电机内置反馈检测类型：0 代表 Mi 传感器后排气，1 代表 Mi 传感器前排气，3 代表 MZi 传感器后排气，4 代表 MZi 传感器前排气。

② 若通过订货号查不到主轴反馈检测器类型，用户可以咨询 FANUC 技术人员。

（4）串行数字主轴伺服画面调用。

FANUC 串行主轴为了维护和维修方便，提供了多方面的维护和维修手段，从系统诊断 400 开始就提供了与主轴有关的诊断信息；在主轴放大器七段 LED 数码管上也显示了运行状态。

通过系统软键选择相应的主轴伺服画面，[SP. SET]为主轴设定画面软键；[SP. TUN]为主轴调整画面软键；[SP. MON]为主轴监控画面。图 3.39 为主轴设定画面，图 3.40 为主轴调整画面，图 3.41 为主轴监控画面。可以选择主轴设定页面、主轴调整页面、主轴监控页面，主轴监控页面提供了丰富的维护和维修信息，为维护和维修带来了极大的方便。现代数控机床要充分利用数控系统提供的丰富信息进行故障诊断和维修。

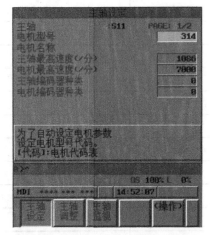

图 3.39　串行数字主轴设定画面

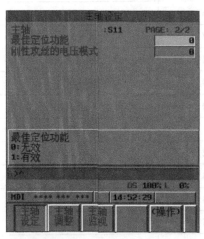

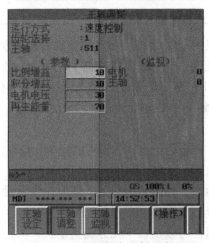

图 3.40　串行数字主轴调整画面

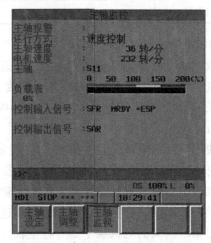

图 3.41　串行数字主轴监控画面

① FANUC 主轴监控页面。

在 FANUC 主轴监控页面中有监控信息，如图 3.41 所示，不同的运行方式，有不同的参数调整和不同的监视内容。

a. 主轴报警。

"主轴报警"信息栏提供了当主轴报警时即时显示的主轴以及主轴电机等的主轴报警信息,主轴报警信息达 63 种,在维修当中,通过主轴参数调整监控页面,可以很方便地直观了解主轴放大器、主轴电机、主轴传感器反馈等相关故障诊断信息,要充分利用主轴监控页面提供的故障诊断信息。

b. 运行方式。

"运行方式"信息栏提供了当前主轴的运行方式。FANUC 主轴运行方式比较丰富和灵活,主要有:速度控制;主轴定向;同步控制;刚性攻螺纹;主轴 CS 轮廓控制;主轴定位控制(T 系列)。不是每种主轴都有 6 种运行方式,这主要取决于机床制造厂家是否二次开发了用户需要的运行方式,而且有的运行方式还需要数控系统具备相应的软件选项和主轴电机具备实现功能的硬件。

c. 主轴控制输入信号。

编制 PMC 程序使主轴实现相关功能时,经常把逻辑处理结果输出到 PMC 的 G 地址,最终实现主轴功能,例如:要使第 1 主轴正转,需要编制包含 M03 的加工程序,经过梯形图逻辑处理输出到 G70.5,而 FANUC 公司规定 G70.5 地址信号用符号表示就是 SFRA,即只要第 1 主轴处于正转状态,就能在"控制输入信号"栏看到"SFR",在"主轴"栏看到"S1"。若主轴某一功能没有实现,可以在图 3.41 主轴监控页面的"控制输入信号"栏检查有无信号显示。若有信号显示,就不需要到梯形图中分析程序了,若某一实现功能的信号没显示,还必须借助梯形图来分析逻辑关系。

d. 主轴控制。

主轴控制输出信号理解思路与主轴控制输入信号一样,当主轴控制处于某个状态时,由 CNC 把相关的状态输出至 PMC 的 F 存储区,使维修人员很直观地了解主轴目前处于的控制状态。例如:当第 1 主轴速度达到运行转速时,CNC 就输出速度到达信号,信号地址是 F45.3,FANUC 定义的符号是 SARA,在"控制输出信号"栏可看到"SAR",在"主轴"栏看到"S1"。在维修主轴时,可以从主轴监控页面的"控制输出信号"栏了解目前主轴运行状态。

② FANUC 主轴维护页面。

FANUC 数控系统为了使用户方便维修更换备件,FANUC 数控系统在主轴放大器首次启动时,自动地从连接的主轴放大器读出并记录 ID 信息。由于主轴放大器连接的主轴电机不同,主轴电机信息不被自动读出。主轴信息页面如图 3.42 所示。

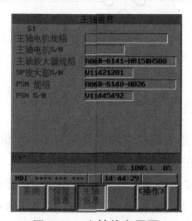

图 3.42　主轴信息页面

从图 3.42 可以看出，"主轴放大器规格"、"PSM 规格"等处的序号就是向 FANUC 公司订货的各部件的订货号，有了订货号，维修人员订购备件就能很方便。CNC 启动后，若存储的主轴放大器等信息与实物不符，不同之处用"*"标示。

四、主轴准停及主轴定向功能

主轴准停功能又称主轴定位功能（Spindle Specified Position Stop），即当主轴停止时，控制其停于固定的位置，这是自动换刀所必需的功能。在自动换刀的数控镗铣加工中心上，切削转矩通常是通过刀杆的端面键来传递的。这就要求主轴具有准确定位于圆周上特定角度的功能。当加工阶梯孔或精镗孔后退刀时，为防止刀具与小阶梯孔碰撞或拉毛已精加工的孔表面，必须先让刀，后再退刀，而要让刀，刀具必须具有准确定位功能，即主轴按指令要求准确停在指定位置，作用：换刀和镗孔时定向、确定反向退刀方向。

什么是主轴的位置控制？在主轴的速度控制的基础上，由系统发出位置指令，通过位置检出器反馈的脉冲，控制主轴定位或与伺服进行插补控制。主轴定向控制框图如图 3.43 所示。

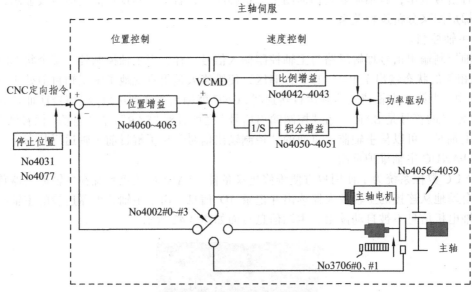

图 3.43　主轴定向控制框图

（一）位置控制的分类

（1）主轴定向：通过 M19 指令控制主轴定位至某一固定位置。

（2）主轴定位：控制主轴在 360°的范围内任意定位。

（3）刚性攻丝：通过系统发出主轴指令脉冲与攻丝轴形成的插补形式加工螺纹。

（4）Cs 轴控制：将主轴完全伺服化，可以进行任何方式的位置控制，包括插补。

（二）FANUC 主轴电机内置传感器检测

FANUC 主轴电机速度和位置传感器检测分无传感器检测、Mi 传感器检测、MZi/BZi/CZi 传感器检测等。

1. 无传感器检测

FANUC 主轴电机中只有 βiI 系列有部分规格属于无传感器检测类型，αi 系列属于有传感器检测类型，至少是 Mi 速度传感器检测类型。

2. Mi 传感器检测

Mi 传感器是不带零位脉冲信号、输出为 64～256 线/转正弦波的标准内置式磁性编码器，主轴放大器把内置 Mi 传感器作为速度反馈检测装置来使用。Mi 传感器速度反馈电缆接至主轴放大器的 JYA2。电缆标号是 K14。

3. MZi 传感器检测

MZi 传感器是带零位脉冲信号、输出为 64～256 线/转正弦波的标准内置式磁性编码器，主轴放大器把内置 MZi 传感器作为主轴电机速度和位置检测反馈装置来使用，内置 MZi 传感器反馈电缆接至主轴放大器的 JYA2。电缆标号是 K17。

4. BZi 传感器检测

BZi 传感器是带零位脉冲信号、输出为 128～512 线/转正弦波、无前置放大器的内置/外置通用型磁性编码器，也可以用于主轴电机的速度和位置检测，只在αi 系列主轴伺服驱动系统中选用。主轴电机内置的 BZi 传感器反馈电缆接至主轴放大器的 JYA2。电缆标号是 K17。

5. CZi 传感器检测

CZi 传感器是带零位脉冲信号、输出为 512～1024 线/转正弦波、带前置放大器的内置/外置通用型磁性编码器，也可以用于主轴电机的速度和位置检测，只在αi 系列主轴伺服驱动系统中选用。主轴电机内置的 CZi 传感器反馈电缆接至主轴放大器的 JYA2。电缆标号是 K89。

（三）编码器种类

（1）电机侧。

① MZ/MZi：电机内置传感器，正弦波输出。

② BZi/CZi：通常使用在电主轴上，正弦波输出型，可提供更高的分辨精度。

（2）主轴侧（当主轴与电机非 1：1 连接时）。

① BZi/CZi：外置型，结构上与内置型没有区别。

② a 编码器：TTL 方波信号输出，外形类似伺服编码器，线数 1 024 P/rpm。

③ as 编码器：正弦波信号输出，外形类似 a 编码器，1 024 P/rpm。

④ 接近开关：普通的感应开关可以实现主轴的定向控制。

（四）连接参数

参数 No3706#0PG1、#1PG2 的设定如表 3.24 所示。

表 3.24　No3706#0PG1、#1PG2 的设定

齿轮比	PG2	PG1
X1	0	0
X2	0	1
X4	1	0
X8	1	1

设定值 = 主轴转速/编码器转速，齿轮比非整数时：

No4500、4502：各挡连接时主轴编码器旋转圈数

No4501、4503：各挡连接时主轴旋转圈数

在维修主轴放大器模块及主轴电机时，首先确定物理接线是否正确，外围部件是否完好，理解每一部分的电压等级和电源流向，然后就可以分析是主轴放大器模块还是主轴电机出现故障。而主轴放大器模块和主轴电机故障诊断主要依靠 CNC 提供的故障诊断信息。

（五）主轴定向应用

1. 功能参数

No4015 bit0 主轴定向功能有效（不需设定，随功能有效而定）

No4003 bit2　bit3　　　定向时的旋转方向

　　　　　0　　0　　　基于主轴前次旋转方向（通电第一次为 CCW）

　　　　　1　　0　　　基于主轴前次旋转方向（通电第一次为 CW）

　　　　　0　　1　　　旋转方向为 CCW

　　　　　1　　1　　　旋转方向为 CW

No4002 bit0　bit1　bit2　bit3 主轴位置反馈类型（见实际连接设定）

　　　　　0　　0　　0　　0 无位置反馈（同时也没有实际速度反馈）

2. 速度环参数

No4038：主轴定向速度的上限值

No4042：定向时速度环低挡比例增益/No4043 定向时速度环高挡比例增益

No4050：定向时速度环低挡积分增益/No4051 定向时速度环高挡积分增益

No4056-4059：主轴和电机各挡的齿轮比，设定值 = 主轴一转对应的电机转速 × 100

3. 位置环的参数

No4031：主轴定向时的停止位置（使用外部定向时无效）

No4077：主轴定向位置的偏移量

No4060-4063：定向时各挡的位置增益

No4075：定向完成信号的宽度（单位 ±1 脉冲）

No3706#0、#1（No4500、4502/4501、4503）：主轴编码器与主轴传动比

（六）主轴定向的调整

主轴定向的刚性调整方法如表 3.25 所示。

表 3.25　主轴定向的刚性调整方法

定向中现象	调整		
	位置增益	定向最高速度	速度比例、积分增益
停止时过定位	↘	→ ↘	→
定向时间过长	↗	→ ↗	→ ↗
停止时振动	↘	→	↘

1. 定向的刚性调整

① 增加位置增益，以不产生过定位和振动为基准；

② 增加速度环比例和积分增益，以不产生振动为基准。

2. 主轴位置控制中的报警

ALM21：位置极性错误，编码器的极性与电机旋转方向相反，调整极性参数 No4001#4。

ALM27：位置编码器断线，间歇发生干扰，其他原因编码器电缆、编码器、驱动器及位置反馈参数设定问题。

ALM81：电机一转信号发生部位错误，主要原因有 No4171～4174 参数设定、主轴和电机间皮带打滑、接近开关、驱动器、干扰等。

ALM82：没有检测到电机传感器的一转信号，主要原因有传感器参数设定、传感器和驱动器。

3. 主轴定向位置的调整

① 设定 No3117#1 = 1；

② 执行 M19 定向，完成后复位，手动调整位置至所要求的位置；

③ 观察诊断 445（第一主轴位置反馈数），设定其到 No4031 或 No4077 即可。

注意：定向时的实际停止位置，为 No4031 与 No4077 之和，设定时要注意原先设定时是否在两个参数中都有设定。

五、模拟主轴控制与串行主轴控制的主要区别

（一）硬件连接不同

串行主轴控制连接简单，CNC 与串行主轴放大器由一根 I/O Link 总线连接，所有速度数据、控制信号、主轴运行状态以及报警都通过该总线实现。而模拟主轴控制速度和输入/输出

信号都通过硬件连接实现。例如，FANUC 0i D 系统主轴速度通过 CNC 的 JA40 的 7 脚和 5 脚输出，而运转控制通过 PMC 逻辑控制输出。

（二）输出速度值不同

串行主轴速度值由 CNC 根据串行主轴控制框图逻辑处理过程计算，通过 I/O Link 串行总线以数字量的方式输出到主轴放大器；而模拟主轴控制速度值虽然也由 CNC 根据类似串行主轴控制框图逻辑处理过程计算，但计算输出结果经过 D/A 转换为模拟电压 0 ~ ±10 V，具体输出电压极性可以由参数 3706#7、3706#6 决定。

（三）输出运转信号不同

串行主轴控制输出运转信号经过 PMC 逻辑处理后，经 CNC 传送到 G 存储区，由 I/O Link 总线传送到主轴放大器，包括 G70.5（主轴正转信号）、G70.4（主轴反转信号）等。而模拟主轴控制输出运转信号必须经 I/O 模块 Y 地址输出。主轴正转和反转信号通过 Y0.0 和 Y0.1 输出。

（四）输入运转信号不同

串行主轴控制输入运转信号来自于主轴放大器，通过 I/O Link 传送到 CNC 的 F 存储区，例如 F45.0（主轴放大器主轴报警信号）。而模拟主轴控制的输入运转信号必须由模拟主轴放大器经 I/O 模块 X 地址输入参与逻辑控制，例如 X10.7（变频器报警信号）。

（五）部分参数不同

FANUC 串行主轴速度和定向控制涉及的部分参数如表 3.26 所示，而模拟主轴控制涉及的参数 3716#0（模拟主轴功能选择）、参数 3730（输出模拟量增益）等必须设定。

表 3.26　FANUC 串行主轴速度和定向控制涉及的部分参数

参数号	含　义	备　注
3706#6、3707#7	主轴电机速度极性（当 G33.6（SSIN）= 0 有效）	一般 3706#6 = 0、3707#7 = 0
3735	主轴电机最小速度（仅限 M 系列）	（主轴电机最小速度/主轴电机最大速度）×4095
3736	主轴电机最大速度（仅限 M 系列）	（主轴电机最大速度/主轴电机最大速度）×4095
3741	与齿轮 1 对应的主轴最大速度	r/min
3742	与齿轮 2 对应的主轴最大速度	r/min
3743	与齿轮 3 对应的主轴最大速度	r/min
3744	与齿轮 4 对应的主轴最大速度（仅限 T 系列）	r/min
3751	齿轮 1 和齿轮 2 切换点的主轴电机速度（仅限 M 系列）	（齿轮切换点主轴电机速度/主轴最大速度）×4 095

续表 3.26

参数号	含　义	备　注
3752	齿轮 2 和齿轮 3 切换点的主轴电机速度（仅限 M 系列）	（齿轮切换点主轴电机速度/主轴最大速度）×4 095
3772	主轴最大速度	r/min
3720	位置脉冲编码器脉冲数	参数范围：1～32 767
3721	位置脉冲编码器的端齿轮数	参数范围：1～9 999
3722	主轴端的齿轮数	参数范围：0～9 999
4019#7	主轴参数的自动设定	0：主轴参数不自动设定；1：主轴参数自动设定
4020	主轴电机的最高速度	r/min
4031	位置编码器方式定向停止位置	1 个脉冲（360/4 095）
4038	主轴定向时速度	r/min
4077	主轴定向时位置偏移量	参数范围：－4 095～4 095

六、故障报警及故障诊断流程

（一）基于反馈检测的报警

基于反馈检测的报警信号如表 3.27 所示。

表 3.27　基于反馈检测的报警

ALM01	电机温度过高
ALM02	电机实际速度与指令速度有较大差异
ALM06	温度传感器异常或温度传感器电缆断线
ALM27	A 位置编码器信号断线
ALM31	电机无法按指令速度旋转（停止或速度极低）
ALM73	电机传感器断线

（二）基于通信检测的报警

基于通信检测的报警如表 3.28 所示。

表 3.28　基于通信检测的报警

ALM24	CNC 与主轴单元之间的串行通信异常
ALMA、A1	控制软件检测异常
ALMB0	主轴单元间或与伺服单元、电源单元间通信异常

（三）基于功率放大回路的检测报警

基于功率放大回路的检测报警如表 3.29 所示。

表 3.29　基于功率放大回路的检测报警

ALM03	DC LINK 部分的保险丝熔断
ALM09	主轴单元主电路散热器温度异常升高
ALM11	主电路直流（DC LINK）电压过高
ALM12	主电路的直流（DC LINK）电流过大

（四）指令发出主轴不旋转

指令发出主轴不旋转的故障诊断流程如图 3.44 所示。

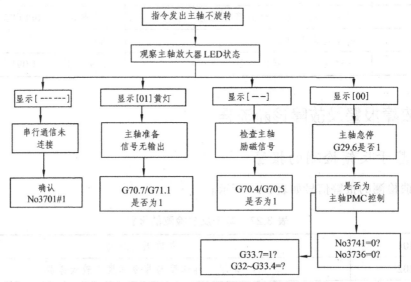

图 3.44　指令发出主轴不旋转的故障诊断流程

（五）主轴速度不正确

主轴速度不正确的故障诊断流程如图 3.45 所示。

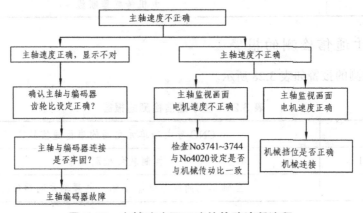

图 3.45　主轴速度不正确的故障诊断流程

（六）主轴振动及噪声

主轴振动及噪声的故障诊断流程如图 3.46 所示。

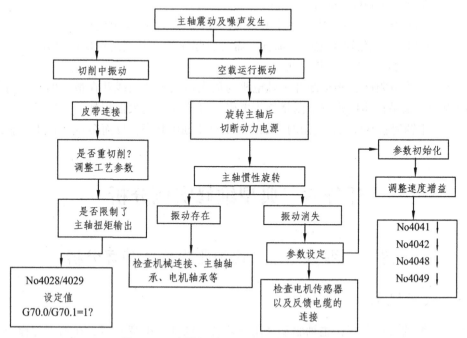

图 3.46 主轴振动及噪声的故障诊断流程

七、小 结

为了使主轴电机能够长期保持高性能和高稳定性运行，必须对主轴电机进行维护检查，以下内容初步描述了 FANUC βi 系列主轴电机维护检查的方法。

1. 目测检查

（1）异常响声、异常振动：出现以前所没有的异常响声以及振动。在最高转速下，电机的振动加速度超过 0.5g。

检查处置方法：检查主轴电机安装基座、连接精度、电机轴承异常响声、减速机或皮带的振动以及响声、放大器的异常响声、风扇电机的异常。

（2）冷却风通道：冷却风通道沾有粉尘或者油污。

检查处置方法：定期清扫定子孔以及风扇电机。

（3）电机表面：电机表面沾有切削液。

检查处置方法：进行清扫，电机表面溅到大量切削液时，请使用盖罩覆盖起来。

（4）风扇电机：不能正常旋转。

检查处置方法：用手可以转动风扇电机时，更换风扇电机。

2. 主轴电机绕组与外壳的绝缘确认

检查处置方法：使用测量 DC 500 V 下的绝缘电阻的兆欧表，检测结果判断绝缘效果的好坏。

（1）大于等于 100 MΩ：良好。

（2）10 ~ 100 MΩ：开始老化。性能上可能出现问题，但需要定期检查。

（3）1 ~ 10 MΩ：老化现象进一步加剧，需要引起注意。务须进行定期检查。

（4）不足 1 MΩ：不良。更换电机。

（5）测量绝缘电阻时，必须断开主轴电机与放大器之间的配线并在最短的时间内完成绝缘电阻的测量。如果在连接状态下测量绝缘电阻，可能导致放大器损坏。

（6）测量主轴伺服电机绝缘电阻时，如果电机处于通电状态，反而会导致电机绝缘层老化。

任务六　典型维修实例分析

实例 1　变频器出现过电压报警的故障分析

（一）故障现象

配套某系统的数控车床，主轴驱动采用三菱公司的 E540 变频器，在加工过程中，变频器出现过压报警。

（二）分析与处理过程

仔细观察机床故障产生的过程，发现故障总是在主轴启动、制动时发生，因此，可以初步确定故障的产生与变频器的加/减速时间设定有关。当加/减速时间设定不当时，如启动/制动频繁或时间设定太短，变频器的加/减速无法在规定的时间内完成，则通常容易产生过电压报警。

（三）排除方法

修改变频器参数，适当增加加/减速时间后，故障消除。

实例 2　安装变频主轴在换刀时出现旋转的故障分析

（一）故障现象

配套某系统的数控车床，开机时发现，当机床进行换刀动作时，主轴也随之转动。

（二）分析与处理过程

由于该机床采用的是安川变频器控制主轴，主轴转速是通过系统输出的模拟电压控制的。根据以往的经验，安川变频器对输入信号的干扰比较敏感，因此初步确认故障原因与线路有关。

为了确认，再次检查了机床的主轴驱动器、刀架控制的原理图与实际接线，可以判定在线路连接、控制上两者相互独立，不存在相互影响。

（三）排除方法

进一步检查变频器的输入模拟量屏蔽电缆布线与屏蔽线连接，发现该电缆的布线位置与屏蔽线均不合理，将电缆重新布线并对屏蔽线进行重新连接后，故障消失。

实例 3　主轴电机不运转的故障分析

（一）故障现象

某加工中心，数控系统为 FANUC 0i-MD 系统，采用斗笠式刀库，主轴部分有刀具夹紧到位检测开关和松开到位检测开关，在 MDI 方式下编写程序 S300 并运行，产生速度值，再在 JOG 方式下按主轴正转或反转按键，主轴电机没有运转，同时显示页面没有报警信息。主轴逻辑控制输入输出电气原理图如图 3.47 所示。涉及主轴正反转控制的 PMC 程序如图 3.48 所示。

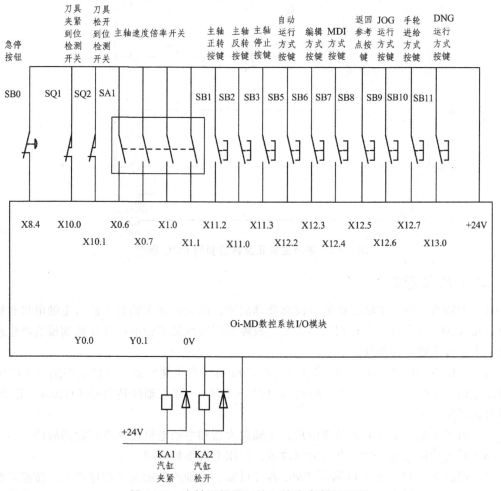

图 3.47　主轴逻辑控制输入输出电气原理图

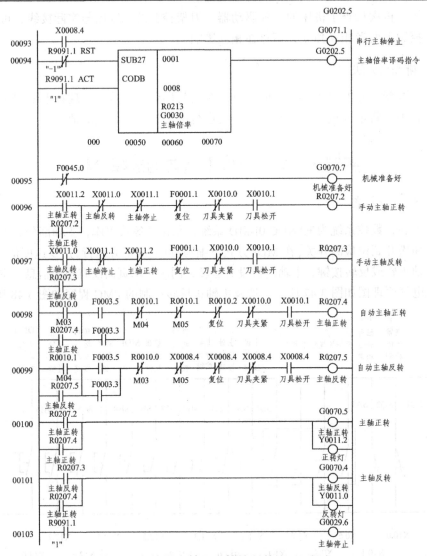

图 3.48　涉及主轴正反转控制的 PMC 程序

（二）故障原因

（1）主轴放大器和主轴电机部分没有物理故障，因为假如主轴放大器与主轴电机有物理故障，在 CNC 显示屏上会有相关的报警。故障原因应该是主轴电机速度数据没有产生或控制逻辑不符合主轴运转条件。

（2）根据主轴速度控制流程，应该检查 S300 有无产生速度值，主轴倍率信号（C30）、主轴停止信号（G29.6、G71.1）：主轴正转信号（C70.5）和主轴反转信号（G70.4）等 PMC 信号有无产生。

（3）由于系统显示屏上无报警信息，主轴放大器和主轴电机应该没有物理故障。

（4）只用确认系统参数没有人为修改过，不用考虑参数故障。

（5）根据图 3.47、图 3.48 所示 PMC 程序可知，主轴速度由加工程序产生。按照正常操作，在 MDI 方式下编制 S300 程序并运行，多按几次【System】，单击【PMCMNT】、【信号】，检查 F36.0-F37.3 有无速度值（只要不为全 0 和全 1 就有速度值）。若要使 F36.0-F37.3 有速度值，必须先使 G29.6 和 G71.1 为 1。

（6）在 JOG 方式下，按主轴正转按键，进入 PMC 动态梯形图，如图 3.48 所示，按下主轴速度倍率开关，检查主轴速度倍率输入信号和 G30 是否有变化。若有，主轴速度倍率功能是好的；若没有，检查主轴速度倍率开关硬件连接。

（7）在 JOG 方式下，按主轴正转按键，进入 PMC 动态梯形图，如图 3.48 所示，检查主轴正转按键（X11.2）是否完好，若 X11.2 没有变化，说明主轴正转按键故障。

（8）若 X11.2 有变化，说明主轴正转按键完好，再检查 R207.2 是否为 1，若不为 1，则检查是哪一个触点故障导致 R207.2 不为 1。有可能是刀具夹紧按键（X10.0）和刀具松开按键（X10.1）的行程开关没有闭合或挡块松动没有压到行程开关。

（三）故障解决

（1）针对主轴正转、反转按键以及主轴速度倍率开关故障，只能更换按键或开关。

（2）针对行程开关触点故障，检查行程开关是否完好。若损坏，更换行程开关；若行程开关完好，检查相关挡块。

小结：在主轴控制维修当中，当系统显示屏上没有报警信息时，就要利用串行主轴控制框图和 PMC 程序控制信号来排除故障。

实例 4　主轴电机温度传感器断线的故障分析

（一）故障现象

某数控机床使用 FANUC 0i-TD 数控系统、βiSVSP 主轴放大器，机床开机后显示屏上出现 SP9006，βiSVSP 主轴放大器上的状态七段 LED 数码管显示 06。数控系统与主轴放大器及主轴电机的硬件连接示意图如图 3.49 所示。

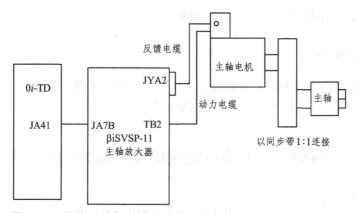

图 3.49　数控系统与主轴放大器及主轴电机的硬件连接示意图

主轴电机内部有主轴电机转速和位置检测传感器以及温度检测传感器，该传感器信息通过电缆进入主轴放大器，主轴放大器与 CNC 通过串行数据电缆交换信息，CNC 不断地读取从主轴放大器串行数据电缆传送过来的信息，包括伺服放大器、伺服电机及编码器等信息，当信息中有主轴电机温度检测传感器断线信息时，就在 CNC 上显示 SP9006 报警，七段 LED 数码管上显示 06。

（二）故障原因

从 CNC 控制主轴放大器及主轴电机的过程可以看出，故障原因是多方面的。

（1）温度参数设定值错误，设定值比正常使用值偏低。

（2）主轴电机温度超过正常使用温度。

（3）温度检测传感器故障。

（4）温度反馈线故障。

（5）主轴放大器控制印制电路板故障。

（6）干扰产生错误信息。

（三）故障分析

（1）因为一般参数没有人为修改过，基本可以不考虑参数设定问题。

（2）多按几次功能键【System】，进入诊断页面，诊断 0403 处显示主轴电机在线温度，温度显示正常温度，说明主轴电机温度没有超过设定值。

（3）检查主轴放大器反馈线以及接口，一切正常，现场也没有电缆线损坏等现象。

（4）检查主轴电机的温度热敏电阻，没有断路现象。

（5）估计是主轴放大器控制印制电路板故障。取出并更换主轴放大器的控制印制电路板，然后重新通电测试。

（6）开机正常工作，用户空运行机床 2 小时后，又出现 SP9006 报警。

（7）继续检查现场硬件连接，发现主轴电机接地线不牢，重新接牢地线，重新上电，开机正常工作，但是仍然不能长时间正常工作。

（8）估计是干扰造成机床产生 SP9006 报警。

（四）故障解决

调整主轴电机散热风扇的输入电源线，将机床接地线与外部中性线分开，改为三相五线接线，观察机床空运行 12 小时以上，完全恢复正常。

实例 5　主轴位置编码器的故障分析

（一）故障现象

某数控车床使用 FANUC 0i-TD 数控系统，主轴放大器型号为 βiSVSP-11，几次故障都是出现在早上一开机的时候，出现 SP9027 报警，检查主轴放大器的控制印制电路板和连线电缆有故障，维修后，使用了 3 个月又出现 SP9027 报警，数控系统与主轴放大器以及主轴位置编码器硬件连接如图 3.50 所示。

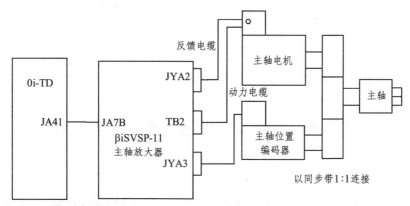

图 3.50 数控系统与主轴放大器以及主轴位置编码器硬件连接示意图

（二）故障过程

外置主轴位置编码器接至主轴放大器的 JYA3，如果主轴放大器没检测到主轴位置编码器的正确信号，会通过连接数控系统与主轴放大器的串行总线把涉及外置主轴位置编码器的故障信息传递给数控系统，在 CNC 显示屏上显示 SP9027 报警，同时在主轴放大器七段 LED 数码管上显示 27。

（三）故障原因

虽然在主轴放大器七段 LED 数码管上显示 27，同时在 CNC 显示屏上显示 SP9027 报警，SP9027 报警含义是位置编码器断线故障，但是不能肯定一定是位置编码器故障，因为故障产生的原因很多：

（1）参数设定错误；

（2）位置编码器故障；

（3）反馈电缆线损坏故障；

（4）主轴放大器控制印制电路板是否故障；

（5）主轴位置反馈线没有作屏蔽处理；

（6）位置编码器反馈电缆与主轴电机的动力电缆绑扎到了一起，有干扰产生。

具体故障原因要根据故障现象进行分析。

（四）故障分析

（1）因为一般参数没有人为修改过，基本可以不考虑参数设定问题。

（2）检查反馈电缆是否有断裂、破皮等现象。打开电气柜发现位置编码器反馈线有磨损的痕迹，怀疑是装配过紧造成的，更换反馈线后，开机运行 2 个多小时无故障。

（3）当关上电气柜使用一段时间后，主轴放大器七段 LED 数码管上又显示 27，同时在 CNC 显示屏上显示 SP9027 报警。

（4）当打开电气柜检查并运行主轴电机时，故障消失，而且还能运行较长时间不报警。当关上电气柜后，报警又会产生。

（5）怀疑是温度原因引起主轴放大器的控制印制电路板故障。

（五）故障解决

更换主轴放大器控制印制电路板，重新运转无报警，机床一切正常。

实例 6　主轴电机传感器断线的故障分析

（一）故障现象

某数控车床使用 FANUC 0i-TD 数控系统，选用βi 主轴电机和βiSVSP 伺服放大器。机床一开机，就出现 SP9073 报警。

主轴电机内部有主轴电机转速和位置检测传感器以及温度检测传感器，该传感器信息通过电缆线进入主轴放大器，主轴放大器与 CNC 通过串行数据电缆线交换信息，CNC 不断地读取从主轴放大器串行数据电缆传送过来的信息，包括主轴放大器、主轴电机及编码器等信息，当信息中有电机传感器信号断线信息时，就在 CNC 上显示 SP9073 报警，七段 LED 数码管上显示 73。

（二）故障原因

SP9073 报警信息是电机传感器信号断线，但故障原因不仅限于反馈电缆线断线，此故障的产生包括几个环节，可能故障原因有：

（1）传感器参数设定错误。

（2）主轴放大器控制印制电路板故障，或者连接错误导致反馈信号无法收到。

（3）主轴电机内部传感器故障或位置调整故障。

（4）主轴电机传感器的反馈电缆故障。

（5）外部有高频干扰信号，造成反馈信号传输不正常。

（三）故障分析

（1）因为一般参数没有人为修改过，基本可以不考虑参数设定问题。

（2）首先检查传感器反馈电缆连接，连接位置正确。

（3）检查反馈电缆线是否有断线现象：经检查电缆线没有断线现象，但反馈电统与动力电缆没有分开走线。

（4）重新把反馈电缆分开走线，再重新上电测试，运行正常。

（四）故障解决

把主轴电机传感器反馈电缆与主轴电机动力电缆分开重新走线，机床工作正常。

小结：维修 FANUC 数控系统主轴放大器与主轴电机时，首先要根据 CNC 与串行主轴的硬件连接关系，把产生故障的原因尽可能罗列清楚，再对故障原因进行排除。有些故障与周围干扰有关系。当对主轴放大器物理部件都作了分析排除后，假如还有故障，就要考虑主轴放大器周围以及电机周围是否存在干扰，要注意主轴电机的传感器反馈电缆和位置编码器信号线的屏蔽等处理。

实例 7　螺纹加工乱扣的故障分析

（一）故障现象

数控系统选用 0i Mate-TD 系统，加工螺纹时螺纹乱扣。

（二）故障原因

螺纹切削利用每转进给方式，即伺服的进给量是由主轴的旋转量来控制的，主轴旋转一转，Z 轴按照指令的距离（螺距）进行进给，使主轴的旋转与 Z 轴的进给保持同步。但是螺纹切削是多次的切削过程，要保证每次进刀的位置都是同一个位置，这就需要螺纹切削的起刀点和主轴的转角位置保持固定。这一点是通过检测位置编码器的一转信号来完成的。位置编码器中的 A/B 信号决定了进给的速度，Z 轴信号决定了螺纹的起刀点。位置编码器与主轴的连接如图 3.51 所示。

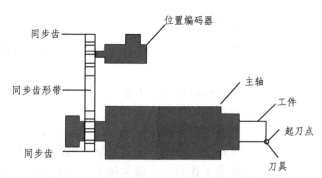

图 3.51　位置编码器与主轴连接示意图

螺纹切削要求机械精度、位置编码器检测精度、传动链精度都比较高，周围不能有大的干扰。根据工作原理，故障原因可能有：

（1）位置编码器与主轴连接故障；

（2）Z 轴联轴器松动或反向间隙较大；

（3）系统硬件故障或存在干扰；

（4）系统参数故障。

（三）故障分析

（1）检查位置编码器与主轴的机械连接。

一般主轴与位置编码器采用同步带连接，否则会有传动打滑现象。位置编码器的一转信号指示的位置与主轴转动的实际位置不一致，造成螺纹切削的起刀点位置每次都不一样，最终导致螺纹乱扣。

（2）Z 轴联轴器及反向间隙。

如果 Z 轴联轴器部分松动或者反向间隙较大，就算位置编码器的一转信号与主轴同步，也会造成主轴转角与 Z 轴相对位置的变化，造成起刀点的位置不同，导致螺纹乱扣。

（3）检查系统硬件及干扰。

考虑位置编码器、反馈电缆及周围干扰源（尤其是电源动力电缆）对一转信号的影响。

（4）由于正常使用的数控机床的参数没有人为修改或丢失，基本不需要考虑参数问题。

（四）故障解决

检查发现位置编码器联轴器松动，重新安装联轴器。

实例 8　驱动器出现过电流报警的故障分析

（一）故障现象

一台配套某系统的卧式加工中心，在加工时主轴运行突然停止，驱动器显示过电流报警。

（二）故障原因

经查交流主轴驱动器主回路，发现再生制动回路故障、主回路的熔断器均熔断，经更换熔断器后机床恢复正常。但机床正常运行数天后，再次出现同样故障。

由于故障重复出现，证明该机床主轴系统存在问题，根据报警现象，分析可能存在的主要原因有：

（1）主轴驱动器控制板不良。

（2）连续过载。

（3）绕组存在局部短路。

在以上几点中，根据现场实际加工情况，过载的原因可以排除。考虑到换上元器件后，驱动器可以正常工作数天，故主轴驱动器控制板不良的可能性也较小。因此，故障原因可能性最大的是绕组存在局部短路。

（三）故障处理

维修时仔细测量绕组的各项电阻，发现 U 相对地绝缘电阻较小，证明该相存在局部对地短路。拆开检查发现，内部绕组与引出线的连接处绝缘套已经老化；经重新连接后，对地电阻恢复正常。

再次更换元器件后，机床恢复正常，故障不再出现。

实例 9　主轴高速出现异常振动的故障分析

（一）故障现象

配套某系统的数控车床，当主轴在高速（3 000 r/min 以上）旋转时，机床出现异常振动。

（二）分析与处理过程

数控机床的振动与机械系统的设计、安装、调整以及机械系统的固有频率、主轴驱动系统的固有频率等因素有关，其原因通常比较复杂。

但在本机床上，由于故障前交流主轴驱动系统工作正常，可以在高速下旋转；且主轴在超过 3 000 r/min 时，在任意转速下振动均存在，可以排除机械共振的原因。

检查机床机械传动系统的安装与连接，未发现异常，且在脱开主轴与机床主轴的连接后，从控制面板上观察主轴转速、转矩或负载电流值显示，发现其中有较大的变化，因此可以初步判定故障在主轴驱动系统的电气部分。

（三）故障处理

经仔细检查机床的主轴驱动系统连接，最终发现该机床的主轴驱动器的接地线连接不良，将接地线重新连接后，机床恢复正常。

实例 10　主轴驱动器主轴噪声大的故障分析

（一）故障现象

一台使用 MELDAS M3 控制器和三菱 FR-SF-22K 主轴控制器的数控机床，出现主轴噪声较大，且在主轴空载情况下，负载表指示超过 40%。

（二）故障原因

考虑到主轴负载在空载时已经达到 40%以上，初步认为机床机械传动系统存在故障。维修的第一步是脱开主轴的运转情况。

经试验，发现主轴负载表指示已恢复正常，但主轴仍有噪声，由此判定该主轴系统的机械、电气两方面都存在故障。

在机械方面，检查了主轴机械传动系统，发现主轴转动明显过紧，进一步检查发现主轴轴承已经损坏，更换后，主轴机械传动系统恢复正常。

在电气方面，首先检查了主轴驱动器的参数设定，包括驱动放大器的型号，以及伺服环增益等参数，经检查发现机床参数设定无误，由此判定故障原因是驱动系统硬件存在故障。

为了进一步分析原因，维修时将主轴驱动器的 00 号参数设定为 1，让主轴驱动系统进行开环运行，转动主轴后，发现噪声消失，运行平稳，由此可以判定故障原因是在速度检测器件 PLG 上。

（三）故障处理

进一步检查发现 PLG 的安装位置不正确，重新调整 PLG 安装位置后，再进行闭环运行，噪声消失。重新安装机械传动系统，机床恢复正常工作。

（四）小　结

1. 双绕组主轴伺服电机输出切换控制

主轴输出切换功能是在使用主轴电机内装有 Y/△ 双绕组的特殊主轴电机，通过在低速区和高速区切换使用不同的绕组，在更广范围内得到稳定的主轴电机输出特性。

使用主轴环绕组输出切换的优点在于，可以在更宽的速度区得到稳定的主轴电机输出，因而无需机械性主轴齿轮切换机构。

2. 双绕组主轴伺服电机功率扭矩特性曲线

αiI22/10000 主轴伺服电机功率扭矩特性曲线如图 3.52 所示。

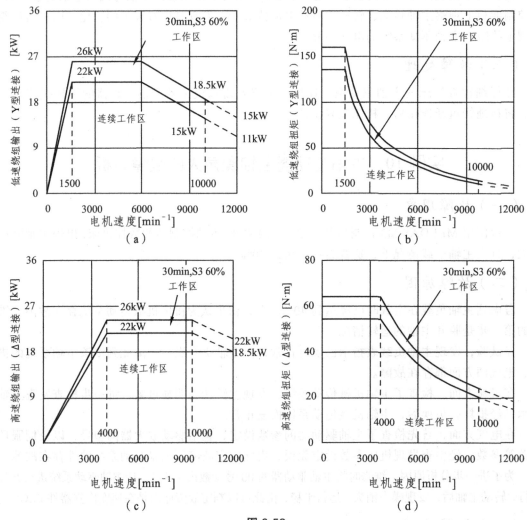

图 3.52

3. 主轴电机输出切换控制

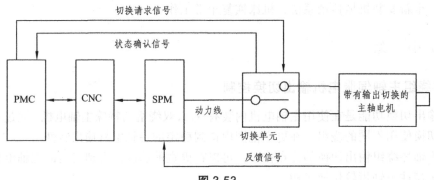

图 3.53

4. 主轴伺服放大器与 Y/△ 双绕组的主轴电机硬件连接

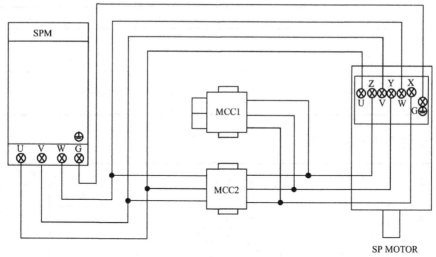

图 3.54

5. Y/△ 双绕组的主轴电机输出切换功能

图 3.55   4015.2 = 1，主轴电机输出切换功能

第二部分   实践工作页

一、资   讯

（1）实践目的；

（2）工作设备；

（3）工作过程知识综述。

引导问题：

（1）数控机床主传动系统常用的配置方式有哪些？

（2）主轴通用变频器故障有哪些？

（3）交流伺服主轴驱动系统常见故障有哪些？

（4）主轴准停装置的故障有哪些？

二、计划与决策

工具、材料或工作对象、工作步骤、质量控制、安全预防、工作分工

三、实   施

四、检 查

序号	检查项目	具体内容	检查结果
1	技术资料准备		
2	工具准备		
3	材料准备		
4	安全文明生产		

五、实践评价与总结

评价项目	评价项目内容	评价		
		自评	他评	师评
专业能力（60）				
方法能力（20）	能利用专业书籍、图纸资料获得帮助信息； 能根据学习任务确定学习方案； 能根据实际需要灵活变更学习方案； 能解决学习中碰到的困难； 能根据教师示范，正确模仿并掌握动作技巧； 能在学习中获得过程性（隐性）知识			
社会能力（20）	能以良好的精神状态、饱满的学习热情、规范的行为习惯、严格的纪律投入课堂学习中； 能围绕主题参与小组交流和讨论，使用规范易懂的语言，恰当的语调和表情，清楚地表述自己的意见； 能在学习活动中积极承担责任，能按照时间和质量要求，迅速进入学习状态； 应具有合作能力和协调能力，能与小组成员和教师就学习中的问题进行交流和沟通，能够与他人共同解决问题，共同进步； 能注重技术安全和劳动保护，能认真、严谨地遵循技术规范			

思考与练习

1. 简述主轴系统的特点和使用范围。
2. 数控机床对主传动系统有哪些要求？
3. 主传动变速有几种方式？各有何特点？各应用于何处？
4. 主轴为何需要"准停"？如何实现"准停"？
5. 简述直流主轴驱动系统 PWM 控制原理。
6. 主轴通用变频器可否实现无测速机矢量反馈？为什么？
7. 简述交流伺服电机驱动主电路与直流电机驱动主电路的区别。
8. 交流伺服主轴驱动系统维护包含哪些内容？日常检查与定期检查的区别是什么？
9. 通用变频器有哪些常见保护措施？
10. 主轴准停装置有哪些常见故障？如何排除？

项目四 进给伺服系统的故障诊断与维修

任务一：进给伺服系统结构认识与技术要求

任务二：进给伺服系统维护维修

任务三：进给伺服系统典型维修实例分析

本项目从数控系统进给伺服系统基本要求介入，引导阅读者逐步认识进给系统结构组成，了解进给系统各类故障的表现形式与分析思路。再从日常进给伺服系统维护维修要点与关键，到真实典型维修实例分析、判断、处理，最后系统掌握数控机床进给伺服驱动系统的故障解决方案。本教学环节实践性比重大，建议通过综合实验、实训装置组织理实一体教学活动，便于系统性学习和掌握。

第一部分　相关知识

任务一　进给伺服系统结构认识与技术要求

伺服系统是数控系统的重要组成部分。伺服技术的发展建立在控制理论、电机驱动及电力电子等技术的基础上。数控机床的伺服系统一般由驱动控制单元、驱动元件、机械传动部件构成的执行机构、检测反馈环节等组成。驱动控制单元和驱动元件组成伺服驱动系统。机械传动部件和执行机构组成机械传动系统。检测元件与反馈电路组成检测装置，亦称检测系统。

一、数控机床对进给伺服系统的要求

伺服系统是把数控信息转化为机床进给运动的执行机构。数控机床技术水平的提高首先依赖于进给和主轴驱动特性的改善以及功能的扩大，为此数控机床对进给伺服系统的位置控制、速度控制、伺服电动机、机械传动等方面都有很高的要求。

由于各种数控机床所完成的加工任务不同，它们对进给伺服系统的要求也不尽相同，但通常可概括为以下几方面。

（一）精度高

伺服系统的精度是指输出量能复现输入量的精确程度。作为数控加工，对定位精度和轮廓加工精度要求都比较高，定位精度一般允许的偏差为 0.01 ~ 0.001 mm，甚至 0.1 μm。轮廓加工精度与速度控制、联动坐标的协调一致控制有关。在速度控制中，要求较高的调速精度，具有比较强的抗负载扰动能力，对静态、动态精度要求都比较高。

（二）稳定性好

稳定性是指系统在给定输入或外界干扰作用下，能在短暂的调节过程后，达到新的或者恢复到原来的平衡状态，对伺服系统要求有较强的抗干扰能力。稳定性是保证数控机床正常工作的条件，直接影响数控加工的精度和表面粗糙度。

（三）快速响应

快速响应是伺服系统动态品质的重要指标，它反映了系统的跟踪精度。为了保证轮廓切削形状精度和低的加工表面粗糙度，要求伺服系统跟踪指令信号的响应要快。一方面要求过渡过程（电机从静止到额定转速）的时间要短，一般在 200 ms 以内，甚至小于几十毫秒；另一方面要求超调要小。这两方面的要求往往是矛盾的，实际应用中要采取一定措施，按工艺加工要求作出一定的选择。

（四）调速范围宽

为适应不同的加工条件，例如：所加工零件的材料、类型、尺寸、部位以及刀具的种类和冷却方式等的不同，要求数控机床的进给能在很宽的范围内无级变化。这就要求伺服电动机有很宽的调速范围和优异的调速特性。经过机械传动后，电动机转速的变化范围即可转化为进给速度的变化范围。目前最先进的水平，是在进给脉冲当量为 1 pm（皮米，10^{-12} 米）的情况下，进给速度在 0 ~ 240 m/min 范围内连续可调。调速范围是指生产机械要求电机能提供的最高转速和最低转速之比。通常表示为

$$R_n = \frac{n_{\max}}{n_{\min}}$$

对一般数控机床而言，进给速度范围在 0 ~ 24 m/min 时，都可满足加工要求。通常在零速度时，即工作台停止运动时，要求电动机有电磁转矩以维持定位精度。对于进给速度范围为 1 : 20 000 的位置控制系统，在总的开环位置增益为 20 ~ 100 时，只要保证速度控制单元具有 1 : 1 000 的调速范围就可以满足需要，这样可使速度控制单元线路既简单又可靠。当然，代表当今世界先进水平的实验系统，速度控制单元调速范围已达 1 : 100 000。

这就要求伺服系统具有优良的静态与动态负载特性，即伺服系统在不同的负载情况下或切削条件发生变化时，应使进给速度保持恒定。刚性良好的系统，速度受负载力矩变化的影响很小。通常要求承受额定力矩变化时，静态速降应小于 5%，动态速降应小于 10%。

（五）低速大转矩

机床加工的特点是，在低速时进行重切削。因此，要求伺服系统在低速时要有大的转矩输出。进给坐标的伺服控制属于恒转矩控制，在整个速度范围内都要保持这个转矩。

（六）可逆运行

可逆运行要求能灵活地正反向运行。在加工过程中，机床工作台处于随机状态，根据加工轨迹的要求，随时都可能实现正向或反向运动。同时要求在方向变化时，不应有反向间隙和运动的损失。从能量角度看，应该实现能量的可逆转换，即在加工运行时，电动机从电网吸收能量变为机械能；在制动时应把电动机的机械惯性能量变为电能回馈给电网，以实现快速制动。

二、伺服控制分类和结构组成

数控机床进给伺服系统由控制单元、驱动单元、机械传动部件、执行元件和检测反馈环节等组成，如图 4.1 所示。驱动控制单元和驱动元件组成伺服驱动系统，机械传动部件和执行元件组成机械传动系统，检测元件和反馈电路组成检测系统。

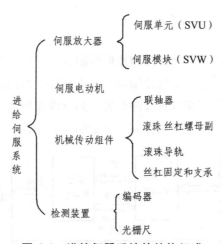

图 4.1　进给伺服系统的结构组成

按照控制驱动原理差异或反馈比较的不同，进给伺服系统可分为开环伺服控制、半闭环伺服控制、全闭环伺服控制。

（一）开环伺服控制

开环伺服控制框图如图 4.2 所示，其中没有位置检测环节。数控系统输出插补指令，经脉冲环形分配器输出相序脉冲，经功率放大直接驱动电机，这里电机一般使用步进电机。

图 4.2　开环伺服控制框图

（二）半闭环伺服控制

半闭环伺服控制指数控系统输出位置和速度控制信号给位置控制单元和速度控制单元，经伺服电机尾端角位移检测装置（如脉冲编码器）进行速度检测后反馈给速度控制单元进行速度控制，经伺服电机尾端或丝杠轴端的角位移检测装置（如脉冲编码器）进行位置检测后反馈给位置控制单元进行位置控制，位置反馈反映工作台直线移动位置。半闭环伺服控制框图如图 4.3 所示。

图 4.3　半闭环伺服控制框图

（三）全闭环伺服控制

全闭环伺服控制指数控系统输出位置和速度控制信号给位置控制单元和速度控制单元，经伺服电机尾端角位移检测装置（如脉冲编码器）进行速度检测后反馈给速度控制单元进行速度控制，经工作台实际运行直线位置检测装置（如直线光栅尺）进行位置检测后反馈给位置控制单元进行位置控制。全闭环伺服控制框图如图 4.4 所示。

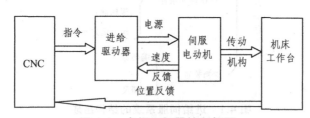

图 4.4　全闭环伺服控制框图

进给传动系统结构如图 4.5 所示。进给传动系统有以下几类：

（1）伺服电机通过减速齿轮与滚珠丝杠相连，其结构如图 4.6（a）所示。

（2）伺服电机通过同步带以 1∶1 或 1∶N 方式与滚珠丝杠相连，其结构如图 4.6（b）所示。

（3）伺服电机与滚珠丝杠一体化，即直线导轨式，其结构如图 4.6（c）所示。

（4）只有少数高档的高速度、高精度的数控机床才采用直线电动机，如图 4.6（d）所示。

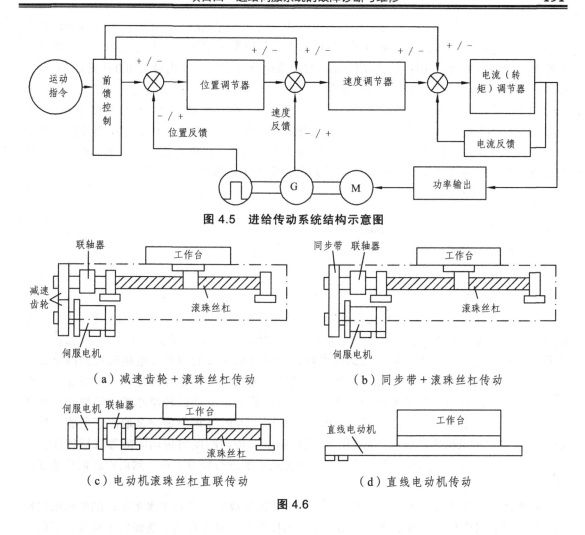

图 4.5　进给传动系统结构示意图

（a）减速齿轮＋滚珠丝杠传动　　　　　　（b）同步带＋滚珠丝杠传动

（c）电动机滚珠丝杠直联传动　　　　　　（d）直线电动机传动

图 4.6

三、伺服驱动系统的一般组成

数控伺服系统由伺服电机（M）、驱动信号控制转换电路、电力电子驱动放大模块、电流调解单元、速度调解单元、位置调解单元和相应的检测装置（如光电脉冲编码器 G）等组成。一般闭环伺服系统的结构如图 4.5 所示。它是一个三环结构系统，其中，外环是位置环，中环是速度环，内环为电流环。

（一）位置环

位置环也称为外环，由位置调节控制模块、位置检测和反馈控制部分组成，其输入信号是计算机给出的指令和位置检测器反馈的位置信号。这个反馈是负反馈，也就是说与指令信号相位相反。指令信号是向位置环送去加数，而反馈信号是送去减数。位置环的输出就是速度环的输入，它是控制各坐标轴按指令位置精确定位的控制环节。位置环将最终影响坐标轴的位置精度及工作精度。这其中有两方面的工作；

（1）位置测量元件的精度与 CNC 系统脉冲当量的匹配问题。测量元件单位移动距离发出的脉冲数目经过外部倍频电路和/或 CNC 内部倍频系数的倍频后要与数控系统规定的分辨率相符。例如位置测量元件 10 脉冲/mm，数控系统分辨率即脉冲当量为 0.001 mm，则测量元件送出脉冲必须经过 100 倍频方可匹配。

（2）位置环增益系数 k_v 值的正确设定与条件调节，通常 k_v 值是作为机床数据设置的，数控系统中对各个坐标轴分别指定了 k_v 的设置地址和数值单位。在速度环最佳化调节后 k_v 值的设定则成为反映机床性能好坏、影响最终精度的重要因素。k_v 值是机床运动坐标自身性能优劣的直接表现而并非可以任意放大。关于 k_v 的设定要注意满足：

$$k_v = v/\Delta$$

式中　　v——坐标运行速度，m/min；

　　　　Δ——跟踪误差，mm。

（二）速度环

速度环也称为中环，由速度比较调节器、速度反馈和速度检测装置（如测速发电机、光电脉冲编码器等）组成。这个环是一个非常重要的环，它的输入信号有两个：一个是位置环的输出，作为速度环的指令信号送给速度环；由电动机带动的测速发电机经反馈网络处理后的信息，作为负反馈送给速度环。速度环的两个输入信号也是反相的。一个是加，一个是减。速度环的输出就是电流环的指令输入信号，是控制电动机转速亦即坐标轴运行速度的电路。速度调节器也就是比例积分（PI）调节器，其 P、I 调整值完全取决于所驱动坐标轴的负载大小和机械传动系统（导轨、传动机构）的传动刚度与传动间隙等机械特性，一旦这些特性发生明显变化时，首先需要对机械传动系统进行修复工作，然后重新调整速度环PI 调节器。

速度环的最佳调节是在位置环开环的条件下才能完成的，这对于水平运动的坐标轴和转动坐标轴较容易进行，而对于垂向运动坐标轴则位置开环时会自动下落而发生危险，可以采取先摘下电动机空载调整，然后再装好电动机与位置环一起调整或者直接带位置环一起调整，这时需要有一定的经验和细心。

（三）电流环

电流环也叫内环，由电流调节器、电流反馈和电流检测环节组成。电力电子驱动装置由驱动信号产生电路和功率放大器等组成。电流环有两个输入信号，一个是速度环输出的指令信号；另一个是经电流互感器，并经处理后得到的电流信号，它代表电动机电枢回路的电流，它送入电流环也是负反馈。电流环的输出是一个电压模拟信号，用它来控制 PWM 电路，产生相应的占空比信号去触发功率变换单元电路，使电动机获得一个与计算机指令相关的，并与电动机位置、速度、电流相关的运行状态。这个运行状态满足计算机指令的要求，也为伺服电机提供转矩的电路。

一般情况下它与电动机的匹配调节已由制造者做好了或者指定了相应的匹配参数，其反馈信号也在伺服系统内连接完成，因此不需接线与调整。

（四）前馈控制

前馈控制与反馈相反，它是将指令值取出部分预加到后面的调节电路，其主要作用是减小跟踪误差以提高动态响应特性，从而提高位置控制精度。因为多数机床没有设此功能，故本文不详述。只是要注意，前馈的加入必须在上述三个控制环均已最佳调试完毕后方可进行。

四、进给伺服系统各类故障的表现形式与分析思路

当进给伺服系统出现故障时，通常有三种表现方式：

（1）在 CRT 或操作面板上显示报警内容和报警信息，它是利用软件的诊断程序来实现的；

（2）利用进给伺服驱动单元上的硬件（如：报警灯或数码管指示，保险丝熔断等）显示报警驱动单元的故障信息；

（3）进给运动不正常，但无任何报警信息。

其中前两类，都可根据生产厂家或公司提供的产品《维修说明书》中有关"各种报警信息产生的可能原因"的提示进行分析判断，一般都能确诊故障原因、部位。对于第三类故障，则需要进行综合分析，这类故障往往是以机床上工作不正常的形式出现的，如机床失控、机床振动及工件加工质量太差等。

伺服系统的故障诊断，虽然由于伺服驱动系统生产厂家的不同，在具体做法上可能有所区别，但其基本检查方法与诊断原理却是一致的。诊断伺服系统的故障，一般可利用状态指示灯诊断法、数控系统报警显示的诊断法、系统诊断信号的检查法、原理分析法，等等。典型的全闭环伺服系统组成框图如图 4.7 所示，详细分析该图，来确立一般伺服系统故障的分析思路。

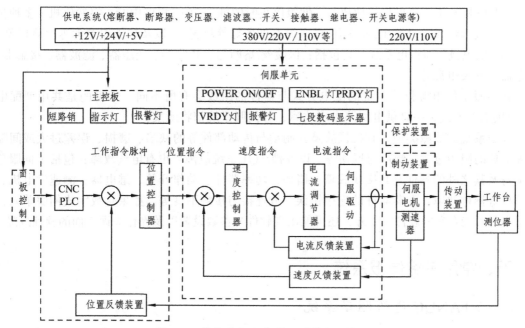

图 4.7　普通全闭环伺服系统的组成框图

如图 4.8 所示，符号 ⊗ 本质上是一个"加法器"。它完成正控制输入信号与负反馈信号的叠加。对应于每个闭环，都有一个加法器。

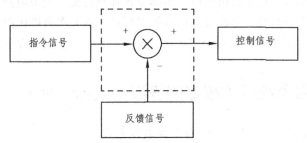

图 4.8　闭环的叠加控制环节

由图 4.7 可见，闭环伺服系统是由三条链路构成的：

（1）主链，即图 4.7 中由粗箭头连接的系统。包括：从面板控制键、主板、伺服控制与驱动单元、伺服电机、传动装置与制动装置，直到工作台或驱动轴等环节。它包括了机械装置与电气装置。如果是数字式伺服单元，电气结构就包括硬件与软件（主要是参数设置）。因此，伺服系统的可能故障，除了机械故障（包括液/气压系统故障）外，其电气结构还可能存在硬件故障与软件故障。

（2）反馈链，三个（闭环的）反馈回路分别具有各自的传感器、反馈信号处理装置以及传感器电源与信号复合电缆。其中，各处理装置，一般都在对应的控制器上。检测传感器的电源供给输入与检测信号的反馈输出，都是经过电缆与控制器上处理器的 I/O 接口连接的。所以，反馈回路的硬件一般包括了检测传感器、连接电缆（包括屏蔽与接地）与控制器反馈接口电路。它们都可能成为伺服系统控制类故障的成因。

控制器容易受各种电磁干扰。由此可以引起控制类故障现象：机床不动作、误动作、失控（伺服电机暴走、超程与各种超差、伺服停止时的轴振动）、程序中断、突然停机（多种报警或者无报警停机、过流/过压/欠压/伺服没有准备好等报警），以及加工误差大等故障现象。

（3）供电链，即供电系统。它包括：保险丝/熔断器、断路器、变压器、滤波器、接触器、继电器、开关电源等。

各伺服系统电源供给系统的配电方式与器件的组成会有所不同。常见的是共用型配电（集中供电）方式，一旦供电回路出现故障，各伺服系统都将瘫痪。

伺服系统的故障类型，有机械故障：制动与传动部件等的缺陷、磨损、误差过大或间隙过大造成的阻力过大、噪声与振动等，以及液/气压系统故障。也有电气故障：包括了伺服单元本身及其之外的器件及其接线故障。诸如：功率器件、动作开关、继电器、测速发电机、电动机等器件故障，及其器件的连接错误，或连接与接触不良等。如果是数字式伺服单元，除了本身可能存在的硬件故障外，还可能出现软件与参数设置以及操作失误方面的软性故障。

五、常用进给伺服系统

（一）FANUC 进给驱动系统

从 1980 年开始，FANUC 公司陆续推出了小惯量 L 系列、中惯量 M 系列和大惯量 H 系列的交流伺服电动机及相应的驱动装置。中、小惯量伺服电动机采用 PWM 速度控制单元，大惯量伺服电机是晶闸管速度控制单元。驱动装置具有多种保护功能，如过速、过电流、过电压和过载等。

（二）SIEMENS 进给驱动系统

SIEMENS 公司在 20 世纪 70 年代生产 1HU 系列永磁式直流伺服电动机，配套的速度控制单元有 6RA20 和 6RA26 系列，前者采用晶体管 PWM 控制；后者采用晶闸管控制用于大功率驱动。进给伺服驱动系统除了各种保护功能外，还具有 I2t 热效应监控等功能。

1983 年推出交流驱动系统，由 6SC610 系列进给驱动装置和 6SC611A（SIMODRIVE 611A）系列进给驱动模块、1FT5 和 1FT6 系列永磁式交流同步电动机组成。驱动采用晶体管 PWM 控制技术。另外，SIEMENS 公司还有用于数字伺服系统的 SIMODRIVE 611D、SIMODRIVE611U 系列进给驱动模块。

（三）MITSUBISHI 进给驱动系统

MITSUBISHI 公司有 HD 系列永磁式直流伺服电动机，配套的 6R 系列伺服驱动单元，采用晶体管 PWM 控制术，具有过载、过电流、过电压和过速保护，带有电流监控等功能。

交流驱动单元有 MR-J2S 系列，该系列采用高分辨率编码器，能够适应多种系列伺服电动机需求。该驱动单元具有优异的自动调谐性能，高适应性的防振控制，能够进行包含机械性能在内的最佳状态调整功能。MR-E 系列操作简单，具有高响应性、高精度定位，能自动调谐实现增益设置。交流伺服电动机有 HC 系列。另外，MITSUBISHI 公司还有数字伺服系统 MDS-SVJ2 系列交流驱动单元。

（四）步进驱动系统

在步进电动机驱动的开环控制系统中，典型的产品比较多，例如，上海开通 KT400 数控系统及 KT300 步进驱动装置，SIEMENS 802S 数控系统配 STEPDRIVE 步进驱动装置级 IMP5 五相步进电动机等。另外，在特种加工和电加工领域应用也较广泛，在我国快走丝线切割机床中，很多采用步进驱动系统。

（1）转速反馈信号与位置反馈信号处理分离，驱动装置与数控系统配接，这种方式驱动装置与数控系统具有通用性。

（2）伺服电动机上的编码器既作为转速检测，又作为位置检测，位置处理和速度处理均在数控系统中完成。

（3）伺服电动机上的编码器同样作为速度和位置检测，检测信号经伺服驱动单元一方面作为速度控制，另一方面输出至数控系统进行位置控制，驱动装置具有通用性。

在上述 3 种控制方式中，共同的特点是位置控制均在数控系统中进行，且速度控制信号均为模拟信号。

六、常用位置检测元件

位置检测装置是数控机床伺服系统的重要组成部分。它的作用是检测位移和速度，发送反馈信号，构成闭环或半闭环控制。数控机床的加工精度主要由检测系统的精度决定。不同类型的数控机床，对位置检测元件，检测系统的精度要求和被测部件的最高移动速度各不相同。现在检测元件与系统的最高水平是：被测部件的最高移动速度高至 240 m/min 时，其检测位移的分辨率（能检测的最小位移量）可达 1 μm，如 24 m/min 时可达 0.1 μm。最高分辨率可达到 0.01 μm。

计量光栅是用于数控机床的精密检测元件，是闭环系统中一种用得较多的测量装置，用作位移或转角的测量，测量精度可达几微米。

（一）光栅的种类与精度

在玻璃的表面上制成透明与不透明间隔相等的线纹，称透射光栅；在金属的镜面上制成全反射与漫反射间隔相等的线纹，称反射光栅，也可以把线纹做成具有一定衍射角度的定向光栅。

计量光栅分为长光栅（测量直线位移）和圆光栅（测量角位移），而每一种又根据其用途和材质的不同分为多种。

（二）直线光栅（即长光栅）

（1）玻璃透射光栅。它是在玻璃表面感光材料的涂层上或者在金属镀膜上制成的光栅线纹，也有用刻蜡、腐蚀、涂黑工艺制成的。光栅的几何尺寸主要根据光栅线纹的长度和安装情况具体确定，如图 4.9 所示。

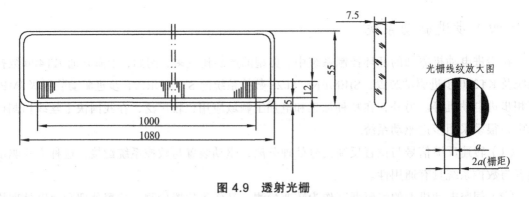

图 4.9　透射光栅

玻璃透射光栅的特点是：光源可以采用垂直入射，光电元件可直接接受光信号，因此信号幅度大，读数头结构简单；每毫米上的线纹数多，一般常用的黑白光栅可做到每毫米 100 条线，再经过电路细分，可做到微米级的分辨率。

（2）金属反射光栅。它是在钢尺或不锈钢带的镜面上用照相腐蚀工艺制作或用钻石刀直接刻画制作光栅条纹。

金属反射光栅的特点是：标尺光栅的线膨胀系数很容易做到与机床材料一致；标尺光栅

的安装和调整比较方便；安装面积较小；易于接长或制成整根的钢带长光栅；不易碰碎。目前常用的每毫米线纹数为 4、10、25、40、50。

（三）圆光栅

圆光栅的结构如图 4.10 所示，圆光栅是在玻璃圆盘的外环端面上，做成黑白间隔条纹，根据不同的使用要求在圆周上的线纹数也不相同。圆光栅一般有 3 种形式。

（1）六十进制，如 10 800、21 600、32 400、64 800 等；

（2）十进制，如 1 000、2 500、5 000 等；

（3）二进制，如 512、1 024、2 048 等。

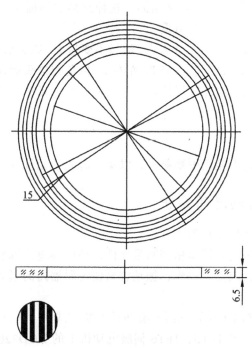

图 4.10　圆光栅

常见的位置检测装置的类型如表 4.1 所示。

表 4.1　常见的位置检测装置

类型	增量式	绝对式
回转型	脉冲编码器、旋转变压器、圆感应同步器、圆光栅、圆磁栅	多速旋转变压器、绝对脉冲编码器、三速圆感应同步器
直线型	直线感应同步器、计量光栅、磁尺激光干涉仪	三速感应同步器、绝对值式磁尺

当位置控制出现故障时，往往在 CRT 上显示报警号及报警信息。大多数情况下，若正在运动的轴实际位置误差超过机床参数所设定的允差值，则产生轮廓误差报警；若机床坐标轴定位时的实际位置与给定位置之差超过机床参数设定的允差值，则产生静态误差监视报警；若位置测量硬件有故障，则产生测量装置监控报警等。

（四）光栅的维护

光栅有两种形式，一是透射光栅，即在一条透明玻璃片上刻有一系列等间隔密集线纹；二是反射光栅，即在长条形金属镜面上制成全反射或漫反射间隔相等的密集条纹。光栅输出信号有：两个相位信号输出，用于辨向；一个零标志信号（又称一转信号），用于机床回参考点的控制。对光栅尺的维护要点为：

1. 防 污

① 光栅尺由于直接安装于工作台和机床床身上，因此，极易受到冷却液的污染，从而造成信号丢失，影响位置控制精度。

② 冷却液在使用过程中会产生轻微结晶，这种结晶在扫描头上形成一层薄膜且透光性差，不易清除，故在选用冷却液时要慎重。

③ 加工过程中，冷却液的压力不要太大，流量不要过大，以免形成大量的水雾进入光栅。

④ 光栅最好通入低压压缩空气（105 Pa 左右），以免扫描头运动时形成的负压把污物吸入光栅。压缩空气必须净化，滤芯应保持清洁并定期更换。光栅上的污染物可以用脱脂棉蘸无水酒精轻轻擦除。

2. 防 振

光栅拆装时要用静力，不能用硬物敲击，以免引起光学元件的损坏。

（五）光电脉冲编码器的维护

对光电脉冲编码器的维护要点为：

（1）防污和防振。由于编码器是精密测量元件，使用环境或拆装时要与光栅一样注意防污和防振问题。污染容易造成信号丢失，振动容易使编码器内的紧固件松动脱落，造成内部电源短路。

（2）防松。脉冲编码器用于位置检测时有两种安装方式，一种是与伺服电动机同轴安装，称为内装式编码器，如西门子 1FT5、1FT6 伺服电动机上的 ROD320 编码器，另一种是编码器安装于传动链末端，称为外装式编码器，当传动链较长时，这种安装方式可以减小传动链累积误差对位置检测精度的影响。不管是哪种安装方式，都要注意编码器连接松动的问题。由于连接松动，往往会影响位置控制精度。

（六）感应同步器的维护

感应同步器是一种电磁感应式的高精度位移检测元件，它由定尺和滑尺两部分组成且相对平行安装，定尺和滑尺上的绕组均为矩形绕组，其中定尺绕组是连续的，滑尺上分布着两个励磁绕组，即 sin 绕组和 cos 绕组，分别接入交流电。对感应同步器的维护要点为：

（1）安装时，必须保持定尺和滑尺相对平行，且定尺固定螺栓不得超过尺面，调整间隙在 0.09 ~ 0.15 mm 为宜。

（2）不要损坏定尺表面耐切削液涂层和滑尺表面一层带绝缘层的铝箔，否则会腐蚀厚度较小的电解铜箔。

（3）接线时要分清滑尺的 sin 绕组和 cos 绕组，其阻值基本相同，这两个绕组必须分别接入励磁电压。

（七）旋转变压器的维护

对旋转变压器的维护要点为：

（1）接线时，定子上有相等匝数的励磁绕组和补偿绕组，转子上也有相等匝数的 sin 绕组和 cos 绕组，但转子和定子的绕组阻值不同，一般定子线电阻阻值稍大，有时补偿绕组自行短接或接入一个阻抗。

（2）由于结构上与绕线转子异步电动机相似，因此，对于有刷旋转变压器，碳刷磨损到一定程度后要更换。

（八）磁栅尺的维护

磁栅是由磁性标尺、磁头和检测电路三部分组成。磁性标尺是在非导磁材料，如玻璃、不锈钢等材料的基体上，覆盖上一层 10 ~ 20 μm 厚的磁性材料，形成一层均匀有规则的磁性膜。对磁栅尺的维护要点为：

（1）不能将磁性膜刮坏，防止铁屑和油污落在磁性标尺和磁头上，要用脱脂棉蘸酒精轻轻地擦其表面。

（2）不能用力拆装和撞击磁性标尺和磁头，否则会使磁性减弱或使磁场紊乱。

（3）接线时要分清磁头上激磁绕组和输出绕组，前者绕在磁路截面尺寸较小的横臂上，后者绕在磁路截面尺寸较大的竖杆上。

七、FANUC 0i 数控系统进给伺服驱动系统

（一）FANUC 驱动部分主要组成部分

（1）轴卡——就是我们在介绍主控制系统时介绍的"数字伺服轴控制卡"在当代的全数字伺服控制中，包括三菱和西门子数控产品，已经将伺服控制的调节方式、数学模型、甚至脉宽调制以软件的形式融入系统软件中，而硬件支撑采用专用的 CPU 或 DSP 等，并最终集成在轴控制卡上或轴控制芯片上，轴卡的主要作用是速度控制和位置控制。

（2）放大器——接收轴控制卡输入的脉宽调制信号，经过前级放大驱动 IGBT 大功率晶体管输出电机电流。

（3）电机——伺服电机或主轴电机，放大器输出的驱动电流产生旋转磁场，驱动转子旋转。

（4）反馈装置——由电机轴直连的脉冲编码器作为半闭环反馈装置。FANUC 早期的产品使用旋转变压器作为半闭环位置反馈，测速发电机作为速度反馈，但今天这种结构已经被淘汰。

反馈装置的控制过程是：轴卡①接口 COP10A-1 输出脉宽调制指令，并通过 FSSB（FANUC Serial Servo Bus）光缆与②伺服放大器接口 COP10B 相连，伺服放大器整形放大后，通过动力线输出驱动电流到伺服电机③，电机转动后，同轴的编码器④将速度反馈和位置反馈送到 FSSB 总线上，最终回到轴卡上进行处理。

（二）组　成

（1）FANUC 0i mate TC 数控系统　1 套；

（2）FANUC 系统βi 系列伺服驱动放大器　2 台；

（3）βi 系列伺服驱动电机　2 台；

（4）CAK6140 数控车床本体　1 台。

（三）接口认识

（1）FANUC 系统αi 系列伺服模块端子接口分布如图 4.11（a）所示。

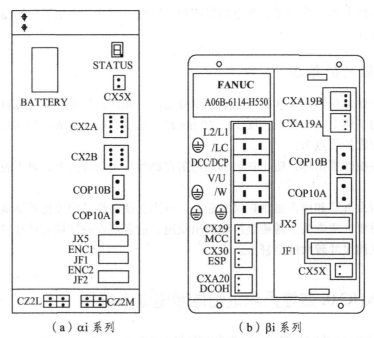

（a）αi 系列　　　（b）βi 系列

图 4.11　FANUC 系统βi 系列伺服驱动放大器接口分布

其接口功能如下：

BATTERY：为伺服电动机绝对编码器的电池盒（DC6V）。

STATUS：为伺服模块状态指示窗口。

CX5X：为绝对编码器电池的接口。

CX2A：为 DC24V 电源、*ESP 急停信号、XMIF 报警信息输入接口，与前一个模块的 CX2B 相连。

CX2B：为 DC24V 电源、*ESP 急停信号、XMIF 报警信息输出接口，与后一个模块的 CX2A 相连。

C0P10A：伺服高速串行总线（HSSB）输出接口。与下一个伺服单元的 C0P10B 连接（光缆）。

C0P10B：伺服高速串行总线（HSSB）输入接口。与 CNC 系统的 C0P10A 连接（光缆）。

JX5：为伺服检测板信号接口。

JF1、JF2：为伺服电动机编码器信号接口。

CZ2L、CZ2M：为伺服电动机动力线连接插口。

（2）FANUC 系统βi 系列伺服驱动放大器接口分布如图 4.11（b）所示。

其接口功能如下：

L1、L2、L3：主电源输入端接口，电源规格：三相交流电源 200 V、50/60 Hz。

U、V、W：伺服电动机的动力线接口。

DCC、DCP：外接 DC 制动电阻接口。

CX29：主电源 MCC 控制信号接口。

CX30：急停信号（*ESP）接口。

CXA20：DC 制动电阻过热信号接口。

CX19A：DC24V 控制电路电源输入接口，连接外部 24 V 稳压电源。

CX19B：DC24V 控制电路电源输出接口，连接下一个伺服单元的 CX19A。

C0P10A：伺服高速串行总线（HSSB）接口，与下一个伺服单元的 C0P10B 连接（光缆）。

C0P10B：伺服高速串行总线（HSSB）接口，与 CNC 系统的 C0P10A 连接（光缆）。

JX5：伺服检测板信号接口。

JF1：伺服电动机内装编码器信号接口。

CX5X：伺服电动机编码器为绝对编码器的电池接口。

（3）βiSVPM 放大器。

FANUC 0i-Mate C，由于使用的伺服放大器是βi 主轴βis 伺服，带主轴的放大器是 SPVM 一体型放大器。βiSVPM 放大器接口分布如图 4.12 所示。

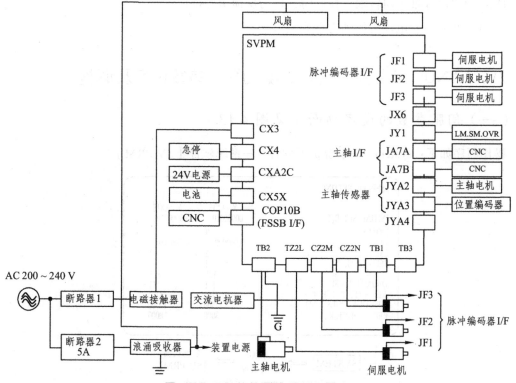

图 4.12 βiSVPM 放大器接口分布

其接口功能：

CXA2C（A1-24 V，A2-0 V）24 V 电源连接；

TB3（SVPM 的右下面）不要接线。

上部的两个冷却风扇要自己接外部 200 V 电源。

三个（或两个）伺服电机的动力线插头是有区别的，CZ2L（第一轴），CZ2M（第二轴），CZ2N（第三轴）分别对应为 XX，XY，YY。

Link：DC 300 V 直流电源。

CX1A/CX1B：200 V 交流控制电路的电源输入/输出接口。

CX2A/CX2B：24 V 输入/输出及急停信号接口。

JX4：主轴伺服信号检测板接口。

JX1A/JX1B：模块之间信息输入/输出接口。

JY1：外接主轴负载表和速度表的接口。

JA7B：串行主轴输入信号接口连接器。

JA7A：用于连接第二串行主轴的信号输出接口。

JY2：连接主轴电动机速度传感器（主轴电机内装脉冲发生器和电机过热信号）。

JY3：作为主轴位置一转信号接口。

JY4：主轴独立编码器连接器（光电编码器）。

JY5：主轴 CS 轴（回转轴）控制时，作为反馈信号接口。

U、V、W：主轴电动机的动力电源接口。

八、FANUC 0i 数控系统进给驱动系统参数设定及调整

（一）伺服参数的设定画面（见图 4.13）

操作顺序如下：system——系统扩展软件——系统软件【SV-PRM】

SERVO SETTING

	X AXIS	Y AXIS
INITIAL SET BIT	00000010	00000010
MOTOR ID NO	9	9
AMR	00000000	00000000
CMR	2	2
FEED GEAR N	1	1
(N/M) M	125	125
DIRECTION SET	111	111
VELOCITY PULSE NO	8192	8192
POSETION PULSE NO	12500	12500
REF COUNTER	8000	8000

SYSTEM ⟹ 系统扩展软键 ⟹ 系统软键 [SV-PRM]

图 4.13 伺服轴的设定画面

（二）初始化设定位（见图 4.14）

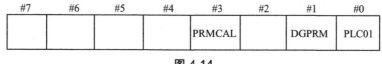

#7	#6	#5	#4	#3	#2	#1	#0
				PRMCAL		DGPRM	PLC01

图 4.14

#0（PLC01）：设定为"0"时，检测单位为 1 μm，FANUC—0C/0D 系统使用参数 8n23（速度脉冲数）、8n24（位置脉冲数），FANUC—16/18/21/0iA 系统和 FANUC—16i/18i/21i/0iB/0iC 系统使用参数 2023（速度脉冲数）、2024（位置脉冲数）。设定为"1"时，检测单位为 0.1 μm，把上面系统参数的数值乘 10 倍。

#1（DGPRM）：设定为"0"时，系统进行数字伺服参数初始化设定，当伺服参数初始化后，该位自动变成"1"。

#3（PRMCAL）：进行伺服初始化设定时，该位自动变成"1"（FANUC—0C/0D 系统无此功能）。根据编码器的脉冲数自动计算下列参数：PRM2043、PRM2044、PRM2047、PRM2053、PRM2054、PRM2056、PRM2057、PRM2059、PRM2074、PRM2076。

（三）伺服电动机 ID 号（MOTOR ID NO）

FANUC-0i 系统参数为 2020，设定为各轴的电机的类型号。

（四）设定伺服系统的 AMR 电枢倍增比

FANUC-0i 系统参数为 2001，设定为 00000000，与电机内装编码器类型无关。

（五）CMR：设定伺服系统的指令倍率

FANUC-0i 系统参数为 1820，设定各轴最小指令增量与检测单位的指令倍乘比。
参数设定值：
指令倍乘比为 1/2～1/27 时，设定值 = 1/指令倍乘比 + 100，有效数据范围：102～107
指令倍乘比为 1～48 时，设定值 = 2×指令倍乘比

$$设定值 = (指令单位/检测单位) \times 2$$

如数控车床的 X 轴通常采用直径编程：为 1
数控铣床和加工中心：为 2

（六）设定柔性进给传动比（N/M）

半闭环控制伺服系统：

$$N/M = (伺服电动机一转所需的位置反馈脉冲数/100 万)的约分数$$

例 1：某数控车床的 X 轴伺服电动机与进给丝杠直连，丝杠的螺距为 6 mm，伺服电动机 αis/2000，检测单位为 0.001，则

$$N/M = 6/0.001/100 万 = 6/1\ 000 = 3/500$$

例 2：某数控铣床 X、Y 轴伺服电动机与进给丝杠采用 1 : 2 齿轮比连接，进给丝杠的螺距为 10 mm，伺服电机 αis/2000，则

$$N/M = 10\ 000 \times 0.5 / 1\ 000\ 000 = 1/200$$

全闭环控制形式伺服系统：

$N/M =$（伺服电动机一转所需的位置反馈脉冲数/电动机一转分离型检测装置位置反馈的脉冲数）的约分数

例 3：某数控铣床 X、Y、Z 轴伺服电动机与进给丝杠直连，X、Y、Z 轴采用光栅尺作为位置检测，光栅尺的检测精度为 0.5 μm，进给丝杠的螺距为 12 mm，伺服电机 αis/2000，则

$$N/M = 12\ 000 / (12\ 000 \div 0.5) = 1/2$$

首先进入伺服参数的设定画面，对于 FANUC 0i 系统具体操作：按系统功能键"system"，然后按下系统扩展软键，再按下系统软键"SV-PAM"即可进入。

（七）电动机的移动方向（DIRECTION SE）

111 为正方向（从脉冲编码器端看为顺时针方向旋转）。
– 111 为负方向（从脉冲编码器端看为逆时针方向旋转）。

（八）速度脉冲数（VELOCITY PULSE NO）

串行编码器设定为 8192。

（九）位置脉冲数（POSITION PULSE NO）

半闭环控制系统中，设定为 12 500。
全闭环系统中，按电动机一转来自分离型检测装置的位置脉冲数设定。

（十）参考计数器的设定（REF COUNTER）

按电机一转所需的位置脉冲数（半闭环）或按该数能被整数整除的数来设定（全闭环）。在伺服参数初始化页面中设定参考计数器容量对应参数 1821。参考计数器主要用于栅格方式返回参考点，参考计数器容量设定值指伺服电机转一转所需的（位置反馈）脉冲数。例如：滚珠丝杠螺距为 10 mm，伺服电机转一转，工作台移动 10 mm，折算成位置反馈脉冲数等于 10 000（10 × 1 000），所以参考计数器容量设定值等于 10 000 即可。

参数设置完成后，根据提示，将 CNC 电源关闭，然后再接通，就完成了伺服参数初始化。

从维修角度来讲，一般不需要伺服参数初始化，只有在维修中更换了不同的伺服电机或机械部分功能作了变更时，才需要伺服参数初始化。

（十一）其他有关伺服参数的设置

参数 1010：设置为 2（车床），设置为 3（铣床）。

参数 1020：设置为 88（X 轴），设置为 89（Y 轴），设置为 90（Z 轴）。

参数 1022：设置为 1（X 轴），设置为 2（Y 轴），设置为 3（Z 轴）。

参数 1023：设置为 1（X 轴），设置为 2（Z 轴）-车床。

　　　　　　设置为 1（X 轴），设置为 2（Y 轴），设置为 3（Z 轴）-铣床。

参数 1420：设置各轴快速运行速度。

参数 1423：设置各轴手动连续进给（JOG 进给）时的进给速度。

参数 1424：设置各轴的手动快速运行速度。

参数 1825：设置为 3000。

参数 1826：设置为 20。

参数 1827：设置为 20。

参数 1828：设置为 10000。

参数 1829：设置为 20。

（十二）注意事项

（1）整机必须可靠接地，接地电阻小于 4 Ω，并在控制柜内最近的位置接入 PE 接地排；各器件应单独接到接地排上；接地排采用不低于 3 mm 厚的铜板制作，保证良好接触、导通。

（2）各线在磁环上绕 3 ~ 5 圈。

（3）电源线进入变压器的位置各相对地接高压（2 000 V）瓷片电容，可非常明显地减少电源线进入的干扰（脉冲、浪涌）。

（4）采用低通滤波器，减少工频电源上的高频干扰信号。

（5）进给驱动装置的控制电源可以由另外的隔离变压器供电，也可以从伺服变压器取一相电源供电（注意，在接触器前端）。

（6）大电感负载（交流接触器线圈、接触器直接控制启/停的三相异步电机、交流电磁阀线圈等）要采用 RC（灭弧器）吸收高压反电动势，抑制干扰信号。

（7）虚线框内为非必需的抗干扰措施。

任务二　进给伺服系统维护维修

一、伺服放大器及伺服电机的维护

伺服放大器是精密的电子部件，对工作环境要求较高，必须按照 FANUC 公司的维护要求进行日常和定期维护，不能等到数控系统有故障报警时再去检查使用环境。正规的企业维护中有正常的日检、周检和月检等。应确保电气柜干燥，湿度小于 90%，环境温度不能高于 45 ℃，电气柜温度不能超过 55 ℃，电气柜设计要注意密封，不能有过多的粉尘、油污。

伺服电机是伺服系统电气执行部件。FANUC 伺服电机采用交流永磁式同步电动机，它由定子部分、转子部分和内置编码器组成。伺服电机分增量式位置/速度反馈和绝对式位置/

速度反馈两种。增量式位置/速度反馈最高检测分辨率为 1 000 000 线/r，绝对式位置/速度反馈最高检测分辨率为 16 000 000 线/r。当外围电源断电后，绝对式位置/速度反馈的位置值依靠电池保护。

伺服电机不能长时间满负荷使用，伺服电机及接口不能浸入冷却液，以免造成伺服放大器损坏，注意使用环境有油污和冷却液浸入脉冲编码器会影响器件使用，产生故障。绝对式编码器要注意定期更换电池，避免等到电池电压为 0 V 时再更换，那样会造成伺服电机位置数据的丢失。伺服电机及编码器现场电缆线也要经常检查是否有破皮、电缆张力太大等现象。

伺服放大器及伺服电机的日常维护项目如表 4.2 所示。

表 4.2   伺服放大器及伺服电机的日常维护项目

检查位置	检查项目	日常定期	判断标准
环境	环境温度	○	强电盘四周 0～45°，强电盘内部 0～55°
环境	湿 度	○	不应结露
环境	尘埃、油污	○	放大器周围应保持干净
环境	冷却通风	○	机床冷却风机是否旋转，流通是否通畅
放大器	电源电压	○	AC 200～240，三相平衡
放大器	总 体	○	是否有异常声音和气味
放大器	风扇电机	○	运转正常、振动异响、尘埃油污
放大器	连接器	○	是否松动
放大器	电 缆	○	电缆是否发热、外皮是否破损
外围	电磁接触器	○	不应出现振动、异响
外围	漏电断路器	○	是否正常运行
外围	交流电抗器	○	没有低微的声响

二、伺服驱动器常见故障诊断

（一）伺服使能故障

未提供伺服使能信号，可能的原因有：机床 I/O 接口条件不满足；电压未加到使能端。

（二）伺服电动机低速时速度不稳定、负载惯量大及伺服电动机振动

检查伺服驱动装置增益设定情况。

（三）欠电压

可能的原因有：电源电压太低；电源容量不够；整流器件损坏。

（四）过电压

可能的原因有：电源电压过高，整流器直线母线电压超过了规定值；内装或外接再生制动电阻接线断开或破坏；加减速时间过小，在降速过程中引起过电压。

（五）过电流

可能的原因有：驱动装置输出 U，V，W 之间短路；伺服电动机过载；功率开关晶体管损坏；加速过快。

（六）伺服电动机过热

可能的原因有：伺服电动机环境温度超过了规定值；伺服电动机过载；编码器内的热保护器故障。

（七）过　载

可能的原因有：负载过大；减速时间设定过小；负载有冲击现象；编码器故障，编码器反馈脉冲与电动机转速不成比例变化，有跳跃。

（八）编码器故障

编码器电缆破损或短路，引起编码器与驱动装置之间的通信错误。

（九）主接触器不能接通

可能的原因有：速度控制单元内部的直流 24 V 不正常；主接触器的控制电源 100A/100B 不正常；CNC 的"位置准备好"信号（PRDY）为接通；速度控制单元主回路断路器未合上；速度控制单元内部的直流电源 + 24 V，+ 15 V，− 15 V 的保护熔断器（F1）熔断。

（十）指示灯报警

各指示灯报警含义及原因如下。

HVAL 报警：HVAL 为速度控制单元过电压报警，指示灯代表输入电流电压过高或直流母线过电压，输入电流电压过高，直线母线的直流电压过高，加减速时间设定不合理，机械传动系统负载过重都可能是造成 HVAL 报警的原因。

HCAL 报警：HCAL 为速度控制单元过电流报警，指示灯亮表示速度控制单元存在过电流。电机主回路逆变晶体管 TM1 ~ TM3 模块不良，电枢绕组间的相互短路或电枢对地短路，逆变晶体管的直流输出存在短路或对地短路，速度控制单元不良，速度控制单元与电动机间的电枢连接错误等都是造成 HACAL 报警的原因。

OVC 报警：OVC 为速度控制单元过载报警，指示灯表示速度控制单元发生了过载。速度控制单元的编码器电缆连接不良，速度控制单元的输出电流超过了额定值，速度控制单元不良等都是造成 OVC 报警的原因。

LVAL 报警：LVAL 为速度控制单元电压过低报警，指示灯亮表示速度控制单元的各种控制电压过低。速度控制单元 CN2 上输入的辅助控制电压 AC 18 V 过低或无输入，速度控制单元的辅助电源控制回路故障，速度控制单元的保险电阻或熔断器熔断，瞬间电压下降或电路干扰引起的偶然故障，速度控制单元不良等都是造成 LVAL 报警的原因。

TG 报警：TG 灯亮表示速度控制单元的速度控制部分工作不正常。速度检测部件（如测速发电机或脉冲编码器）的测量信号存在断线或连接不良，电动机的电枢线断线或连接不良，机械传动系统不良，伺服电动机的负载过大等都是造成 TG 报警的原因。

DCAL 报警：DCAL 为直线母线过电压报警，与其相关的元件主要由直流母线的斩波管 Q1、制动电阻 RM2 以及外部再生单元制动电阻。维修时应特别注意，如果在电源接通的瞬间发生 DCAL 报警，这时不可以频繁进行电源的通/断，否则易引起制动电阻的损坏。

三、步进电动机驱动常见故障

步进电动机驱动常见故障如表 4.3 所示。

表 4.3　步进电动机驱动常见故障

项目	故障现象	故障原因	排除方法
驱动器故障	电动机尖叫后不转	输入脉冲频率太高引起堵转	降低输入脉冲频率
		输入脉冲的突跳频率太高	降低输入脉冲的突跳频率
		输入脉冲的升速曲线不够理想引起堵转	调整输入脉冲升速曲线
	电动机旋转时噪声太大	电动机低频旋转时有进二退一现象，电动机高速上不去	检查相序
数控系统故障	步进电动机失步	升降频曲线设置不合适，或速度设置过高	修改升降频曲线，降低速度
	显示时有时无或抖动	通常是由于干扰造成。检查系统接地是否良好，是否采用屏蔽线	正确接地

四、FANUC 进给伺服系统的常见故障

（一）SV400#，SV402#（过载报警）

故障原因：400#为第一、二轴中有过载；402#为第三、第四轴中有过载。当伺服电机的过热开关和伺服放大器的过热开关动作时发出此报警。

处理方法：当发生报警时，要首先确认是伺服放大器或是电机过热，因为该信号是常闭信号，当电缆断线和插头接触不良也会发生报警，请确认电缆、插头。如果确认是伺服/变压

器/放电单元，伺服电机有过热报警，那么检查：

（1）过热引起：（测量 IS、IR 侧联负载电流，确认超过额定电流）检查是否由于机械负载过大加减速的频率过高切削条件引起的过载。

（2）连接引起：检查连接示意图过热信号的连接。

（3）有关硬件故障，检查各过热开关是否正常，各信号的接口是否正常。

（二）SV401、SV403（伺服准备完成信号断开报警）

401：提示第一，第二轴报警；

403：提示第三，第四轴报警。

系统检查原理：系统开机自检后，如果没有急停和报警，则发出*MCON 信号给所有轴伺服单元，伺服单元接收到该信号后，接通主接触器，电源单元吸合，LED 由两横杠（--）变为 00，将准备好信号送给伺服单元，伺服单元再接通继电器，继电器吸合后，将*DRDY 信号送回系统，如果系统在规定时间内没有接收到*DRDY 信号，则发出此报警，同时断开各轴的*MCON 信号，因此，上述所有通路都是故障点。伺服准备信号示意图如图 5.19 所示。处理方法：见课本。

（三）SV4n0：停止时位置偏差过大

系统检查原理：当 nc 指令停止时，伺服偏差计数器的偏差（DGN800～803）超过了参数 PRM593～596 所设定的数值，则发生报警。

处理方法：当发生故障时通过诊断号（DGN800～803）的偏差计数器观察，一般在无位置指令情况下，该偏差计数器应在很小的范围内（±2）；如果偏差较大说明：有位置指令，无反馈位置信号。

检查：伺服放大器和电机的动力线是否有断线情况；伺服放大器的控制不良，更换电路板试验；轴控制板不良；参数不正确：按参数清单检查 PRM593～596，517。

（四）SV4n1：运动中误差过大

系统检查原理：当 NC 发出控制指令时，伺服偏差计数器（DGN800～803）的偏差超过 PRM504～507 设定的值时发出报警。

原因：观察在发生报警时，机械侧是否发生了位置移动，当系统发出位置指令，机械哪怕有很小的变化，可能是机械的负载引起；当没有发生移动时，检查放大器。

当发生报警前有位置变化时，有可能是机械负载过大或参数设定不正常引起的，请检查机械负载和相关参数（位置偏差极限，伺服环增益，加减速时间常数 PRM504～507，518～521）。

当发生报警前机械位置没有发生任何变化时，请检查伺服放大器电路，轴卡，通过 PMC 检查伺服是否断开；检查伺服放大器和电机之间的动力线是否断开。

（五）SV4n4#（数字伺服报警）

它是伺服放大器和伺服电机有关的各种报警的总和，这些报警有可能是伺服放大器及伺服电机本身引起的，也可能是系统的参数设定不正确引起的。

诊断方法：当发生此报警时，我们首先通过系统的诊断数据来确定是哪一类报警，对应的位为 1 是说明发生了对应的报警。

DGN72 OVL：伺服过载报警；LV：低电压报警；OVC：过电流报警；HC：高电流报警；HV：高电压报警

（六）SV4n6 报警：反馈断线报警

不管是使用 A/B 向的通用反馈信号还是使用串行编码信号，当反馈信号发生断线时，发出此报警。

检查原理：α系列伺服电机当使用半闭环，使用的是串行编码器，由于电缆断开或由于编码器损坏引起的数据中断，则发生报警。

普通的脉冲编码器，该信号用硬件检查电路直接检查反馈信号，当反馈信号异常时，则发生报警。

软件断线报警，当使用全闭环反馈时，利用分离型编码器的反馈信号和伺服电机的反馈信号，用软件进行判别检查，当出现较大偏差时，则发生报警。

五、软件报警（CRT 显示）故障及处理

（一）进给伺服系统出错报警故障

这类故障的起因，大多是速度控制单元方面的故障，或是主控制印制线路板与位置控制或伺服信号有关部分的故障。表 4.4 为 FANUC PWM 速度控制单元的控制板上的 7 个报警指示灯，分别是 BRK、HVAL、HCAL、OVC、LVAL、TGLS 以及 DCAL。在它们下方还有 PRDY（位置控制已准备好信号）和 VRDY（速度控制单元已准备好信号）2 个状态指示灯，其含义见表 4.4。

表 4.4　速度控制单元状态指示灯一览表

代号	含义	备注	代号	含义	备注
BRK	驱动器主回路熔断器跳闸	红色	TGLS	转速太高	红色
HCAL	驱动器过电流报警	红色	DCAL	直流母线过电压报警	红色
HVAL	驱动器过电压报警	红色	PRAY	位置控制准备好	绿色
OVC	驱动器过载报警	红色	VRDY	速度控制单元准备好	绿色
LVAL	驱动器欠电压报警	红色	备注：表示处于含义说明中的状态		

（二）检测元件（测速发电动机、旋转变压器或脉冲编码器）或检测信号方面引起的故障

例如：某数控机床显示"主轴编码器断线"，引起的原因可能是：

（1）电动机动力线断线。如果伺服电源刚接通，尚未接到任何指令时，就发生这种报警，则由于断线而造成故障可能性最大。

（2）伺服单元印制线路板上设定错误，如将检测元件脉冲编码器设定成了测速发电动机等。

（3）没有速度反馈电压或时有时无，这可用显示器来测量速度反馈信号来判断，这类故障除检测元件本身存在故障外，多数是由于连接不良或接通不良引起的。

（4）由于光电隔离板或中间的某些电路板上劣质元器件所引起的。当有时开机运行相当长一段时间后，出现"主轴编码器断线"，这时，重新开机，可能会自动消除故障。

（三）参数被破坏

参数被破坏报警表示伺服单元中的参数由于某些原因引起混乱或丢失。引起此报警的通常原因及常规处理如表 4.5 所示。

表 4.5　"参数被破坏"报警综述

警报内容	警报发生状况	可能原因	处理措施
参数破坏	在接通控制电源时发生	正在设定参数时电源断开	进行用户参数初始化后重新输入参数
		正在写入参数时电源断开	
		超出参数的写入次数	更换伺服驱动器（重新评估参数写入法）
		伺服驱动器 EEPROM 以及外围电路故障	更换伺服驱动器
参数设定异常	在接通控制电源时发生	装入了设定不适当的参数	执行用户参数初始化处理

（四）主电路检测部分异常

引起此报警的通常原因及常规处理如表 4.6 所示。

表 4.6　"主电路检测部分异常"报警综述

警报内容	警报发生状况	可能原因	处理措施
主电路检测部分异常	在接通控制电源时或者运行过程中发生	控制电源不稳定	将电源恢复正常
		伺服驱动器故障	更换伺服驱动器

（五）超　速

引起此报警的通常原因及常规处理见表 4.7。

表 4.7 "超速"报警综述

警报内容	警报发生状况	可能原因	处理措施
超速	接通控制电源时发生	电路板故障	更换伺服驱动器
		电动机编码器故障	更换编码器
	电动机运转过程中发生	速度标定设定不合适	重设速度设定
		速度指令过大	使速度指令减到规定范围内
		电动机编码器信号线故障	重新布线
		电动机编码器故障	更换编码器
	电动机启动时发生	超跳过大	重设伺服调整使启动特性曲线变缓
		负载惯量过大	伺服在惯量减到规定范围内

(六)限位动作

限位报警主要指的就是超程报警。引起此报警的通常原因及常规处理见表 4.8。

表 4.8 "限位"报警综述

警报发生状况	可能原因	处理措施
限位开关动作	限位开关有动作(即控制轴实际已经超程)	参照机床使用说明书进行超程解除
	限位开关电路开路	依次检查限位电路,处理电路开路故障

(七)过热报警故障

所谓过热是指伺服单元、变压器及伺服电动机等的过热。引起过热报警的原因见表 4.9。

表 4.9 伺服单元过热报警原因综述表

过热的具体表现	过热原因	处理措施
过热报警	过热的继电器动作	机床切削条件较苛刻	重新考虑切削参数,改善切削条件
		机床摩擦力矩过大	改善机床润滑条件
	热控开关动作	伺服电动机电枢内部短路或绝缘不良	加绝缘层或更换伺服电动机
		电动机制动器不良	更换制动器
		电动机永久磁铁去磁或脱落	更换电动机
	电动机过热	驱动器参数增益不当	重新设置相应参数
		驱动器与电动机配合不当	重新考虑配合条件
		电动机轴承故障	更换轴承
		驱动器故障	更换驱动器

例如：某伺服电动机过热报警，可能原因有：

（1）过负荷。可以通过测量电动机电流是否超过额定值来判断。

（2）电动机线圈绝缘不良。可用 500 V 绝缘电阻表检查电枢线圈与机壳之间的绝缘电阻。如果在 1 MΩ 以上，表示绝缘正常。

（3）电动机线圈内部短路。可卸下电动机，测电动机空载电流，如果此电流与转速成正比变化，则可判断为电动机线圈内部短路。

（4）电动机磁铁退磁。可通过快速旋转电动机时，测定电动机电枢电压是否正常。如电压低且发热，则说明电动机已退磁，应重新充磁。

（5）制动器失灵。当电动机带有制动器时，如电动机过热则应检查制动器动作是否灵活。

（6）CNC 装置的有关印制线路板不良。

（八）电动机过载报警

引起过载的通常原因及常规处理如表 4.10 所示。

表 4.10　伺服驱动系统过载报警综述表

警报内容	警报发生状况	可能原因	处理措施
过载（一般有连续最大负载和瞬间最大负载）	在接通控制电源时发生	伺服单元故障	更换伺服单元
	在伺服 ON 时发生	电动机配线异常（配线不良或连接不良）	修正电动机配线
		编码器配线异常（配线不良或连接不良）	修正编码器配线
		编码器有故障（反馈脉冲与转角不成比例变化，而有跳跃）	更换编码器
		伺服单元故障	更换伺服单元
	在输入指令时伺服电动机不旋转的情况下发生	电动机配线异常（配线不良或连接不良）	修正电动机配线
		编码器配线异常（配线不良或连接不良）	修正编码器配线
		启动扭矩超过最大扭矩或者负载有冲击现象；电动机振动或抖动	重新考虑负载条件、运行条件或者电动机容量
		伺服单元故障	更换伺服单元
	在通常运行时发生	有效扭矩超过额定扭矩或者启动扭矩大幅度超过额定扭矩	重新考虑负载条件、运行条件或者电动机容量
		伺服单元存储盘温度过高	将工作温度下调
		伺服单元故障	更换伺服单元

（九）伺服单元过电流报警

引起过流的通常原因及常规处理如表 4.11 所示。

表 4.11　伺服单元过电流报警综述

警报内容	警报发生状况		可能原因	处理措施
过电（功率晶体管（IGBT）产生过电流）或者散热片过热	在接通控制电源时发生		伺服驱动器的电路板与热开关连接不良	更换伺服驱动器
			伺服驱动器电路板故障	
	在接通主电路电源时发生或者在电动机运行过程中产生过电流	接线错误	U、V、W 与地线连接错误	检查配线，正确连接
			地线缠在其他端子上	
			电动机主电路用电缆的 U、V、W 与地线之间短路	修正或更换电动机主电路用电缆
			电动机主电路用电缆的 U、V、W 之间短路	
			再生电阻配线错误	检查配线，正确连接
			伺服驱动器的 U、V、W 与地线之间短路	更换伺服驱动器
过电（功率晶体管（IGBT）产生过电流）或者散热片过热	在接通主电路电源时发生或者在电动机运行过程中产生过电流	其他原因	伺服驱动器故障（电流反馈电路、功率晶体管或者电路板故障）	更换伺服驱动器（减少负载或者降低使用转速）
			因负载转动惯量大并且高速旋转，动态制动器停止，制动电路故障	
			位置速度指令发生剧烈变化	重新评估指令值
			负载是否过大，是否超出再生处理能力等	重新考虑负载条件、运行条件
			伺服驱动器的安装方法（方向、与其他部分的间隔）不适合	将伺服驱动器的环境温度下降到 55 ℃ 以下
			伺服驱动器的风扇停止转动	更换伺服驱动器
			伺服驱动器故障	
			驱动器的 IGBT 损坏	最好是更换伺服驱动器
			电动机与驱动器不匹配	重新选配

（十）伺服单元过电压报警

引起过压的通常原因及常规处理见表 4.12。

表 4.12　伺服单元过电压报警综述

警报内容	警报发生状况	可能原因	处理措施
过电压（伺服驱动器内部的主电路直流电压超过其最大值限）在接通主电路电源时检测	在接通控制电源时发生	伺服驱动器电路板故障	更换伺服驱动器
	在接通主电源时发生	AC 电源电压过大	将 AC 电源电压调节到正常范围
		伺服驱动器故障	更换伺服驱动器
	在通常运行时发生	检查 AC 电源电压（是否有过大的变化）	
		使用转速高，负载转动惯量过大（再生能力不足）	检查并调整负载条件、运行条件
		内部或外接的再生放电电路故障（包括接线断开或破损等）	最好是更换伺服驱动器
		伺服驱动器故障	更换伺服驱动器
	在伺服电动机减速时发生	使用转速高，负载转动惯量过大	检查并重新调整负载条件，运行条件
		加减速时间过小，在降速过程中引起过电压	调整加减速时间常数

（十一）伺服单元欠电压报警

引起欠电压的通常原因及常规处理见表 4.13。

表 4.13　伺服单元欠电压报警综述

警报内容	警报发生状况	可能原因	处理措施
电压不足（伺服驱动器内部的主电路直流电压低于其最小值限）在接通主电路电源时检测	在接通控制电源时发生	伺服驱动器电路板故障	更换伺服驱动器
		电源容量太小	更换容量大的驱动电源
	在接通主电路电源时发生	AC 电源电压过低	将 AC 电源电压调节到正常范围
		伺服驱动器的保险丝熔断	更换保险丝
		冲击电流限制电阻断线（电源电压是否异常，冲击电流限制电阻是否过载）	更换伺服驱动器（确认电源电压，减少主电路 ON/OFF 的频度）
		伺服 ON 信号提前有效	检查外部使能电路是否短路
		伺服驱动器故障	更换伺服驱动器
	在通常运行时发生	AC 电源电压低（是否有过大的压降）	将 AC 电源电压调节到正常范围
		发生瞬时停电	通过警报复位重新开始运行
		电动机主电路用电缆短路	修正或更换电动机主电路用电缆
		伺服电动机短路	更换伺服电动机
		伺服驱动器故障	更换伺服驱动器
		整流器件损坏	建议更换伺服驱动器

（十二）位置偏差过大

引起此故障的通常原因及常规处理见表 4.14。

表 4.14　位置偏差过大报警综述

警报内容	警报发生状况	可能原因	处理措施
位置偏差过大	在接通控制电源时发生	位置偏差参数设得过小	重新设定正确参数
		伺服单元电路板故障	更换伺服单元
	在高速旋转时发生	伺服电动机的 U、V、W 的配线不正常（缺线）	修正电动机配线
			修正编码器配线
		伺服单元电路板故障	更换伺服单元
	在发出位置指令时电动机不旋转的情况下发生	伺服电动机的 U、V、W 的配线不良	修正电动机配线
		伺服单元电路板故障	更换伺服单元
	动作正常，但在长指令时发生	伺服单元的增益调整不良	上调速度环增益、位置环增益
		位置指令脉冲的频率过高	缓慢降低位置指令频率
			加入平滑功能
			重新评估电子齿轮比
		负载条件（扭矩、转动惯量）与电动机规格不符	重新评估负载或者电动机容量

例：某采用 SIEMENS 810M 的龙门加工中心，配套 611A 伺服驱动器，在 X 轴定位时，发现 X 轴存在明显的位置"过冲"现象，最终定位位置正确，系统无报警。

分析与处理过程：由于系统无报警，坐标轴定位正确，可以确认故障是由于伺服驱动器或系统调整不良引起的。

X 轴位置"过冲"的实质是伺服进给系统存在超调。解决超调的方法有多种，如：减小加减速时间、提高速度环比例增益、降低速度环积分时间等。

对本机床，通过提高驱动器的速度环比例增益，降低速度环积分时间后，位置超调消除。

（十三）再生故障

引起此故障的通常原因及常规处理见表 4.15。

表 4.15　再生故障报警综述

警报内容	警报发生状况	可能原因	处理措施
再生故障	再生异常 在接通控制电源时发生	伺服单元电路板故障	更换伺服单元
		6 kW 以上时未接再生电阻	连接再生电阻
		检查再生电阻是否配线不良	修正外接再生电阻的配线
		伺服单元故障（再生晶体管、电压检测部分故障）	更换伺服单元
	在通常运行时发生	检查再生电阻是否配线不良、是否脱落	修正外接再生电阻的配线
		再生电阻断线（再生能量是否过大）	更换再生电阻或者更换伺服单元（重新考虑负载、运行条件）
		伺服单元故障（再生晶体管、电压检测部分故障）	更换伺服单元
	再生过载 在接通控制电源时发生	伺服单元电路板故障	更换伺服单元
	在接通主电路电源时发生	电源电压超过 270 V	校正电压
	在通常运行时发生（再生电阻温度上升幅度大）	再生能量过大（如放电电阻开路或阻值太大）	重新选择再生电阻容量或者重新考虑负载条件、运行条件
		处于连续再生状态	
	在通常运行时发生（再生电阻温度上升幅度小）	参数设定的容量小于外接再生电阻的容量（减速时间太短）	校正用户参数的设定值
		伺服单元故障	更换伺服单元
	在伺服电动机减速时发生	再生能力过大	重新选择再生电阻容量或者重新考虑负载条件、运行条件

（十四）编码器出错

引起此故障的通常原因及常规处理见表 4.16。

表 4.16　编码器出错报警综述

警报内容	警报发生状况	可能原因	处理措施
编码器出错	编码器电池警报	电池连接不良、未连接	正确连接电池
		电池电压低于规定值	更换电池、重新启动
		伺服单元故障	更换伺服单元
	编码器故障	无 A 和 B 相脉冲	建议更换脉冲编码器
		引线电缆短路或破损而引起通信错误	
	客观条件	接地、屏蔽不良	处理好接地

（十五）漂移补偿量过大的报警

引起此故障的通常原因及常规处理见表 4.17。

表 4.17　漂移补偿量过大的报警综述

警报内容	可能原因		处理措施
漂移补偿量过大	连接不良	动力线连接不良、未连接	正确连接动力线
		检测元件之间的连接不良	正确连接反馈元件连接线
	数控系统的相关参数设置错误	CNC 系统中有关漂移量补偿的参数设定错误引起的	重新设置参数
	硬件故障	速度控制单元的位置控制部分	更换此电路板或直接更换伺服单元

任务三　进给伺服系统典型维修实例分析

实例1 "伺服单元未准备好"报警故障分析（参数丢失）

（一）故障现象

FANUC-7M 系统某数控机床，CRT 显示 "07-Velocity Unit Not Ready"，伺服不能启动。

修前技术准备：查 07 号软件报警内容是 "速度单元未准备好"。

修前调查：无其他任何报警。电网、环境与外观都正常。

故障特征：软件报警；故障大定位：CNC 侧。

据理析象：系统能报警，表明 CNC 主控装置完好。报警内容未给出伺服轴系。三轴速度环同时都坏而不能报警的可能不大。主控板上三个反馈接口同时故障也不太可能，除非反馈输入板供电问题或线路板问题。最可能的故障类型：参数故障。

罗列成因：按照这里 CNC 软件报警输出与其输入有关，反馈输入板供电问题或线短路板问题、参数输入问题，最可能故障成因：参数问题。

（二）确定步骤与方法

先软后硬查参数设置是否正常，以判断故障类型。如否，查 RAM 电池回路；如是，查反馈输入板供电问题→查线路板问题。

参数检查法：调出参数设置画面，PC 参数已全部丢失。

参数丢失成因：查知 RAM 电池接触不良而失电，而造成参数丢失。

（三）排除故障

用砂纸与无水酒精重新清洁插座，装好电池。系统上电，重新输入参数。报警消除，故障排除。

实例 2 "伺服单元未准备好"报警故障分析（测速发电机故障）

（一）故障现象

FANUC-6 系统老数控机床，CRT 显示 "07-Velocity Unit Not Ready"，伺服不能启动。

修前技术准备：查 07 号软件报警内容是"速度单元未准备好"。伺服电机为直流电机，测速器为测速发电机。

修前调查：Y 轴速度板上 TGLS 红色报警灯点亮：速度反馈信号断线报警。

故障特征：软件报警与 Y 轴伺服硬件报警。故障大定位：Y 轴速度环。外观电缆完好。查制动可轻松释放。手动 Y 轴电机无明显声响与阻力，故排除机械与直流电机故障可能。

据理析象：综合软件与硬件报警内容，故障定位：Y 轴速度反馈链。故障类型：硬件故障。

罗列成因：测速发动机故障未发信号、反馈断线或接触不良或反馈接口不良。

（二）确定步骤

先外后内查连接电缆，先一般后特殊查测速发动机磨损故障或污染，查反馈接口。

故障点测试：检查连线均正常，清洁插头与接头，重新连接好电缆，将另一端接到示波器上，手转动电机时示波器上无电压输出。

故障精定位：测速发电机故障。

（三）排除故障

打开电机，发现严重碳粉污染电机与测速发动机的电枢，是无速度反馈信号输出的成因。用压缩空气吹净碳粉后，以酒精清洗脏的电枢，再开机，故障消除。

注意：测速器失修或接触不良会导致无速度反馈信号。应定时清洗电枢，视加工量大小及时更换电刷。

由实例 1 和实例 2 分析可见，出现这类软件报警时，需要检查各伺服单元上有无报警显示，以判定是否共同问题。另外的几种情况：

若各伺服单元无报警，先查参数→用短路销隔离所有伺服轴，上电后若报警依旧，则为主板控制电路或伺服状态判别电路故障。

若隔离伺服轴上电后报警消失，需要判定故障轴→分别隔离各轴，上电看报警是否消失。如果分别隔离各轴后上电都报警依旧，查共同的供电系统与控制电器。

若某伺服单元有报警显示，例如红灯点亮，可用短路销隔离该轴，上电后若软件报警消失→交换法，判定指令信号电缆与连接是否良好→再用短路销隔离，以确定是否该轴伺服单元故障（一般为伺服保护电路或功率部分故障）。

实例 3　伺服单元异常及伺服放大器故障分析

（一）故障现象

一台 FANUC-OM 系统立式加工中心。出现#414 和#410 报警。

修前技术准备：该系统如图 4.15 所示，速度环也由 CNC 处理。查知报警内容为：速度控制 OFF 和 X 轴伺服驱动异常。

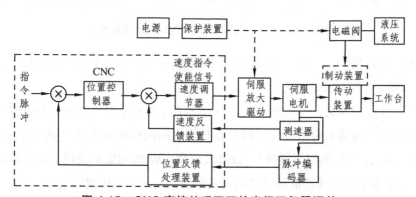

图 4.15　CNC 直接处理双环的半闭环伺服调整

修前调查：报警出现后能通过重新启动而消除。但在自动方式下每执行到 X 轴快速移动时就报警。

据理析象：故障特征：具有重演性并与 X 轴快移相关；故障类型：硬件故障；与快移动作有关，从而故障大定位：X 轴移动电缆及其接点。

罗列成因：最可能的故障成因：X 轴移动电缆的接点。

（二）重演故障与观察检查

快移时，X 轴伺服电机电源线插头处相线间拉电弧。插头间的拉电弧引起相间短路，导致速度环自保护电器动作并报警。

（三）排除故障

清理搭丝并修整插头。故障排除。

实例 4   W 轴伺服报警故障分析

（一）故障现象

GPM90DB-2 型数控曲轴铣床多次程序中断，CRT 显示"W 轴伺服报警"。

修前技术准备：根据技术资料画出与报警相关的系统框图，如图 4.16 所示。

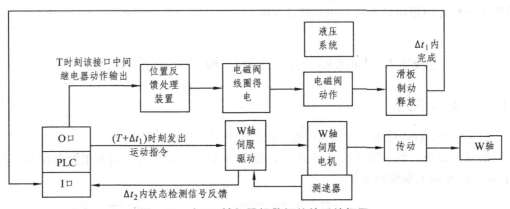

图 4.16   与 W 轴伺服报警相关的系统框图

修前调查：成熟的加工程序。故障特征：软件报警，故障频次高。报警时，W 轴电机停转，滑板处于制动状态（未释放）。

据理析象：故障频次高，与电器的误动作/不动作、失修卡住或接触性故障有关。报警机理：滑板制动未释放或滞后释放动作，PLC 在规定时间内检测到的是"制动未释放"信号状态（如"1"）而输出"W 轴伺服报警"。故障大定位：W 轴伺服系统最上面的链路（图 4.16 三条链路中）。故障类型：硬件故障（滑板制动未释放——不动作成因）。

罗列成因：上面链路内的器件与连接、液压与供电系统故障，以及 PLC 输出接口电路或中间继电器故障。最可能的故障成因：电磁阀与滑板锈死等失效故障。

（二）确定步骤（程序中断，一般可以采用 PLC 程序法）

这里，先一般后特殊、先简后繁：用信号强制输入法查第一条链中电磁阀输出与滑板动作。信号追踪法向前追查各个环节。信号强制输入法：断开电磁阀原接线，按其电源要求，正常的外接电源输入后，观察其输出动作——不动作。故障定位：电磁阀。

故障点测试：万用表测试电磁阀线圈电阻正常。判定电磁阀内机构失效卡住，导致制动不能释放。

（三）排除故障

更换电磁阀，故障排除。

注意：

（1）程序中断，一般采用 PLC 程序法。应该查技术资料中 PLC 的 I/O 实时状态信号，是否包括了检测流程图中的器件状态。如果没有资料可查，则可以采用画出相关的动作流程图来分析的方法。

（2）图 4.16 流程图中有两个延时：在 T 时刻继电器动作指令发出后延时 Δt_1 后，即（$T + \Delta t_1$）时刻发出运动指令。又必须在延时 Δt_2 内 PLC 获得 W 轴伺服状态反馈信号。

由于信道传递的堵塞与丢失或反馈链路中的故障，PLC 在延时 Δt_2 内没有获得正常的反馈信号，也会发出类似的报警而中断程序。在 Δt_1 内，未完成制动释放，但是伺服已获得运动指令来驱动 W 轴电机。于是电机过载报警装置必定报警——反馈通知 PLC 而中断程序。即如本例情况，延时间隔过长，下一个动作已跟上而出现动作阻塞或过载现象。系统报警只给出了笼统的概念——故障大定位于 W 轴伺服系统。

（3）思考：假如报警时检查滑板制动已释放，故障成因会有哪些？

实例 5　驱动失败报警故障分析

故障现象：A980MC 系统 T30 加工中心，手动运行 Y 轴时 CRT 出现"驱动失败"报警。

修前技术准备：了解到系统采用测速发电机与光栅尺测位器、电磁阀与液压抱闸系统。机械传动是 Y 轴电机通过同步皮带与滚珠丝杠连接的。可以勾画与 Y 轴运行相关的系统框图及报警相关的系统框图（类似图 4.16，但增加一条位置反馈信号链，并延时 $\Delta t_3 > \Delta t_2$）。

据理析象：按报警机理，制动未释放或释放延时、无速度/位置检测反馈或反馈延时、反馈装置接口不良、传动阻力过大等都可以导致停机报警。

现场工作：启动液压后，手动 Y 轴时液压自动中断而出现报警。常规外观检查与液压保护电器都正常、无硬件报警。可启动液压表明制动可释放。手动去除液压抱闸并去除同步皮带后，手扳动丝杠感吃力。故障类型：机械故障；故障大定位：机床侧丝杠传动系统；可能成因：丝杠负载阻力过大，轴承故障或松动移位。

故障点测试：检查丝杠前轴承座正常。检查丝杠下轴向推力轴承座时发现轴承座紧固螺母松动并且已压于闸瓦上。这是手摇丝杠费力的原因。该轴向轴承座松动导致滚珠丝杠上下窜动，造成电机转动时丝杠空转而轴未移动。光栅尺未能检测到移动信号，在 Δt_3 内无位置反馈信号给位控板而发出的报警并停机。

故障处理：紧固松动的螺母后丝杠不再窜动，故障排除。

实例 6   19085 号报警故障分析

故障现象：T-30 加工中心，CRT 显示 19085 号报警，伺服不能启动。

修前技术准备：查报警内容为伺服驱动故障，未清楚是哪一伺服轴的故障。主控板上的伺服反馈接口有短路销，可用于短接伺服输入。B 轴和 Z 轴为两个完全相同配置的伺服系统，集中供电系统。

修前调查：各伺服驱动器上显示正常，无任何报警，排除了总线控制与电源输入、伺服驱动与电机故障的可能。先公后专查伺服系统集中供电的三相交流电源与 DC 225 V，正常，排除了电源输入故障的可能。机床外观无异常，操作正常。画出与报警相关的系统框图（见图 4.17）与闭环控制系统框图（见图 4.18）。

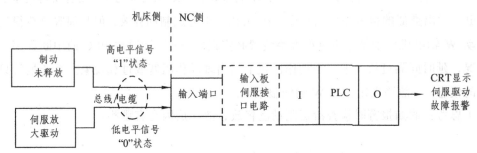

图 4.17   与报警相关的系统框图

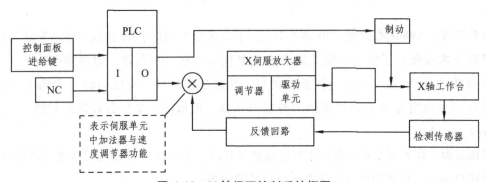

图 4.18   X 轴闭环控制系统框图

据理析象：故障特征：软件报警，表明 CNC/PLC 主控装置完好。报警机理：启动自诊断检测伺服接口故障状态的 PLC 报警。（首要问题是：故障大定位于 NC 侧还是机床侧；其次：如是机床侧，定位于哪一伺服轴系故障；再次：伺服不能启动，先查其输入，供电链路故障可能已排除。主链：正输入：来自 CNC 主控板的指令信号与参数设置是否正常？负输入：来自电机与传动/制动的阻力即负载效应反馈链：负输入是否正常？故障类型：硬件故障。

罗列成因：主控板侧：PLC 输入板上相应伺服反馈口或相应 PLC 输出板口故障。总线装置、电缆或接插排故障。机床侧：主链中，负输入为制动未释放；反馈链路中，测位器、反馈电缆与插口或伺服单元故障。

确定步骤与方法：短路销法（隔离所有的伺服轴）进行故障大定位，确定是否机床侧故障。如是，再用短路销法判定（故障定位）故障轴系，先一般后特殊"故障精定位"，查故障轴各移动电缆及其连接；如否，查制动装置与反馈链。

（因为如果某伺服驱动单元有硬件故障、电机故障会报警。没有其他报警，先不查。如果参数混乱应该有多个报警，不是调试阶段一般不会有参数设置问题，先不查。）

短路销法： 将主控板上位置环反馈接口的 B 与 Z 轴短路，系统上电，报警消除。表明：主控板反馈接口完好。故障大定位：机床侧。停电，取消 Z 轴短路销，B 轴仍短路，系统上电，仍无报警。表：Z 轴伺服完好。停电，再取消 B 轴短路销，系统上电后出现报警。

故障定位： B 轴伺服驱动系统。查 B 轴制动电缆与反馈电缆，发现：B 轴制动电缆外皮已磨破。

故障点测试： 万用表测试该制动电缆。故障精定位：制动电磁阀控制线断线故障。为排除其他可能故障，先再将 Z 轴短路，将 Z 轴制动电缆与反馈电缆代替 B 轴的（替代法）。上电后也不报警。确定故障成因：B 轴制动电磁阀控制电缆断线而不能释放，导致编码器无动态位置反馈信号输出而报警。

排除故障： 更换新电缆，故障排除。

注：本案例突出短路销法的使用。采用先故障大定位、先一般后特殊、先繁后简等原则，可以提高诊断效率。

实例 7 "转速指令未到达伺服驱动板"的报警故障分析

故障现象： SIEMENS 840C 系统 PTA160O 数控磨床，出现#300300 故障报警，伺服不能启动。

修前技术准备： 查技术手册，报警内容为 "A2 DRIVE LINK OFF"，并提示应检查 NC 端口到各伺服驱动器驱动总线的连接。

实际案例现场工作：逐段测量 NC 到驱动器及驱动器之间的连接电缆未见异常。为故障大定位，拨下设备总线插头并加电重新初始化（等于断开与伺服的连接——隔离体法），报警依然存在。

罗列成因： 报警内容给出了故障大定位：主控板与伺服单元间的信号交换、接口电路与总线。伺服不能启动，先查其输入：有无来自主控板的指令与参数设置。（由报警指出是主链路问题，又因为是伺服驱动板与主控板共享电源，所以，就忽略了反馈链与供电链）故障类型：既可以是参数设置的软件故障，也可以是端口电路与总线的硬件故障。

确定步骤： 应该先软后硬查 NC 参数，再查总线及其接口。调出参数设置画面，发现参数丢失。

排除故障： 重新输入参数后，机床报警消失。

注：（1）报警内容是驱动总线连接的硬件故障，实际为参数丢失。又说明：报警点≠故障点。

（2）系统自诊断不能替代维修人员的现场调查与分析。如果，先分析罗列成因，先软后硬查参数，是上策。然后再按自诊断提示进行，有利于提高诊断效率。

（3）如果具有短路销设置，可采用隔离体法，可用来故障大定位。

（4）参数丢失，还应该追查成因，否则故障还会重演。

实例 8　工作台（B 轴）回转落位超差报警故障分析

故障现象： DYNAPATH 10M 系统 XB408 加工中心，在加工过程中出现工作台（B 轴）回转落位超差报警。

修前技术准备： 查知 B 轴为工作台旋转轴，脉冲编码器作为测位器。位控板上反馈接口：是以短路销方式来馈入信号（个性）的。

据理析象： 故障大定位：位置环。（系统框图略）由超差机理，先排除加工程序与参数设置问题。但是，不可排除硬件故障、机械定位误差、环境与电网干扰。

修前调查： 环境无干扰源；机床电网与接地正常。外观检查：无明显机械阻力故障，撞块、编码器联轴节及其电缆外观完好无异常。先软后硬查机床参数：CRT 上调出参数设置画面，参数均正常。故障类型：硬故障。

罗列成因： 以位控制为研究对象。输出报警，查其输入。机柜内电脉冲干扰输入：系统接地不良或电缆屏蔽层接地不良，干扰数字信号。机械定位误差过大输入：回零参照点位置不准、磨损或润滑不良。工作指令链路输入不正常：线路或接点故障（因为 CNC 装置是模块结构）。反馈链输入不正常：编码器、电缆及其接点连接故障，短路销设置错误。位控器本身故障：误差寄存器故障、增益电位漂移、接口电路故障。

确定步骤： B 轴参照点位置检查→重演故障查坐标轴参数与诊断画面状态参数→故障追踪与测试。

现场工作： 参照点位置检查与调整：用千分表与其他测试仪器，测得实际工作台回转角度与要求值偏差 2°～3°。重新调整参考点基准位置。

重演故障： 按加工程序进行并观察 CRT 上坐标轴实时显示。B 轴单独运行时正常。移动 Z 后再回转 B 轴时报警重演。发现移动 Z 时：B 轴尽管处锁定状态，但 B 轴还在累加坐标值（X/Y/Z 坐标显示正常）。不该有的"累加"导致超差报警。故障现象特征：B 轴反馈信号有规律的干扰。由坐标值显示说明有 B 轴编码器反馈信号，不必查诊断画面。故障定位：B 轴反馈链路。

故障点测试： 按照先一般后特殊原则，先查 B 轴编码器反馈电缆——移动电缆及其接点。编码器端口，发现电缆屏蔽层接地焊点断开。位控板端口，未接入编码器 A 相、B 相与 Z 相信号。（注：编码器使用要求同时接入它的六路信号：A、B 与 Z，A 相、B 相与 Z 相。原设计：位控板上短路销断开了 B 轴编码器的这三个信号）故障成因：反馈线接线（短路销设置）错误与屏蔽接地不良。

排除故障： 焊好屏蔽接地点，正常短接位控板上短路销，将来自 B 轴编码器反馈信号正常接入。故障排除，设备恢复正常。有关"过大幅值"的软件报警故障，一般可大定位于反馈链路内的硬件故障。

实例 9　FANUC-03M 系统数控车床停机故障，Z 轴过载报警灯点亮

修前技术准备： 由于是过载的硬件报警，查阅伺服驱动单元功率组件、伺服电机与制动装置类型，以及报警装置类型等，并且带好它们的电源与电器连接图。

修前调查：得到消息：老加工程序在轴进给倍率为 100%（高速移动）时报警。手感电机温度正常、无异味，电网正常，Z 轴保险丝熔断。查保险丝管：30 A 型号正确、有亮点与严重黑色——为击穿性短路。断开电机联轴器，手动电机无异常阻力、声响与振动——非电机故障。（思考一下：为什么这里不查电机电枢电阻与相间绝缘？）故障特征：假过载、保险丝击穿性熔断故障。

据理析象：故障大定位：Z 轴伺服驱动单元。故障类型：硬件故障。

罗列成因：最可能故障成因：伺服驱动单元中可控硅击穿。

确定步骤：隔离体法：断电、断开 Z 轴电机与伺服单元的连接→（测量对比法）用万用表检查 Z 轴伺服单元输出电阻→若过小，则采用信号追踪法：由可控硅整流器→功率驱动板，向前测试 Z 轴各环节输出电阻是否过小而有短路。

故障点测试：测得 Z 轴伺服单元输出电阻过小。最后查出桥式可控硅整流器中有一组可控硅（击穿性）损坏。突然的击穿性短路在快速转动的电机绕组中产生瞬间大感应电流，导致熔断保险丝。

故障排除：更换可控硅整流板与保险丝。故障排除。

注：（1）可控硅维修与检修，与寿命/质量、加工程序、电流调节器输出、接地电阻过大从而丧失抗电磁干扰能力等成因有关。需要认真排除故障的真正成因。

（2）原案例诊断过程是，换保险丝后上电，手摇脉冲发生器移动 Z 轴时感沉重，快递 Z 轴在 10%、50%上仅能工作一两个小时左右，在 100%上只要一动，伺服保险丝就熔断。怀疑机械负载过大，更换电机无效，又换驱动板仍无效。最后查可控硅整流器（SCR）有一组已坏。更换该组可控硅，机床恢复正常。（启示：在未查清保险丝熔断原因之前，带负载通电运行检查，往往会扩大故障）

实例 10　#401 报警故障分析

故障现象：FANUC-0TE-A2 系统 MJ-50 数控车床启动 X 轴时出现#401 报警。

修前技术准备：#401 报警是伺服没准备好。即：伺服 VRDY 信号处切断状态。具有完全相同的 X 轴与 Z 轴交流伺服系统。A06B-0512-B205 交流电机，额定电流 6.8 A。电磁抱闸制动。

修前调查：启动 X 时#401 报警。X 轴伺服板上 PRDY（位置环准备好）绿灯不亮；0 V（过载）与 TG（速度反馈断线）红灯点亮。X 轴不能启动。故障特征：启动 X 轴时出现软件报警（伺服没准备好）与多个 X 轴伺服硬件报警。

据理析象：报警机理：检测到伺服没准备好，中止指令的下达——PRDY 灯不亮。根据多个伺服硬件报警，确定故障类型：硬件故障。故障大定位：X 轴速度环及其电流环。

罗列成因：机械阻力大成因——电磁抱闸为释放、传动卡死。功率驱动器故障、电机及其电源故障。最可能成因：常见故障——电磁抱闸未释放。

确定步骤：由图 4.19 可以画出判别流程图，如图 4.20 所示。

现场工作：查制动未释放。但制动供电系统保险丝未熔断。

故障点测试：在检查抱闸线圈时，发现线圈接线点引线脱落，使抱闸线圈失电。

排除故障：重焊引线，故障排除。

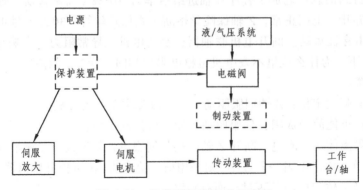

图 4.19 伺服系统的组成示意图

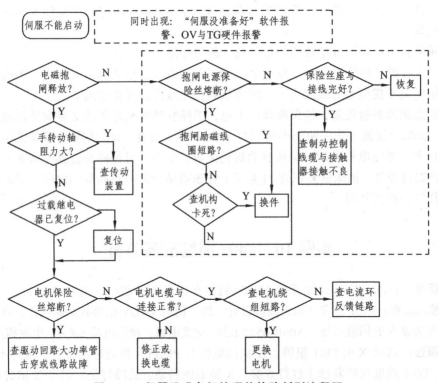

图 4.20 伺服没准备好的硬件故障判别流程图

实例 11 回参考点报警的分析与处理

数控机床返回参考点控制过程中，常见的故障主要有两方面，一方面是不能正确执行返回参考点控制，往往出现报警（如超程报警）；另一方面是能够执行返回参考点控制，但参考点位置不准（往往出现随机偏差）。

（1）机床执行返回参考点控制中出现超程报警，机床返回参考点过程中无减速动作或一直以减速移动。

故障可能原因：减速开关及接线不良。减速开关与挡块位置不当。减速开关信号系统的 I/O 接口故障。系统本身不良。

故障的诊断：通过系统 PMC 状态监控画面，检查机床在返回参考点控制过程中信号是否正常，如果信号不变化，则为减速开关不良。如果信号变化正常，则为系统本身故障。FANUC-0C/0D 系统的减速开关的地址分别为 X16.5、X17.5、X18.5、X19.5。FANUC-18/18i/21/21i/0i 系统的减速开关的地址分别为 X9.0、X9.1、X9.2、X9.3。

（2）机床返回参考点过程中有减速动作。

故障可能原因：机床离参考点位置位置太近。减速挡块与机床超程保护开关太近。系统一转信号不良。

故障的诊断与处理：若机床离参考点太近，只要在点动状态下，把机床刀架或工作台离开机床参考点一段距离，再重新执行返回参考点操作即可。如果减速开关位置不当，按机床返回参考点调整原理，重新调整挡块位置即可。对系统一转信号不良，故障原因有来自伺服电动机编码器或光栅尺的一转信号不良、伺服放大器或位置模块不良及系统轴板不良。

具体诊断方法是：如果是光栅尺全闭环控制系统，可以采用封闭光栅尺的方法来判别一转信号是否是光栅尺的故障；伺服电动机编码器还是放大器控制电路板故障，可以用对调的方法来判别，即把伺服放大器的电缆接线对调看故障是否转移来判别；系统轴板不良可以采用替换轴板的方法来判别。

实例 12　工作数小时后机床出现剧烈振动的故障维修

故障现象：某采用 FANUC 0T 数控系统的数控车床，开机时全部动作正常，伺服进给系统高速运动平稳、低速无爬行，加工的零件精度全部达到要求。当机床正常工作 5 ~ 7 h 后（时间不定），Z 轴出现剧烈振荡，CNC 报警，机床无法正常工作。这时，即使关机再启动，只要手动或自动移动 Z 轴，在所有速度范围内，都发生剧烈振荡。但是，如果关机时间足够长（如：第二天开机），机床又可以正常工作 5 ~ 7 h，并再次出现以上故障，如此周期性重复。

分析与处理过程：该机床 X、Z 分别采用 FANUC 5、10 型 AC 伺服电动机驱动，主轴采用 FANUC 8SAC 主轴驱动，机床带液压夹具、液压尾架和 15 把刀的自动换刀装置，全封闭防护，自动排屑。因此，控制线路设计比较复杂，机床功能较强。

根据以上故障现象，首先从大的方面考虑，分析可能的原因不外乎机械、电气两个方面。在机械方面，可能是由于贴塑导轨的热变形、脱胶，滚珠丝杠、丝杠轴承的局部损坏或调整不当等原因引起的非均匀性负载变化，导致进给系统的不稳定；在电气方面，可能是由于某个元器件的参数变化，引起系统的动态特性改变，导致系统的不稳定等。

鉴于本机床采用的是半闭环伺服系统，为了分清原因，维修的第一步是松开 Z 轴伺服电动机和滚珠丝杠之间的机械连接，在 Z 轴无负载的情况下，运行加工程序，以区分机械、电气故障。经试验发现：故障仍然存在，但发生故障的时间有所延长。因此，可以确认故障为电气原因，并且和负载大小或温升有关。

由于数控机床伺服进给系统包含了 CNC、伺服驱动器、伺服电动机等三大部分，为了进一步分清原因，维修的第二步是将 CNC 的 X 轴和 Z 轴的速度给定和位置反馈互换（CNC 的

M6 与 M8、M7 与 M9 互换），即：利用 CNC 的 X 轴指令控制机床的 Z 轴伺服和电动机运动，CNC 的 Z 轴指令控制机床的 X 轴伺服和电动机运动，以判别故障发生在 CNC 或伺服。经更换发现，此时 CNC 的 Z 轴（带 X 轴伺服及电动机）运动正常，但 X 轴（带 Z 轴伺服及电动机）运动时出现振荡。据此，可以确认故障在 Z 轴伺服驱动或伺服电动机上。

考虑到该机床 X、Z 轴采用的是同系列的 AC 伺服驱动，其伺服 PCB 板型号和规格相同，为了进一步缩小检查范围，维修的第三步是在恢复第二步 CNC 和 X、Z 伺服间的正常连接后，将 X、Z 的 PCB 板经过调整设定后互换。经互换发现，这时 X 轴工作仍然正常，Z 轴故障现象不变。

根据以上试验和检查，可以确认故障是由于 Z 轴伺服主电路或伺服电动机的不良而引起的。但由于 X、Z 电动机的规格相差较大，现场无相同型号的伺服驱动和电动机可供交换，因此不可以再利用"互换法"进行进一步判别。考虑到伺服主电路和伺服电动机的结构相对比较简单，故采用了原理分析法再进行了以下检查，具体步骤如下。

（一）伺服主回路分析

经过前面的检查，故障范围已缩小到伺服主回路与伺服电动机上，当时编者主观认为伺服主回路，特别是逆变功率管由于长时间在高压、大电流情况下工作，参数随着温度变化而变值的可能性较大，为此测绘了实际 AC 驱动主回路原理图进行分析（说明：后来的事实证明笔者这一步的判断是不正确的，但为了如实反映当时的维修过程，并便于读者系统参考，现仍将本部分内容列出）。

图 4.21 是根据实物测绘的 FANUC AC 伺服主回路原理图（板号：A06B – 6050 – H103）。根据原理图可以分析、判断图中各元器件的作用如下：

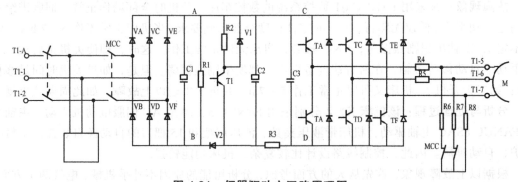

图 4.21 伺服驱动主回路原理图

NFB1 为进线断路器，MCC 为伺服主接触器，ZNR 为进线过电压抑制器。VA ~ VF 为直流整流电路，TA ~ TF 为 PWM 逆变主回路。C1、C2、C3、R1 为滤波电路，V1、V2、R2、T1 为直流母线电压控制回路。R3 为直流母线电流检测电阻，R4、R5 为伺服电动机相电流检测电阻，R6 ~ R8 为伺服电动机能耗制动电阻。

经静态测量，以上元器件在开机时即发生故障，停机后其参数均无明显变化，且在正常范围。

为进一步分析判断，在发生故障时，对主回路的实际工作情况进行了以下分析测量：

对于直流整流电路，若 VA ~ VF 正常，则当输入线电压 U1 为 200 V 时，A、B 间的直流平均电压应为：$U_{AB} = 1.35 \times U1 = 270$（V）。

考虑到电容器 C1 的作用，直流母线的实际平均电压应为整流电压的 1.1～1.2 倍，即 300～325 V。实际测量（在实际伺服单元上，为 CN3 的 5 脚与 CN4 的 1 脚间），此值为正常，可以判定 VA～VF 无故障。

主要元件参数：C1：680 μF；C2：1 200 μF；C3：3.3 μF；R1：20 kΩ；R2：16 Ω；R3：0.12 Ω；R4/R5：0.05 Ω；R6/R7/R8：0.6 Ω。

对于直流母线控制回路，若 V1、V2、T1、R2、R3 工作正常，则 C、D 间的直流电压应略低于 A、B 间的电压，实际测量（在实际伺服单元上，为 CN4 的 1 脚与 CN4 的 5 脚间），此值正常，可以判断以上元器件无故障。

但测量 TA～TF 组成的 PWM 逆变主回路输出（T1 的 5、6、7 端子），发现 V 相电压有时通时断的现象，由此判断故障应在 V 相。

为了进一步确认，维修时将 U 相的逆变晶体管（TA、TB）和 V 相的逆变晶体管（TC、TD）作了互换，但故障现象不变。

经以上检查，可以确认：故障原因应在伺服电动机上。

（二）伺服电动机检查与维修

在故障范围确认后，对伺服电动机进行了仔细的检查，最终发现电动机的 V 相绝缘电阻在故障时变小，当放置较长时间后，又恢复正常。为此，维修时按以下步骤拆开伺服电动机（见图 4.22）。

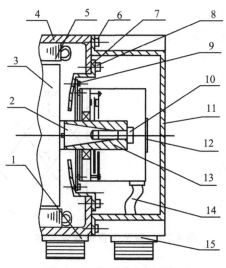

图 4.22　伺服电机结构图

1—电枢线插座；2—连接轴；3—转子；4—外壳；5—绕组；6—后盖连接螺钉；7—安装座；
8—安装座连接螺钉；9—编码器固定螺钉；10—编码器连接螺钉；11—后盖；
12—橡胶盖；13—编码器轴；14—编码器电缆；15—编码器插座

拆卸步骤：

① 松开后盖连接螺钉 6，取下后盖 11。

② 取出橡胶盖 12。

③ 取出编码器连接螺钉 10，脱开编码器和电动机轴之间的连接。

④ 松开编码器固定螺钉 9，取下编码器。注意：由于实际编码器和电动机轴之间是锥度啮合，连接较紧，取编码器时应使用专门的工具，小心取下。

⑤ 松开安装座连接螺钉 8，取下安装座 7。

这时，可以露出电动机绕组 5，经检查，发现该电动机绕组和引出线中间的连接部分由于长时间的冷却水渗漏，绝缘已经老化；经过重新连接、处理，再根据图 4.22 重新安装上安装座 7，并固定编码器连接螺钉 10，使编码器和电动机轴啮合。

（三）转子位置的调整

在完成伺服电动机的维修后，为了保证编码器的安装正确，又进行了转子位置的检查和调整，方法如下：

① 将电动机电枢线的 V、W 相（电枢插头的 B、C 脚）相连。

② 将 U 相（电枢插头的 A 脚）和直流调压器的"＋"端相连，V、W 和直流调压器的"－"端相连，编码器加入 ＋5 V 电源（编码器插头的 J、N 脚间）。

③ 通过调压器对电动机电枢加入励磁电流。这时，因为 $I_u = I_v + I_w$，且 $I_v = I_w$，事实上相当于使电动机工作在图 4.23（b）所示的 90°位置，因此伺服电动机（永磁式）将自动转到 U 相的位置进行定位。注意：加入的励磁电流不可以太大，只要保证电动机能进行定位即可（实际维修时调整在 3 ~ 5 A）。

④ 在电动机完成 U 相定位后，旋转编码器，使编码器的转子位置检测信号 C1、C2、C4、C8（编码器插头的 C、P、L、M 脚）同时为"1"，使转子位置检测信号和电动机实际位置一致，如图 4.23 所示。

⑤ 安装编码器固定螺钉，装上后盖，完成电动机维修。

经以上维修，机床恢复正常。

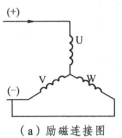

（a）励磁连接图

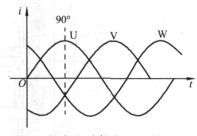

（b）电动机定位示意图

图 4.23　转子位置调整示意图

（四）维修体会与维修要点

在数控机床维修过程中，有时会遇到一些比较特殊的故障，例如：有的机床在刚开机时，系统和机床工作正常，但当工作一段时间后，将出现某一故障。这种故障有的通过关机清除后，机床又可以重新工作；有的必须经过较长的关机时间，让机床"休息"一段时间，机床才能重新工作。此类故障常常被人们称为"软故障"。

"软故障"的维修通常是数控机床维修中最难解决的问题之一。由于故障的不确定性和发生故障的随机性，使得机床时好时坏，这给检查、测量带来了相当的困难。维修人员必须具备较高的业务水平和丰富的实践经验，仔细分析故障现象，才能判定故障原因，并加以解决。

对于"软故障"的维修，在条件许可时，使用"互换法"可以较快地判别故障所在，而根据原理的分析，是解决问题的根本办法。维修人员应根据实际情况，仔细分析故障现象，才能判定故障原因，并加以解决。

实例 13　伺服初始化实例

0i-TD 系统数控车床，Z 轴滚珠丝杠螺距为 6 mm，伺服电机与丝杠直连，伺服电机规格为 αis8/3000，机床检测单位为 0.001 mm，数控指令单位为 0.001 mm。

伺服参数初始化设置步骤如下所述。

（1）在 MDI 方式下，按下急停按键，再按下功能键 OFS/SET，再单击【设定】，选择设定页面，确认"写参数 = 1"。

设置参数 3111#0 为 1 时（设 1 后应关机、再开机），在允许显示伺服参数初始化设定页面和伺服参数调整页面，设置伺服参数初始化。

（2）显示伺服参数初始化设定页面的操作步骤如下所述。

按功能键【system】和软键 "+"、"SV 设定"。

（3）伺服参数初始化设定页面与参数对应关系如图 5.32 所示。

（4）将 "初始化设定位" 设为 0。

（5）设定 "电机代码" 为 277（选用 HRV2）。

（6）设定 "AMR" 为 00000000。

（7）设定 "指令倍乘比" 为 2。

（8）设定 "柔性齿轮比" $N/M = 6\,000/1\,000\,000 = 3/500$。

（9）"方向设定" 为 111，若实际运行后不符合机床坐标系方向，可以再修改。

（10）设定 "速度反馈脉冲数" 和 "位置反馈脉冲数"，对应参数分别为参数 8192 和参数 12500。

（11）设定 "参考计数器容量" 为 6 000。

（12）按下功能键 ，再单击【设定】，选择设定页面，确认"写参数 = 0"。根据提示，关断 CNC 电源，再打开电源即可。

βi 和 αi 伺服参数初始化步骤基本差不多。FANUC 其他规格伺服电机可以举一反三。

第二部分　实践工作页

一、资　讯

（1）实践目的；

（2）工作设备；

（3）工作过程知识综述。

引导问题：

（1）伺服系统由哪些环节组成？如何分类？

（2）简述 FANUC 的伺服系统结构。

（3）数控机床常用的位置检测元件有哪些？进行直线位移检测时常用什么元件？

（4）数控机床在进给运动时出现 Z 轴超程，其可能的原因是什么？

（5）加工中心出现进给轴抖动，可能的原因是什么？应如何排除？

二、计划与决策

工具、材料或工作对象、工作步骤、质量控制、安全预防、工作分工。

三、实　施

四、检　查

序号	检查项目	具体内容	检查结果
1	技术资料准备		
2	工具准备		
3	材料准备		
4	安全文明生产		

五、评价与总结

评价项目	评价项目内容	评价		
		自评	他评	师评
专业能力（60）				
方法能力（20）	能利用专业书籍、图纸资料获得帮助信息； 能根据学习任务确定学习方案； 能根据实际需要灵活变更学习方案； 能解决学习中碰到的困难； 能根据教师示范，正确模仿并掌握动作技巧； 能在学习中获得过程性（隐性）知识			
社会能力（20）	能以良好的精神状态、饱满的学习热情、规范的行为习惯、严格的纪律投入课堂学习中； 能围绕主题参与小组交流和讨论，使用规范易懂的语言，恰当的语调和表情，清楚地表述自己的意见； 能在学习活动中积极承担责任；能按照时间和质量要求，迅速进入学习状态； 应具有合作能力和协调能力，能与小组成员和教师就学习中的问题进行交流和沟通，能够与他人共同解决问题，共同进步； 能注重技术安全和劳动保护，能认真、严谨地遵循技术规范			

思考与练习

1. 数控机床对进给传动系统有哪些要求？
2. 简述步进电动机原理及分类。
3. 步进电动机的驱动电路控制方式有哪些？
4. 简述进给驱动系统与主轴驱动系统的区别。
5. 简述交流进给驱动系统的工作原理。
6. 伺服电动机的维护要注意哪些？
7. 伺服系统的维护包括哪些内容？

项目五　数控机床 PLC 的应用与故障诊断

任务一：认识数控机床 PLC

任务二：学习 FANUC 0i 系统 PMC

任务三：维护、维修 FANUC 数控系统 PMC

任务四：PMC 故障典型案例分析

本项目主要介绍维修中涉及的开关量输入输出故障诊断，使学生了解 PLC 及 FANUC PMC 的定义，PMC 硬件规格和地址分配原则，常用的 PMC 基本指令和功能指令，重点介绍 PMC 与 CNC 的关系和 PMC 与机床的关系，并根据常见的面板功能和机床进行 PMC 程序举例。学生必须熟悉 PMC 页面和操作以及 FANUC LADDER 软件，以便进行传输和在线监控，会利用 PMC 有关页面进行数控机床输入输出诊断维护。

第一部分　相关知识

任务一　认识数控机床 PLC

一、PLC 的基本组成

PLC（Programmable Logic Controller），中文全称为可编程逻辑控制器，国际电工委员会（IEC）对 PLC 的定义是：一种数字运算操作的电子系统，专为在工业环境应用而设计的。它采用可编程的存储器，用于在其内部存储程序，执行逻辑运算、顺序控制、定时、计数和算术运算等操作命令，并通过数字式或模拟式的输入和输出控制各种类型的机械或生产过程。可编程逻辑控制器及其有关外部设备，都按易于与工业控制系统连成一个整体，易于扩充其功能的原则设计。可编程逻辑控制器是应用面广、功能强大、使用方便的通用工业控制装置，自研制成功并开始使用以来，已经成为了当代工业自动化的主要支柱之一。

可编程逻辑控制器主要由中央处理器（CPU）、存储器、I/O 单元及 I/O 扩展接口、外设接口、电源等组成。

（一）中央处理器

中央处理器是 PLC 的控制中枢，相当于人的大脑。CPU 一般由控制电路、运算器和控制器组成。这些电路通常都被封装在一个集成芯片上。CPU 通过地址总线、数据总线、控制总线与存储单元、输入输出接口电路连接。CPU 的功能包括：在系统监控程序的监控下工作，通过扫描方式将外部输入信号的状态写入输入映像寄存区域，PLC 进入运行状态后，从存储器中逐条读取用户指令，按指令规定任务进行数据传送、逻辑运算和算术运算等，然后将结果送到输出映像寄存区域。

CPU 常用的微处理器有通用型微处理器、单片机和位片式微处理器等。小型 PLC 的 CPU 多采用单片机或专用 CPU，中型 PLC 的 CPU 大多采用 16 位微处理器或单片机，大型 PLC 的 CPU 多采用高速位片式微处理器等，具有高度处理能力。

（二）存储器

PLC 的存储器由只读存储器（ROM）、随机存储器（RAM）和可电擦写的存储器（EEPROM）三部分构成，它主要用于存放系统程序、用户程序和工作数据。

ROM 用以存放系统程序，PLC 在生产过程中将系统程序固化在 ROM 中，用户是不可改变的。用户程序和中间运算数据存放在 RAM 中，它存储的内容断电后丢失，可以用锂电池作备用电源。当系统断电时，用户程序可以保存在 EEPROM 或由高能电池支持的 RAM 中。EEPROM 兼有 ROM 的非易失性和 RAM 的存取优点，用来存放需要长期保存的重要数据。

（三）I/O 单元及 I/O 扩展接口

I/O 单元是 PLC 系统与工作现场之间进行信息交换的桥梁：一方面接收和采集输入信号，将现场信号转换成标准的逻辑电平信号；另一方面将 PLC 内部逻辑信号电平转换成外部执行元件所要求的信号，送给被控设备或工业生产过程，以实现被控设备的自动控制过程。

I/O 扩展接口可与 PLC 的基本单元实现连接，当基本 I/O 单元的输入或输出的点数不够时，可以用 I/O 扩展单元来扩展开关量 I/O 点数和增加模拟量 I/O 端子。

（四）外设接口

外设接口用于连接编程器或其他图形编程器、文本显示器，并通过外设接口组成 PLC 的控制网络。PLC 通过 PC/PPI 电缆或使用 MPI 卡通过 RS-485 接口与计算机连接，可实现编程、监控、联网等功能。

（五）电　　源

电源的作用是把外部电源（220 V 交流电源）的电压转换成内部工作电压。外部连接的电源通过 PLC 内部配有的一个专用开关式稳压电源将交流/直流供电电源转化成 PLC 内部电路需要的工作电压（直流 5 V、±12 V、24 V），并为外部输入元件（如接近开关）提供 24 V 直流电压（仅供输入端点使用），而驱动 PLC 负载的电源由用户提供。

二、PLC 的工作过程

PLC 的工作过程虽然与微机都是依靠执行存储器中的程序来工作的，但是由于 PLC 应用于工作控制领域，需要准确地捕捉输入以及快速地响应，所以 PLC 采用了循环扫描的工作方式，分为输入采样、程序执行和输出刷新三个阶段。

（一）输入采样阶段

在输入采样阶段，PLC 以扫描方式将所有输入端的输入信号状态（ON/OFF 状态）读入输入映像寄存器中，称为对输入信号的采样。接着进入程序执行阶段，在程序执行阶段，即使外部信号状态变化，输入寄存器的内容在一个扫描周期中也不会改变，输入状态的变化只能在下一个工作周期的输入采样阶段才能被重新读入。

（二）程序执行阶段

在程序执行阶段，PLC 对程序按顺序进行扫描。如程序用梯形图表示，则总是按先上后下、先左后右的顺序扫描。每扫描到一条指令时，所需要的输入状态或其他的元素状态从输入寄存器中读入，然后进行相应的逻辑或算数运算，运算结果再存入专用寄存器。若执行程序输出指令时，则相应的运算结果存入输出寄存器。

（三）输出刷新阶段

在输出刷新阶段，PLC 执行完所有的指令以后，将输出映像寄存器中的状态转存到输出锁存电路，再经输出端子输出信号去驱动外部输出设备，形成 PLC 的实际输出。

PLC 重复地执行上述三个阶段，每重复一次就是一个工作周期（或称为扫描周期），而工作周期的长短与程序的长短有关。

三、数控机床 PLC 的形式

数控机床常用的 PLC 主要由两类：一类是专门为机床应用而设计的内装型 PLC，另一类是独立型（通用型）PLC。

（一）内装型 PLC（Built-in Type）

内装型 PLC 从属于 CNC 装置，PLC 与 NC 间的信号传送在 CNC 装置内部即可实现。它是为数控设备顺序控制而设计制造的专用 PLC。

内装型 PLC 具有如下特点：

（1）内装型 PLC 实际上是 CNC 装置带有 PLC 功能，一般是作为一种可选功能提供给用户。

（2）内装型 PLC 的性能指标是根据所从属的 CNC 系统的规格、性能、适用机床类型等确定的，其软件和硬件部分作为 CNC 系统的基本功能或附加功能与 CNC 系统一起统一设计制造的。因此，PLC 的硬件和软件整体结构十分紧凑，其所具有的功能针对性强，技术指标合理、实用，适用于单台数控机床的场合。

（3）在系统结构上，内装型 PLC 既可以与 CNC 共用一个 CPU，也可以单独使用一个 CPU。单独使用时，PLC 对外有单独配置的输入输出电路，而不使用 CNC 装置的输入输出电路。

（4）采用内装型 PLC，扩大了 CNC 内部直接处理信息的通信窗口功能，可以使用梯形图的编辑和传送等高级控制功能，且造价便宜，提高了 CNC 的性能价格比。

内装型 PLC 与数控系统之间的信息交换是通过公共的 RAM 完成的，因此，内装型 PLC 与数控系统之间没有连线，信息交换量大，安装调试更加方便，且结构紧凑、可靠性好。内装型 PLC 与外部信号的连接结构如图 5.1 所示。

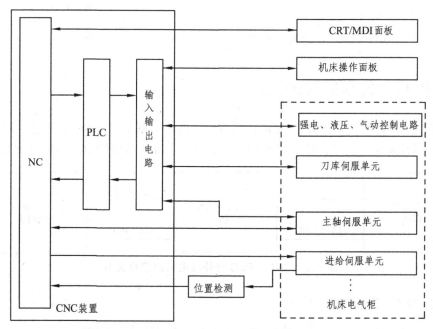

图 5.1　内装型 PLC 与外部信号的连接结构示意图

（二）独立型 PLC（Stand-alone Type）

独立型 PLC 是适应范围较广、功能齐全、通用化程度较高的 PLC。独立型 PLC 独立与 CNC 装置，有完整的硬件和软件结构，是能独立完成规定控制任务的装置。数控机床用独立的 PLC，一般采用模块化结构，它的 CPU 系统程序、用户程序、输入输出电路、通信等均设计成独立的模块。独立型 PLC 主要用于 FMS、CIMS 形式的 CNC 机床，具有较强的数据处理、通信和诊断供功能，成为 CNC 与上级计算机联网的重要设备。

独立型 PLC 与外部信号的连接如图 5.2 所示。

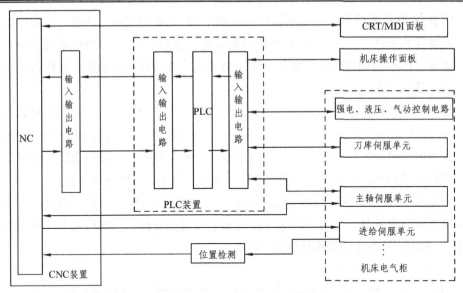

图 5.2 内装型 PLC 与外部信号的连接结构示意图

四、PLC 与外部信息的交换

PLC 作为 CNC 与机床（MT）之间的信号转换电路，既要与 CNC 进行信号转换，又要与机床侧外围开关进行信号转换。图 5.3 所示为 CNC、PLC 与外围电路的信号关系。

图 5.3 CNC、PLC 与外围电路的信号关系

（一）PLC 至 MT

CNC 输出的数据经 PLC 的逻辑处理，通过输出接口送至机床侧。CNC 到机床的主要信号有 M、S、T 等代码。M 代码是辅助功能，根据不同的 M 代码，PLC 可以控制主轴的正、反转和停止，主轴齿轮箱的换挡速度，主轴准停，切削液的开关，卡盘的加紧、松开，机械手的取刀、换刀等。S 功能是在 PLC 中可以用 4 位代码直接指定转速。T 功能是数控机床通过 PLC 管理刀库，进行自动换刀。

（二）MT 至 PLC

从机床侧输入的开关量，通过输入接口输入 PLC，经处理后送到 CNC 装置中。机床侧传给 PLC 的信号主要是机床操作面板上的各种开关、按钮及检测信号等信息。大多数信号的含义及所配置的输入地址，均可由 PLC 程序编制者或程序使用者自行定义。多数机床生产厂家可以方便地根据机床的功能和配置，对 PLC 程序和地址分配进行修改。

（三）CNC 至 PLC

CNC 送至 PLC 的信息可由 CNC 直接送至 PLC 的寄存器中，所有 CNC 送至 PLC 的信号含义和地址（开关量地址或寄存器地址）均由 CNC 厂家确定，PLC 编程者只可使用，不可以改变或增删。如数控指令 M、S、T 功能，通过 CNC 译码后直接输入 PLC 相应的寄存器中。

（四）PLC 至 CNC

PLC 送至 CNC 的信息也由开关量信号或寄存器完成，所以，PLC 送至 CNC 的信号地址与含义由 CNC 厂家确定，PLC 编程者只可使用，不可以改变或增删。

五、数控机床 PLC 的基本功能

（一）机床操作面板控制

可将机床操作面板上的控制信号直接输入 PLC，以控制数控机床的运动。

（二）机床外部开关量的输入信号控制

可将机床侧的开关量信号送入 PLC，经过逻辑运算后输出给控制对象。这些开关量包括控制开关、行程开关、接近开关、压力开关、流量开关和温控开关等。

（三）输出信号监控

PLC 的输出信号经强电控制部分的继电器、接触器，通过机床侧的液压或气动电磁阀，对刀塔、机械手、分度装置和回转工作台等装置进行控制，另外还对冷却泵电动机、润滑泵电动机等动力装置进行控制。

（四）伺服控制

对主轴和伺服进给驱动装置的使能条件进行逻辑判断，确保伺服装置的安全工作。

（五）故障诊断处理

PLC 收集强电部分、机床侧和伺服驱动装置的反馈信号，检测出故障后将报警标志区的相应报警标志位置位，数控系统根据被置位的标志位显示报警号和报警信息，以便于故障诊断。

任务二 学习 FANUC 0i 系统 PMC

一、FANUC 0i 系统 PMC 的性能及规格

可编程逻辑控制器（PLC）在 FANUC 数控系统中称为可编程机床控制器（Programmable Machine Controller，PMC），PLC 和 PMC 只是名称上不同，其本质一致。PMC 内置在数控系

统中，用来执行数控机床的顺序控制操作（主轴旋转、换刀、机床操作面板的控制等）。所谓顺序控制，就是按照事先确定的顺序或逻辑，对控制的每一个阶段进行控制。对于数控机床来说，顺序控制是在数控机床运行过程中，以 CNC 内部和机床各行程开关、传感器、按钮、继电器等开关量的开关信号状态为条件，并按照预先规定的逻辑顺序对诸如主轴的启停和换向，刀具的更换，工件的夹紧和松开，液压、冷却、润滑系统的运行进行控制。顺序控制的信息主要是开关量信号。

　　PMC 在数控机床上实现的主要功能包括工作方式控制、速度倍率控制、自动运行控制、手动运行控制、主轴控制、机床锁住控制，程序校验控制、硬件超程和急停控制、辅助电机控制、外部报警控制和操作信息控制等。

　　FANUC 0i-D 和 FANUC 0i Mate-D PMC 的基本规格如表 5.1 所示。

表 5.1　FANUC 0i 系列数控系统的 PMC 规格

PMC 规格		0i/16i/18i/21i		0i Mate-D	0i-D
		PMC-SA1	PMC-SB7	PMC-L	PMC
编程语言		梯形图	梯形图	梯形图	梯形图
梯形图级别		2	3	2	3
第一级程序扫描周期		8 ms	8 ms	8 ms	8 ms
基本指令执行时间		5 μs/步	0.033 μs/步	1 μs/步	25 ns/步
梯形图容量	梯形图	12 000 步	最大 64 000 步	最大约 8 000 步	最大约 32 000 步
	符号和注释	1~128 K		至少 1 KB	至少 1 KB
	信息	8~64 K		至少 8 KB	至少 8 KB
基本指令数		12	14	14	14
功能指令数		48	69	92	93
扩展指令		—	—	24（基本）	24（基本）
				217（功能）	218（功能）
内部继电器（R）		1 100 B	8 500 B	1 500 B	8 000 B
扩展继电器（E）		—	8 000 B	10 000 B	10 000 B
显示信息请求位（A）		200 点	2 000 点	2 000 点	2 000 点
子程序（SP）		—	2 000 个	512 个	5 000 个
标号（L）		—	9 999 个	9 999 个	9 999 个
非易失性存储区	可变定时器 T	40 个	250 个	40 个	250 个
	固定定时器	100 个	500 个	100 个	500 个
	可变计数器 C	20 个	100 个	20 个	100 个
	固定计数器	—	100 个	20 个	100 个
	保持继电器 K	20 B	120 B	220 B	300 B
	数据表 D	1 860 B	10 000 B	3 000 B	10 000 B
I/O Link	输入	最大 1 024 点	最大 1 024 点	最大 1 024 点	最大 2 048 点
	输出	最大 1 024 点	最大 1 024 点	最大 1 024 点	最大 4 096 点
顺序程序存储介质		FLASH ROM 64 KB	FLASH ROM 768 KB	FLASH ROM 128 KB	FLASH ROM 384 KB
PMC→CNC（G 信号）		G0~G255	G0~G767	G0~G767	G0~G767
CNC→PMC（F 信号）		F0~F255	F0~F767	F0~F767	F0~F767

二、PMC 的信号地址

如表 5.2 所示，地址用来区分信号，不同的地址分别对应机床侧的输入/输出信号、CNC 的输入/输出信号、内部继电器、计数器、定时器、保持型继电器和数据表。PMC 程序中主要使用 F 信号、G 信号、X 信号和 Y 信号四种类型的地址，每个地址由地址号和位数（0~7）组成。在地址号的开头必须指定一个字母来表示信号的类型。地址分为绝对地址（memory address）和符号地址（symbol address）。绝对地址是 I/O 信号的存储器区域，地址唯一。符号地址是用英文字母代替的地址，只是一种符号，可为 PMC 程序编辑、阅读与检查提供方便，但不能取代绝对地址。

表 5.2 FANUC 0i-D 数控系统 PMC 信号

地址类型	地址含义	地址范围	
		0i-D	0i-D/0i Mate-D
		PMC	PMC-L
X	机床→PMC	X0.0~X127.7	X0.0~X127.7
		X200.0~X327.7	
Y	PMC→机床	Y0.0~Y127.7	Y0.0~Y127.7
F	CNC→PMC	F0.0~F767.7	F0.0~F767.7
		F1 000.0~F1 767.7	
G	PMC→CNC	G0.0~G767.7	G0.0~G767.7
		G1 000.0~G1 767.7	
R	内部继电器	R0.0~R7 999.7	R0.0~R1999.7
		R9 000.0~R9 499.7	R9 000.0~R9 499.7
E	外部继电器	E0.0~E9 999.7	E0.0~E9 999.7
D	数据表	D0.0~D9 999.7	D0.0~D2 999.7
C	可变计数器	C0~C399（字节）	C0~C79（字节）
	固定计数器	C5 000~C5 199（字节）	C5 000~C5 039（字节）
T	可变定时器	T0~T499（字节）	T0~T499（字节）
	可变精度定时器	T9 000~T9 499（字节）	T9 000~T9 079（字节）
K	用户保持继电器	K0~K99（字节）	K0~K19（字节）
	系统保持继电器	K900~K999（字节）	K900~K999（字节）
A	信息显示请求信号	A0~A249（字节）	A0~A249（字节）
L	标记号	L1~L9 999	L1~L9 999
P	子程序	P1~P5 000	P1~P512

（一）输入/输出信号（X 信号和 Y 信号）

X 信号为 MT 输出到 PMC 的信号，主要是机床操作面板的按键、按钮和其他开关的输入信号。个别 X 信号的含义和地址是 FANUC CNC 事先定义好的，用来作为高速信号由 CNC 直接读取，可以不经过 PMC 的处理，其余大部分 X 信号的含义和地址都是由 PMC 编程人员定义。

Y 信号为 PMC 输出的 MT 的信号，主要是机床执行元件的控制信号，以及状态和报警指示等。所有 Y 信号的含义和地址需由编程人员定义。

（二）G 信号和 F 信号

在设计与调试 PMC 程序中，一般要学会查阅 G 信号和 F 信号。

G 信号为 PMC 输出到 CNC 的信号，主要是 CNC 改变或执行某一种运行的控制信号。所有的 G 信号的含义和地址都是 FANUC CNC 事先定义好的，PMC 编程人员只能使用。

F 信号为 CNC 输出到 PMC 的信号，主要是反映 CNC 运行状态或运行结果的信号。所有的 F 信号的含义和地址都是 FANUC CNC 事先定义好的，PMC 编程人员只能使用。

（三）A 信号

（1）内部继电器（R）在上电时被清零，用于 PMC 临时存取数据。

（2）信息继电器（A）用于信息显示请求位，上电时，信息继电器为 0。当该位为 1 时，显示对应的信息内容。

（3）定时器（T）用于 TMR 功能指令设置时间，是非易失性存储区。

（4）计数器（C）用于 CTR 指令和 CTRB 指令计数，是非易失性存储区。

（5）保持型继电器（K）用于保持型继电器和 PMC 参数设置，是非易失性存储区。

（6）数据表（D）包括数据控制表和数据设定表，数据控制表的数据格式（二进制还是 BCD）和数据表大小，也是非易失性存储区，如图 5.4 所示。

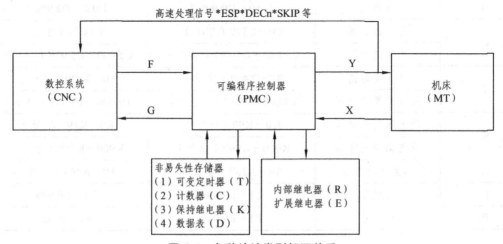

图 5.4　各种地址类型相互关系

三、PMC 梯形图程序特点

（一）PMC 程序结构

PMC 程序主要由两部分构成：第一级程序和第二级程序，如图 5.5 所示。

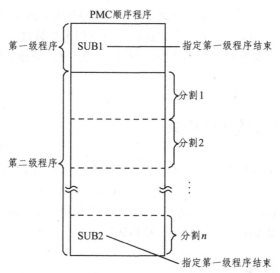

图 5.5　PMC 程序结构

第一级程序每隔 8 ms 执行一次，主要编写急停、进给暂停等紧急动作控制程序，其程序编写不宜过长，否则会延长整个 PMC 程序执行时间。第一级程序必须以 END1 指令结束。即使不使用第一级程序，也必须编写 END1 指令，否则 PMC 程序无法正常执行。

第二级程序每隔 $8 \times n$ ms 执行一次，n 为第二级程序的分割数。主要编写工作方式控制、速度倍率控制、自动运行控制、手动运行控制、主轴控制、机床锁住控制、程序校验控制、辅助电机控制、外部报警和操作信息控制等普通控制，其程序步数较多，PMC 程序执行时间也长。第二级程序必须以 END2 指令结束。

（二）PMC 程序执行过程

第二级程序一般较长，为了执行第一级程序，将根据第一级程序的执行时间，把第二级程序分割成 n 部分，分别用分割 1、分割 2、……、分割 n 表示，如图 5.6 所示。

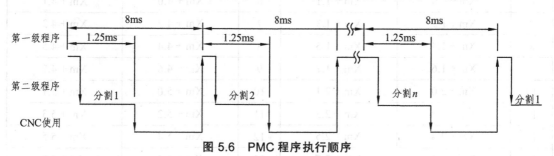

图 5.6　PMC 程序执行顺序

系统启动后，CNC 与 PMC 同时运行。在 8 ms 的工作周期内，前 1.25 ms 执行 PMC 程序，首先执行全部的第一级程序，1.25 ms 内剩下的时间执行第二级程序的一部分。执行完 PMC 程序后 8 ms 的剩余时间，为 CNC 的处理时间。在随后的各周期内，每个周期的开始均执行一次全部的第一级程序，因此在宏观上，紧急动作控制是立即反应的。执行完第一级程序后，在各周期内执行第二级程序的一部分，一直至第二级程序最后分割 n 部分执行完毕。然后又重新执行 PMC 程序，周而复始。因此，第一级程序每隔 8 ms 执行一次，第二级程序每隔 $8 \times n$ ms 执行一次。第一级程序编写不宜过长。如果程序步数过多，会增加第一级程序的执行时间，1.25 ms 内第二级程序的执行时间将减少，程序的分割数 n 将增加，从而延长整个第二级程序的执行时间。

四、FANUC 0i 系统 I/O 模块

FANUC 0i 系统常用的 I/O 单元模块有机床操作面板、操作盘 I/O 模块、分线盘 I/O 模块、I/O Link 轴放大器和 0i 用 I/O 单元模块。系统以 I/O Link 串行总线方式通过 I/O 模块与系统通信，在 I/O Link 串行总线中，CNC 为主控端，而 I/O 模块是从控端，每一个 I/O 模块都有具体的名称，在连接时需要设置组号、基座号和插槽号。

（一）操作盘 I/O 模块

操作盘 I/O 模块上的 CE56 和 CE57 是输入/输出接口，可以提供 48 点输入和 32 点输出，其物理地址分配如表 5.3 所示。

表 5.3 CE56 和 CE57 接口物理地址分配

	CE56 接口			CE57 接口	
	A	B		A	B
1	0 V	+ 24 V	1	0 V	+ 24 V
2	Xm + 0.0	Xm + 0.1	2	Xm + 3.0	Xm + 3.1
3	Xm + 0.2	Xm + 0.3	3	Xm + 3.2	Xm + 3.3
4	Xm + 0.4	Xm + 0.5	4	Xm + 3.4	Xm + 3.5
5	Xm + 0.6	Xm + 0.7	5	Xm + 3.6	Xm + 3.7
6	Xm + 1.0	Xm + 1.1	6	Xm + 4.0	Xm + 4.1
7	Xm + 1.2	Xm + 1.3	7	Xm + 4.2	Xm + 4.3
8	Xm + 1.4	Xm + 1.5	8	Xm + 4.4	Xm + 4.5
9	Xm + 1.6	Xm + 1.7	9	Xm + 4.6	Xm + 4.7
10	Xm + 2.0	Xm + 2.1	10	Xm + 5.0	Xm + 5.1
11	Xm + 2.2	Xm + 2.3	11	Xm + 5.2	Xm + 5.3
12	Xm + 2.4	Xm + 2.5	12	Xm + 5.4	Xm + 5.5
13	Xm + 2.6	Xm + 2.7	13	Xm + 5.6	Xm + 5.7

续表 5.3

	CE56 接口			CE57 接口	
	A	B		A	B
14	DICOM		14		DICOM
15			15		
16	Yn + 0.0	Yn + 0.1	16	Yn + 2.0	Yn + 2.1
17	Yn + 0.2	Yn + 0.3	17	Yn + 2.2	Yn + 2.3
18	Yn + 0.4	Yn + 0.5	18	Yn + 2.4	Yn + 2.5
19	Yn + 0.6	Yn + 0.7	19	Yn + 2.6	Yn + 2.7
20	Yn + 1.0	Yn + 1.1	20	Yn + 3.0	Yn + 3.1
21	Yn + 1.2	Yn + 1.3	21	Yn + 3.2	Yn + 3.3
22	Yn + 1.4	Yn + 1.5	22	Yn + 3.4	Yn + 3.5
23	Yn + 1.6	Yn + 1.7	23	Yn + 3.6	Yn + 3.7
24	DOCOM	DOCOM	24	DOCOM	DOCOM
25	DOCOM	DOCOM	25	DOCOM	DOCOM

表中 m 和 n 是机床制造商格局 I/O Link 连接情况用软件设置的。DICOM 由用户根据输入传感器情况选择是漏极型输入（高电平有效）还是源极型输入（低电平有效）。一般 DICOM 与 0 V 短接，确保输入都是高电平。DOCOM 端为输出信号电源公共端，接外部提供给 I/O 模块的直流 24 V。

（二）0i 专用 I/O 模块

0i 专用 I/O 模块上的输入/输出接口为 CB104 ～ CB107，可以提供 96 点输入和 64 点输出，其物理地址分配如表 5.4 所示。

表 5.4 CB104 ～ CB107 接口物理地址分配

	CB104 接口			CB105 接口			CB106 接口			CB107 接口	
	A	B		A	B		A	B		A	B
1	0 V	+ 24 V	1	0 V	+ 24 V	1	0 V	+ 24 V	1	0 V	+ 24 V
2	Xm + 0.0	Xm + 0.1	2	Xm + 3.0	Xm + 3.1	2	Xm + 4.0	Xm + 4.1	2	Xm + 7.0	Xm + 7.1
3	Xm + 0.2	Xm + 0.3	3	Xm + 3.2	Xm + 3.3	3	Xm + 4.2	Xm + 4.3	3	Xm + 7.2	Xm + 7.3
4	Xm + 0.4	Xm + 0.5	4	Xm + 3.4	Xm + 3.5	4	Xm + 4.4	Xm + 4.5	4	Xm + 7.4	Xm + 7.5
5	Xm + 0.6	Xm + 0.7	5	Xm + 3.6	Xm + 3.7	5	Xm + 4.6	Xm + 4.7	5	Xm + 7.6	Xm + 7.7
6	Xm + 1.0	Xm + 1.1	6	Xm + 8.0	Xm + 8.1	6	Xm + 5.0	Xm + 5.1	6	Xm + 10.0	Xm + 10.1
7	Xm + 1.2	Xm + 1.3	7	Xm + 8.2	Xm + 8.3	7	Xm + 5.2	Xm + 5.3	7	Xm + 10.2	Xm + 10.3
8	Xm + 1.4	Xm + 1.5	8	Xm + 8.4	Xm + 8.5	8	Xm + 5.4	Xm + 5.5	8	Xm + 10.4	Xm + 10.5
9	Xm + 1.6	Xm + 1.7	9	Xm + 8.6	Xm + 8.7	9	Xm + 5.6	Xm + 5.7	9	Xm + 10.6	Xm + 10.7

续表 5.4

	CB104 接口			CB105 接口			CB106 接口			CB107 接口	
	A	B		A	B		A	B		A	B
10	Xm + 2.0	Xm + 2.1	10	Xm + 9.0	Xm + 9.1	10	Xm + 6.0	Xm + 6.1	10	Xm + 11.0	Xm + 11.1
11	Xm + 2.2	Xm + 2.3	11	Xm + 9.2	Xm + 9.3	11	Xm + 6.2	Xm + 6.2	11	Xm + 11.2	Xm + 11.3
12	Xm + 2.4	Xm + 2.5	12	Xm + 9.4	Xm + 9.5	12	Xm + 6.4	Xm + 6.3	12	Xm + 11.4	Xm + 11.5
13	Xm + 2.6	Xm + 2.7	13	Xm + 9.6	Xm + 9.7	13	Xm + 6.6	Xm + 6.4	13	Xm + 11.6	Xm + 11.7
14			14			14	COM4		14		
15			15			15	HD10		15		
16	Yn + 0.0	Yn + 0.1	16	Yn + 2.0	Yn + 2.1	16	Yn + 4.0	Yn + 4.1	16	Yn + 6.0	Yn + 6.1
17	Yn + 0.2	Yn + 0.3	17	Yn + 2.2	Yn + 2.3	17	Yn + 4.2	Yn + 4.3	17	Yn + 6.2	Yn + 6.3
18	Yn + 0.4	Yn + 0.5	18	Yn + 2.4	Yn + 2.5	18	Yn + 4.4	Yn + 4.5	18	Yn + 6.4	Yn + 6.5
19	Yn + 0.6	Yn + 0.7	19	Yn + 2.6	Yn + 2.7	19	Yn + 4.6	Yn + 4.7	19	Yn + 6.6	Yn + 6.7
20	Yn + 1.0	Yn + 1.1	20	Yn + 3.0	Yn + 3.1	20	Yn + 5.0	Yn + 5.1	20	Yn + 7.0	Yn + 7.1
21	Yn + 1.2	Yn + 1.3	21	Yn + 3.2	Yn + 3.3	21	Yn + 5.2	Yn + 5.3	21	Yn + 7.2	Yn + 7.3
22	Yn + 1.4	Yn + 1.5	22	Yn + 3.4	Yn + 3.5	22	Yn + 5.4	Yn + 5.5	22	Yn + 7.4	Yn + 7.5
23	Yn + 1.6	Yn + 1.7	23	Yn + 3.6	Yn + 3.7	23	Yn + 5.6	Yn + 5.7	23	Yn + 7.6	Yn + 7.7
24	DOCOM	DOCOM	24	DOCOM	DOCOM	24	DOCOM	DOCOM	24	OCOM	DOCOM
25	DOCOM	DOCOM	25	DOCOM	DOCOM	25	DOCOM	DOCOM	25	DOCOM	DOCOM

表中 m 和 n 是机床制造商根据 I/O Link 连接情况用软件设置的。DICOM 由用户根据输入传感器情况选择是漏极型输入（高电平有效）还是源极型输入（低电平有效）。一般 DICOM 与 0 V 短接，确保输入都是高电平。DOCOM 端为输出信号电源公共端，接外部提供给 I/O 模块的直流 24 V。

（三）标准操作面板地址分配

标准操作面板反面自带 I/O 模块，可以提供 96 点输入和 64 点输出，大部分输入/输出地址由面板（主面板 B 和子面板 B1，见图 5.7）使用，多余的输入/输出地址由 CM68 和 CM69 使用。要维护、维修机床和设计 PMC 程序，必须了解标准面板按键含义和地址分配。

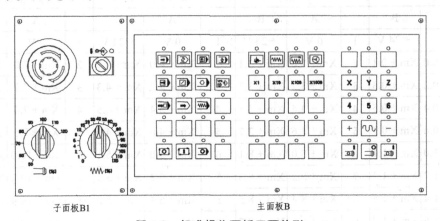

子面板B1　　　　　　主面板B

图 5.7　标准操作面板正面外形

1. 标准操作面板主面板按键和指示灯地址分配

标准操作面板主面板按键和指示灯分配地址如表 5.5 所示，按键和指示灯具体位置如图 5.8 所示，该面板上共有 55 个按键和 55 个指示灯，若标准面板上没有定义使用的按键和指示灯，用户可以根据需要自行定义，只要定义的按键功能和指示灯含义与 PMC 程序一致即可，如图 5.8 所示。

表 5.5　标准操作面板主面板按键和指示灯地址分配

按键/指示灯 ＼ 位	7	6	5	4	3	2	1	0
Xm + 4/Yn + 0	B4	B3	B2	B1	A4	A3	A2	A1
Xm + 5/Yn + 1	D4	D3	D2	D1	C4	C3	C2	C1
Xm + 6/Yn + 2	A8	A7	A6	A5	E4	E3	E2	E1
Xm + 7/Yn + 3	C8	C7	C6	C5	B8	B7	B6	B5
Xm + 8/Yn + 4	E8	E7	E6	E5	D8	D7	D6	D5
Xm + 9/Yn + 5		B11	B10	B9		A11	A10	A9
Xm + 10/Yn + 6		D11	D10	D9		C11	C10	C9
Xm + 11/Yn + 7						E11	E10	E9

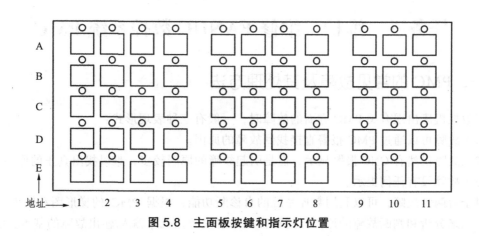

图 5.8　主面板按键和指示灯位置

2. 子面板 B1 地址分配

子面板 B1 上主要由进给轴速度倍率选择开关 SA1 和主轴速度倍率开关 SA2，数据保护开关 SA3，如表 5.6 和表 5.7 所示。

表 5.6　SA1 输入地址与进给轴速度倍率关系

倍率% 地址	0	1	2	4	6	8	10	15	20	30	40	50	60	70	80	90	95	100	105	110	120
Xm + 0.0	0	1	1	0	0	1	1	0	0	1	1	0	0	1	1	0	0	1	1	0	0
Xm + 0.1	0	0	1	1	1	1	0	0	0	1	1	1	1	0	0	0	0	1	1	1	1
Xm + 0.2	0	0	0	0	1	1	1	1	1	1	1	1	0	0	0	0	0	0	0	0	1
Xm + 0.3	0	0	0	0	0	0	0	0	1	1	1	1	1	1	1	1	1	1	1	1	1
Xm + 0.4	0	0	0	0	0	0	0	0	0	0	0	0	0	0	0	0	1	1	1	1	1
Xm + 0.5	0	1	0	1	0	1	0	1	0	1	0	1	0	1	0	1	0	1	0	1	0

表 5.7　SA2 输入地址与进给轴速度倍率关系

倍率% 地址	50	60	70	80	90	100	110	120
Xm + 0.6								
Xm + 0.7								
Xm + 1.0								
Xm + 1.1								
Xm + 1.2								
Xm + 1.3								

输入地址与速度倍率关系在 PMC 程序中的应用参考编程实例分析。

任务三　维护、维修 FANUC 数控系统 PMC

一、PMC 的常见故障及其处理方法

当数控机床出现有关 PMC 方面的故障时，一般有三种表现形式：

（1）故障可以通过 PMC 报警直接找到故障的原因。

（2）故障虽然有 CNC 报警显示，但是引起故障的原因较多，难以找出真正的原因。

（3）故障没有任何提示。

对于后两种故障，可以利用数控系统的自诊断功能，根据 PMC 的梯形图和输入、输出状态信息来分析和判断故障的原因，这种方法是解决数控机床输入/输出故障的基本方法。

通过 PMC 查找故障的方法：

（1）在"PMC"状态中观察所需的输入开关量，或系统变量是否已正确输入，若没有，则检查外部电路。对于 M、S、T 指令，可以写一个检验程序，以自动或单段的方式执行该程序，在执行的过程中观察相应的地址位。应注意的是：含该指令的零件程序在 MDI 方式下，正在执行程序的过程中是不能观察 PMC 状态的。

（2）在 PMC 状态中观察所输出的开关量或系统变量是否正确输出。若没有，则检查 CNC 侧，分析是否有故障。

（3）检查由输出开关量直接控制的电气开关或继电器是否动作，若没有动作，则检查连线或元件。检查由继电器控制的接触器等开关量是否动作，若没有动作，则检查连线或元件。

（4）检查执行单元，包括主轴电动机、步进电动机、伺服电动机等。

（5）观察 PMC 动态梯形图，结合系统的工作原理，查找故障点。

二、PMC 信号状态诊断与参数维护

（一）PMC 信号状态和参数维护类型

在 PLC 项目中，若比较熟悉逻辑关系，基本不需要分析 PLC 程序，只要监控相关的输入/输出状态以及相关的中间变量即可，FANUC 数控系统 PMC 的逻辑处理维护思路与此类似。FANUC 数控系统 PMC 也提供了信号地址状态用于维护，当不熟悉 PMC 逻辑控制时，还是需要分析 PMC 梯形图程序进行维护。

FANUC 数控系统 PMC 功能的信号状态提供了所有的地址状态监控功能。除单独提供监控地址信号外，PMC 还提供 I/O 诊断页面，输入需要监控的地址信号，就能直接监控地址检测信号通断关系。

0i-D 系统中，把 PMC 程序使用的非易失性参数数据都统一放在了 PMC 的维护菜单【PMCMNT】下。在 PMC 程序中用户维护需要修改的参数主要有定时器、计数器、保持继电器、数据表数据等。

（二）参数维护页面

（1）定时器页面如图 5.9 所示，设置时注意时间精度，一般 1～8 为 48 ms，9～40 为 8 ms。但是在 0i-D 系统中，定时器精度可以根据需要设置，精度类型有 1 ms、10 ms、100 ms、1 s、1 min 等。程序中需要修改的定时器时间可以在此页面中修改。

（2）计数器页面如图 5.10 所示，设置时注意页面提示的设置值和现在值参数，最大设置为 32 767。程序中需要修改的计数器的值可以在此页面中修改。

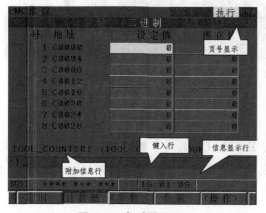

图 5.9 定时器页面

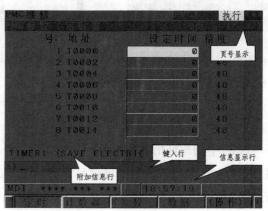

图 5.10 计数器页面

（3）保持继电器页面如图 5.11 所示，设置时注意页面中的 K0 ~ K99（0iMate-D 系统 K0 ~ K19）用户可以自定义使用，K900 ~ K999 具有特殊含义，用户不要随意使用。程序中需要修改的保持继电器的内容可以在此页面中修改。

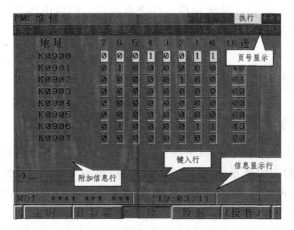

图 5.11　保持继电器页面

（4）数据表设置页面有两种，一种是数据表控制页面，如图 5.12 所示，此页面参数规定数据区数据类型；另一种是数据表页面，如图 5.13 所示，维护数据内容就是在数据表页面中设置。

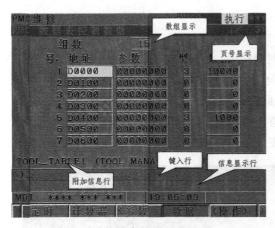

图 5.12　数据表控制数据页面

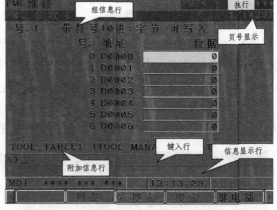

图 5.13　数据表页面

（三）信号诊断功能

PMC 中的地址信号地址符（A、X、Y、D、K、T、C、E 等）都有信号诊断页面，也可以直接根据需要输入监控地址信号，能够很直观地看到监控地址信号的通断状态，如图 5.14 所示。

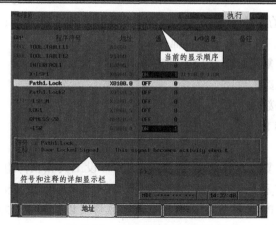

图 5.14　I/O 诊断地址页面

（四）信号追踪功能

数控系统 PMC 信号追踪功能相当于"示波器"，可以实时采样反映一组外围开关的输入状态、PMC 的信号输出状态及 PMC 和 CNC 之间的信号输入/输出状态。X、Y、F、G、R、K 等地址信号的实时状态尽在维修人员的掌握之中。信号跟踪画面如图 5.15 所示。要执行信号跟踪功能，首先要设置跟踪参数，设置参数画面如图 5.16 所示。

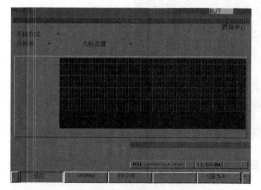

图 5.15　信号追踪页面

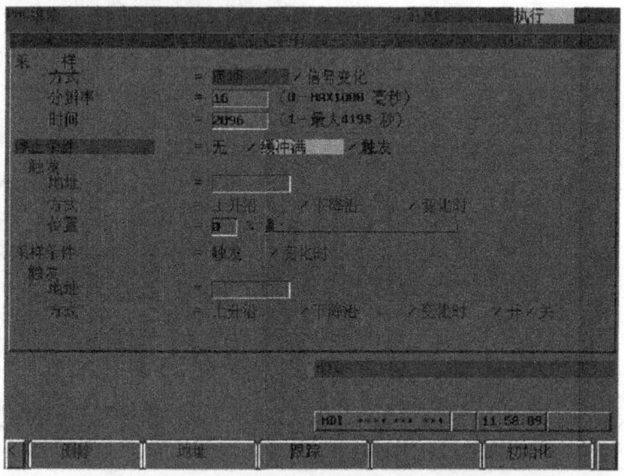

图 5.16　信号追踪参数设置页面

（五）PMC 程序监控

当数控设备逻辑关系比较复杂时,不能利用信号诊断方法快速直接排除故障,这时有必要进入 PMC 程序，通过 PMC 程序监控状态分析故障原因。PMC 程序监控画面如图 5.17 所示。

三、PMC 数据备份与恢复

PMC 数据只有两种，一种是 PMC 程序，另一种是 PMC 参数。PMC 程序存放在 FLASH

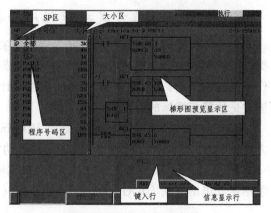

图 5.17　PMC 程序监控

ROM 中，而 PMC 参数存放在 SRAM 中。PMC 参数主要包括定时器、计数器、保持继电器、数据表等非易失性数据，数据由系统电池保存。

PMC 数据备份与恢复的通信接口主要有：

（1）内嵌式以太网接口。

（2）快速以太网板接口。

（3）PCMCIA 卡接口。

（4）RS-232 接口。

PMC 数据备份与恢复的具体数据不同，使用的外设工具和软件也不同。利用存储卡可以备份和恢复梯形图 PMC 程序和 PMC 参数。利用 FANUC 公司的 FANUC LADDER-Ⅲ 软件可以备份和恢复系统中的 PMC 程序和参数。利用该软件可以选择 RS-232C 接口或以太网接口通信，也可以在线监控 PMC 程序。

PMC 数据备份与恢复根据通信的外部接口不同，设置参数也不同。可以把 PMC 程序从单签 RAM 中备份到系统存储卡中，也可以从系统存储卡中恢复到当前 RAM 中。PMC 数据备份与恢复页面如图 5.18 所示。

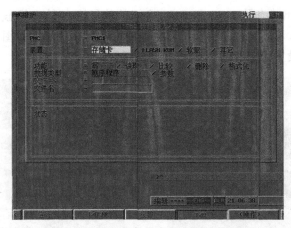

图 5.18　PMC 数据备份与恢复页面

四、PMC 编程实例分析

（一）机床工作方式功能程序分析

同一种机床操作面板外形各异，但最终实现的机床基本功能类似。下面以 FANUC 公司提供的标准 I/O Link 机床操作面板为例介绍操作面板主要程序，读者可以举一反三，了解操作面板编制思路，掌握机床操作面板功能设计的 G 地址信号和 F 地址信号，掌握机床操作面板常见故障与维修的方法。

FANUC 数控系统标准面板，通过 I/O Link 与 CNC 连接。操作方式切换按键可实现操作方式的转换以及相应指示灯的显示，具体功能包括程序编辑方式（EDIT）、自动运行方式（AUTO）、在线加工方式（DNC）、手动数据输入方式（MDI）、手动连续进给方式（JOG）、手动连续进给方式（JOG）和回参考点方式（REF）。所需要的输入输出信号如表 5.8 所示。

表 5.8　机床操作面板操作方式信号关系

运行方式	X 输入地址	G 地址信号（PMC→CNC）					CNC 输出 F 地址信号（CNC→PMC）	PMC 输出 Y 信号
		G43.7	G43.5	G43.2	G43.1	G43.0		
		ZRN	DNC1	MD4	MD2	MD1		
自动方式运行（MEN）	X24.0	0	0	0	0	1	MMEN（F3.5）	Y24.0
程序编辑（EDIT）	X24.1	0	0	0	1	1	MEDT（F3.6）	Y24.1
手动数据输入（MDI）	X24.2	0	0	0	0	0	MMDI（F3.3）	Y24.2
DNC 方式运行（RMT）	X24.3	0	1	0	0	1	MRMT（F3.4）	Y24.3
手动回参考点（REF）	X26.4	1	0	1	0	1	MREF（F4.5）	Y26.4
手动连续进给（JOG）	X26.5	0	0	1	0	1	MJ（F3.2）	Y26.5
手轮进给/增量进给（HND/INC）	X26.7	0	0	1	0	0	MH/MINC（F3.1/F3.0）	Y26.7

（1）将 EDIT、AUTO、DNC、MDI、HND、JOG、REF 中任一种方式选择键按下，接通内部继电器 R200.7。

（2）根据表 5.8，G43.0（MD1）为 1 时，有程序编辑方式（EDIT）、自动运行方式（AUTO）、在线加工方式（DNC）、手动连续进给方式（JOG）和回参考点方式（REF）五种工作方式，PMC 的程序要实现这五种工作方式选择按键按下时，G43.0（MD1）将信号接通并保持信号。控制程序如图 5.19 所示。

（3）G43.1（MD2）为 1 时，只有程序编辑方式（EDIT），PMC 程序设计要实现当 EDIT 工作方式选择键按下时，将 G43.1（MD2）信号接通并保持信号。

（4）G43.2（MD4）为 1 时，只有回参考点方式（REF）、手动连续进给方式（JOG）和手轮进给方式（HND）三种工作方式。PMC 程序设计要实现当这三种工作方式选择键按下时，将 G43.2（MD4）信号接通并保持信号。

（5）G43.5（DNC）为 1 时，只有在线加工方式（DNC），PMC 程序设计要实现当 DNC 工作方式选择键按下时，将 G43.5（DNC）信号接通并保持信号。

（6）G43.7（ZRN）为 1 时，只有回参考点方式（REF），PMC 程序设计要实现当 ZRN 工作方式选择键按下时，将 G43.7（ZRN）信号接通并保持信号。

（7）CNC 系统工作方式确认后，利用系统确认信号控制工作方式指示灯。同时，由于 DNC 和 AUTO、ZRN 和 JOG 是同一种工作方式，故在输出信号中增加保护信号，在 AUTO（Y24.0）工作方式上串联 DNC1（G43.5）非信号，在 DNC（Y24.3）工作方式上串联 DNC1（G43.5）信号，在 ZRN（Y24.6）工作方式上串联了 ZRN（G43.7）信号，在 JOG（Y26.5）工作方式上串联 ZRN（G43.7）非信号，PMC 程序如图 5.19 所示。

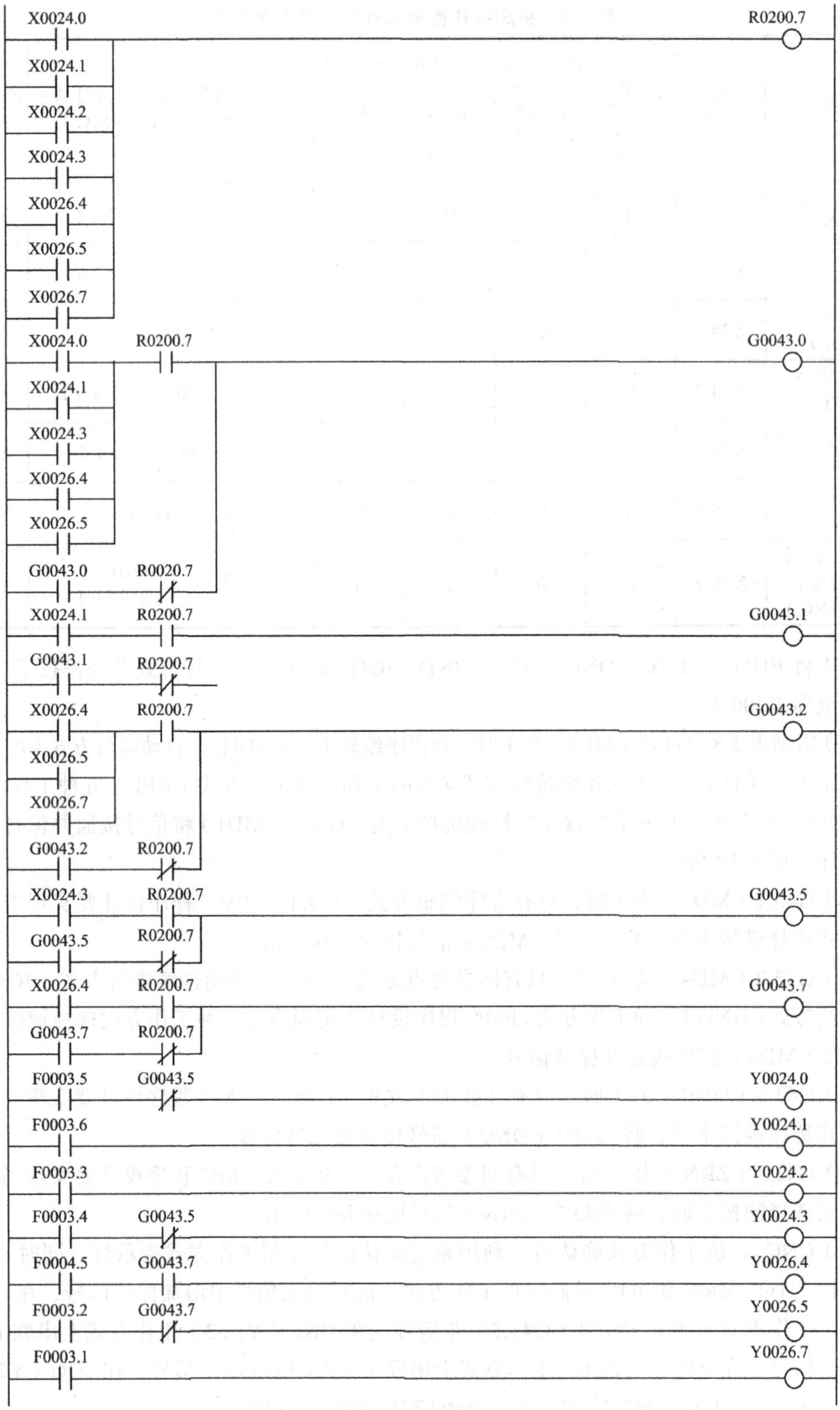

X0024.0   R0200.7
X0024.1
X0024.2
X0024.3
X0026.4
X0026.5
X0026.7

X0024.0   R0200.7   G0043.0
X0024.1
X0024.3
X0026.4
X0026.5
G0043.0   R0020.7

X0024.1   R0200.7   G0043.1
G0043.1   R0200.7

X0026.4   R0200.7   G0043.2
X0026.5
X0026.7
G0043.2   R0200.7

X0024.3   R0200.7   G0043.5
G0043.5   R0200.7

X0026.4   R0200.7   G0043.7
G0043.7   R0200.7

F0003.5   G0043.5   Y0024.0
F0003.6   Y0024.1
F0003.3   Y0024.2
F0003.4   G0043.5   Y0024.3
F0004.5   G0043.7   Y0026.4
F0003.2   G0043.7   Y0026.5
F0003.1   Y0026.7

图 5.19　机床工作方式 PMC 程序

（二）手动进给倍率 PMC 控制

手动进给倍率开关的输入信号 X20.0 ～ X20.4 是格雷码，需要将该信号转换为二进制码信号 R204.0 ～ R204.4。PMC 程序设计如图 5.20 所示。

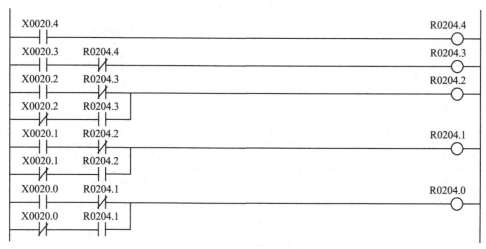

图 5.20 手动进给倍率信号处理程序

基本手动进给速度通过参数 1423 设定，手动进给速度倍率信号*JVi 使用 16 位二进制码信号*JV0 ～*JV15（负逻辑），CNC 输入地址为 G10.0 ～ G11.7，见表 5.9。根据输入信号的不同状态，利用代码转换指令将相应倍率值送到 G10 ～ G11 中，倍率的输入与 G10、G11 组合之间的关系见表 5.10。

表 5.9 手动进给倍率速度信号地址

地址	#7	#6	#5	#4	#3	#2	#1	#0
G10	*JV7	*JV6	*JV5	*JV4	*JV3	*JV2	*JV1	*JV0
G11	*JV15	*JV14	*JV13	*JV12	*JV11	*JV10	*JV9	*JV8

表 5.10 倍率的输入与 G10、G11 组合之间的关系

序号	X20.4	X20.3	X20.2	X20.1	X0.0	G11 和 G10 *JV15 ～ *JV10	倍率值/%
1	0	0	0	0	0	0000 0000 0000 0000	0
2	0	0	0	0	1	1111 1111 1001 1011	1
3	0	0	0	1	1	1111 1111 0011 0111	2
4	0	0	0	1	0	1111 1110 0110 1111	4
5	0	0	1	1	0	1111 1101 1010 0111	6
6	0	0	1	1	1	1111 1100 1101 1111	8
7	0	0	1	0	1	1111 1100 0001 0111	10
8	0	0	1	0	0	1111 1010 0010 0011	15

续表 5.10

序号	X20.4	X20.3	X20.2	X20.1	X0.0	G11 和 G10	倍率值/%
						*JV15 ~ *JV10	
9	0	1	1	0	0	1111 1100 0010 1111	20
10	0	1	1	0	1	1111 0100 0100 0111	30
11	0	1	1	1	1	1111 0000 0101 1111	40
12	0	1	1	1	0	1110 1100 0111 0111	50
13	0	1	0	1	0	1110 1000 1000 1111	60
14	0	1	0	1	1	1110 0100 1010 0111	70
15	0	1	0	0	1	1110 0000 1011 0111	80
16	0	1	0	0	0	1101 1100 1101 0111	90
17	1	1	0	0	0	1101 1010 1110 0011	95
18	1	1	0	0	0	1101 1000 1110 1111	100
19	1	1	0	0	1	1101 0110 1111 1011	105
20	1	1	0	0	0	1101 0101 0000 0111	110
21	1	1	1	1	0	1101 0001 0001 1111	120

COBD 指令是把 2 字节二进制（0～256）数据转换成 1 字节、2 字节或 4 字节的二进制数据指令。具体功能是把 2 字节二进制数制定的数据表内号数据输出到转换数据的输出地址中。一般用于数控机床面板倍率开关控制。

R9091.1 为常 1 信号，F3.2 是手动进给确认信号。由表 5.10 可知，数据表的数值 = −（倍率值 ×100 + 1）。使用 COBD 功能指令的 PMC 程序如图 5.21 所示。

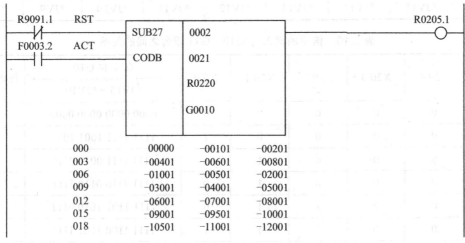

图 5.21　手动进给倍率信号处理程序

（三）辅助功能程序

辅助功能一般指 M、S、T 辅助功能，这里主要介绍 M 功能，M 功能故障是数控设备维修中常见的故障。当自动运行加工程序中出现辅助功能执行时间超过正常逻辑运行时间，不能往下正常执行程序，说明在输入/输出逻辑处理中有故障产生。

维修人员要理解 M 辅助功能指令的功能和作用，熟悉数控机床动作流程，理解 M 辅助功能指令控制过程，能通过 PMC 梯形图分析检查故障原因所在。

CNC 读到加工程序中的 M 代码时，就输出 M 代码的信息。FANUC 0i-D 数控系统 M 代码输出地址为 F10~F13（4 字节二进制码），见表 5.11。

表 5.11　M 代码输出地址

地址	#7	#6	#5	#4	#3	#2	#1	#0
F10	M07	M06	M05	M04	M03	M02	M01	M00
F11	M16	M15	M14	M13	M12	M10	M09	M08
F12	M24	M23	M22	M21	M20	M19	M18	M17
F13	M32	M31	M30	M29	M28	M27	M26	M25

M 辅助功能执行过程：

（1）假设程序中包含 M 辅助功能指令 M×××。×××为 M 辅助功能指令位数，由十进制数表示。通过参数 3030 可以指定 M 辅助功能指令最大位数，当指令超过最大位数时，会有报警发出。

（2）系统将 M 后面的数字自动转换成二进制输出值 F10~F13 四个字节中，经过由参数 3010 设定的时间 TMF（标准设定为 16 ms）后，选通脉冲信号 MF（F7.0）成为 1。如果移动、暂停、主轴速度或其他功能指令与 M 辅助功能指令编制在同一程序段中，当送出 M 辅助功能指令的代码信号时，开始执行其他功能。

（3）在 PMC 侧，在 MF（F7.0）选通脉冲信号成为 1 的时刻读取代码信号，执行对应的动作。PMC 执行机床制造商编制的梯形图。

（4）如果希望 M 辅助功能指令在移动、暂停等功能完成后执行对应的动作，分配完成信号 DEN（F1.3）应为 1。

（5）PMC 侧完成对应的工作时，将完成信号 FIN（G4.3）设定为 1。完成信号在 M 辅助功能、主轴功能、刀具功能、第二辅助功能以及其他外部动作等中共同使用。如果这些外部动作功能同时动作，则需要在所有外部动作功能都已经完成的条件下，将完成信号 FIN（G4.3）设定为 1。

（6）完成信号 FIN（G4.3）保持为 1 的时间超过参数 3011 设定的时间 TFIN（标准设定：16 ms）时，CNC 将选通脉冲信号 MF（F7.0）设定为 0，通知 PMC CNC 已经接受了完成信号的事实。

（7）PMC 侧在选通脉冲信号 MF（F7.0）成为 0 的时刻，将完成信号 FIN（G4.3）设定为 0。

（8）完成信号 MF（F7.0）成为 0 时，CNC 将 F10～F13 四个字节中的代码信号全部设定为 0，并结束 M 辅助功能的全部顺序操作。

（9）CNC 等待时同程序段的其他指令完成后，进入下一个程序段。

M 辅助功能时序图如图 5.22 所示。

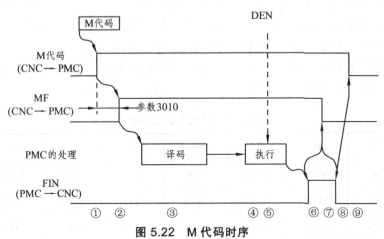

图 5.22　M 代码时序

以冷却功能为例，学习辅助功能程序。

某数控机床通过冷却按钮控制冷却液打开或关闭，按一下手动冷却按钮，冷却液打开，冷却按钮上的指示灯点亮；再按一下冷却按钮，冷却液关闭，冷却按钮上的指示灯熄灭。

程序中若遇 M08 代码，则冷却液开；若遇 M09 代码，则冷却液关，相应冷却指示灯有效。

如表 5.12 所示，冷却系统的 PMC 输入输出信号如下：

X7.4 为冷却泵电机的短路器的输入信号，可以实现电动机的短路与过载保护。

X9.7 是冷却液过低报警提示的输入信号，用于冷却系统液面检测。

X25.4 为数控机床面板上的手动冷却开关，作为系统手动冷却的输入信号；按下冷却启动按钮，应用单脉冲接通与断开 PMC 程序，当机床急停、复位或程序结束时，冷却泵断开，冷却指示灯关闭。

Y0.7 为输出信号，用于控制冷却电动机工作的控制中间继电器，继电器控制冷却电动机的接触器。

Y25.4 为系统控制冷却电动机工作的指示灯。

表 5.12　冷却功能完成信号地址表

地址	M08 代码	M09 代码
10F～13	F10 = 00001000	F10 = 00001001
	F11 = 00000000	F11 = 00000000
	F12 = 00000000	F12 = 00000000
	F13 = 00000000	F13 = 00000000
内部继电器	R10.5 内部继电器为 1	R10.6 内部继电器为 1

冷却程序如图 5.23 所示。

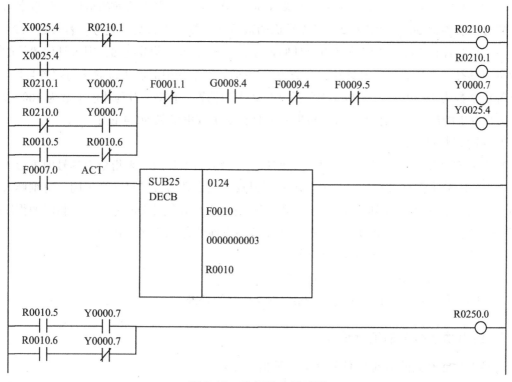

图 5.23　冷却程序梯形图

（四）换刀 PMC 编程

1. FANUC 数控系统刀具功能分类

要维修数控机床与换刀有关的故障，必须理解数控系统与 PMC 涉及换刀功能的控制关系，才能从系统控制原理理解控制过程，更好地分析和维修涉及刀具的故障。

FANUC 数控系统根据系统功能不同，刀具功能分为 T 系列刀具功能和 M 系列刀具功能，它们的 T 指令后面数字的含义是不同的。

1）T 系列刀具功能

通过指令一个跟在地址 T 后面的数值，向机械侧输入一个代码信号或选通脉冲信号，由此来控制机械侧的刀具选择。可以在一个程序段中指令一个 T 代码。在相同程序段中指令一个移动指令和一个 T 代码时，指令按照下面两种方式之一执行：

① 同时开始移动指令和 T 功能指令。

② 完成移动指令之后开始 T 功能指令。

选择哪一种，取决于机床制造商 PMC 侧梯形图的处理。

T 系列刀具功能 T 指令后面最多可以编制 8 位数字，如 T××××××××，T 指令后面的数值用来指令刀具的选择。此外，该数值后面的一部分数字用来指定刀具位置偏置量的刀具偏置号，哪一位是刀具偏置号，具体由参数 5028 来设定。

例如，指令 T×××××××，若参数 5028 设定为 1，则 T 后面的最后 1 位数字为刀具偏置号。若参数 5028 设定为 2，则 T 后面的最后 2 位数字为刀具偏置号。若参数 5028 设定为 3，则 T 后面的最后 3 位数字为刀具偏置号。若参数 5028 设定为 0，则刀具偏置号的位数根据刀具补偿个数而定，刀具补偿个数为 1 ~ 9 时，T 指令中的后 1 位数字为偏置号位数；刀具补偿个数为 10 ~ 99 时，T 指令中的后 2 位数字为偏置号位数；刀具补偿个数为 100 ~ 200 时，T 指令中的后 3 位数字为偏置号位数；刀具补偿个数由参数 5024 设定。

2）M 系列刀具功能

M 系列刀具功能通过跟在地址 T 之后的数值（最大为 8 位数）来指令刀具号即可选择刀具。T 后面的数字都是刀具号，这个与 T 系列刀具功能定义的刀具号完全不同。对维修人员来讲，必须了解 T 系列刀具功能和 M 系列刀具功能的 T 指令定义的差别。在相同的程序段中指令一个移动指令和一个刀具功能时，指令按照下面两种方式之一执行：

① 同时开始移动指令和 T 功能指令。

② 完成移动指令之后开始 T 功能指令。

选择哪一种，取决于机床制造商 PMC 侧梯形图的处理。

2. 换刀功能有关的地址信号

与换刀功能有关的 G 地址信号和 F 地址信号如下：

（1）TF（F7.3）T 功能选通脉冲信号。当执行 T 指令时，系统会向 PMC 输出 T 功能选通信号，表示系统正在执行 T 指令。在 PMC 编程中，尽可能采用此信号作为换刀 PMC 程序的逻辑关系的必要条件。

（2）T00 ~ T31（F26 ~ F29）数控系统根据系统是 T 系列还是 M 系列以及参数设定情况，自动计算在 T 后面的数字中实际指令刀具号的是几位数字，把计算出的刀具号转换成二进制送到 PMC 的 F 存储区中的 F26 ~ F29，用符号来表示是 T00 ~ T31，这里的 T00 ~ T31 不是表示 00 ~ 31 号刀，而是表示 F26 ~ F29 的每一位的符号。

（3）FIN（G4.3）表示辅助功能、主轴功能、刀具功能、第二辅助功能、外部动作功能等共同的完成信号。T 功能也可以单独完成信号 TFIN（G5.3），此信号是否使用可以由参数 3001#7 来设定，设定参数 3001#7 = 1 时，选择使用 TFIN（G5.3）信号。

（4）DEN（F1.3）分配结束信号（输出），此信号通知向 PMC 侧发送的辅助功能、主轴功能、刀具功能、第二辅助功能等以外的同一程序段内的其他指令（移动指令、暂停等）已经全部完成，处在等待来自 PMC 侧完成信号的状态。上面介绍的 T 系列和 M 系列刀具功能中提到 T 指令的两种执行方式，就是取决于机床制造商使用 TF（F7.3）还是使用 DEN（F1.3）信号用于 PMC 的逻辑选通条件。

3. 换刀功能控制过程

系统与 PMC 涉及换刀控制过程与 M 功能实现过程类似，具体换刀功能控制过程如下：

（1）假设在指令程序中指令了 T××××，××××可以通过参数 3032 为 T 功能指定最大位数，指令超过该最大位数时，会发出报警信号。

（2）数控系统根据系统是 T 系列还是 M 系列以及参数的设置情况，自动计算在 T 后面的数字实际指令刀具号是几位数字，把计算的刀具号转换成二进制送到 PMC 的 F 存储区中的 F26 ~ F29，经过由参数 3010 设定的时间 TMF（标准设定是 16 ms）后，选通脉冲信号 TF（F7.3）变成 1。与 T 功能一起指令了其他功能（移动指令、暂停指令、主轴功能等）的情况下，同时进行代码信号的输出与其他功能的执行。

（3）在 PMC 侧，要在选通脉冲信号 TF（F7.3）变为 1 的时刻读取代码信号，执行对应的动作。PMC 执行机床制造商编制的换刀具体动作流程图程序。

（4）如果希望在相同程序段中指令的移动指令、暂停指令等完成后执行对应的动作，应等待分配完成信号 DEN（F1.3）变为 1。

（5）在 PMC 侧完成对应的动作时，应将完成信号 FIN（G4.3）设定为 1。但是，完成信号在辅助功能、主轴功能、刀具功能、第二辅助功能以及其他外部动作功能等中共同使用。如果这些其他功能同时动作，则需要在所有功能都已经完成的条件下将完成信号 FIN（G4.3）设定为 1。

（6）完成信号在由参数 3011 设定的时间 TFIN（标准设定是 16 ms）以上保持 1 时，CNC 将选通脉冲信号 TF（F7.3）设定为 0，通知已经接收到完成信号。

（7）PMC 侧应在选通脉冲信号 TF（F7.3）变为 0 的时刻将完成信号 FIN（G4.3）设定为 0。

（8）完成信号 FIN（G4.3）为 0 时，CNC 将 F26 ~ F29 中的代码信号全部设定为 0，T 功能的顺序全部完成。

（9）CNC 等待相同程序段的其他指令完成后，进入下一个程序段。

T 功能单独指令时序图参考图 5.24。

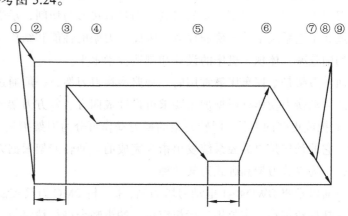

图 5.24　T 功能单独指令时序图

4．与换刀功能有关的参数

与刀具有关的参数很多，如何使用刀具补偿等功能参数，读者可以参考参数手册或参考系统连接说明书。这里仅介绍几个与换刀有关的常见参数，如表 5.13 所示。

表 5.13　与换刀相关的主要参数

参数	#7	#6	#5	#4	#3	#2	#1	#0
5002		LWM						
5024				刀具补偿个数				
3032				T 代码允许位数				
3010			选通脉冲信号 MF、SF、TF、BF 的延迟时间					
3011			M、S、T、B 功能结束信号（FIN）的可接受宽幅					

　　基于刀具移动的刀具位置补偿参数（T 系列）5002。此参数决定是在编制 T 指令时进行刀具位置补偿，还是在下一条有轴移动时进行补偿。此参数与编制加工程序有关。

　　刀具补偿个数 5024。此参数应根据刀具实际情况来设置。

　　T 代码允许位数 3032。此参数决定 T 指令后面最多可以编制的数字量，设置的范围是 1~8。

　　辅助功能选通脉冲信号延时参数 3010。此参数设定为从 M、S、T、B 代码送出起到送出选通脉冲信号 MF、SF、TF、BF 信号为止的时间。

　　辅助功能结束信号延时参数 3011。此参数设定将 M、S、T、B 功能结束信号（FIN）视为有效的最低信号宽幅，即当 PMC 产生 FIN（G4.3）并送给系统后，延时多少时间才能把选通脉冲信号和 FIN（G4.3）清零。

5. 换刀程序实例

　　数控机床上的刀架是安放刀具的重要部件，许多刀架还直接参与切削工作，如卧式车床上的四方刀架，转塔车床的转塔刀架，回轮式转塔车床的回轮刀架，自动车床的转塔刀架和天平刀架等。这些刀架不仅安放刀具，而且直接参与切削，承受极大的切削力作用，所以它往往成为工艺系统中的较薄弱环节。因此，刀架的性能和结构往往直接影响到机床的切削性能、切削效率，体现了机床的设计和制造技术水平。

　　回转刀架是数控车床最常用的一种典型换刀刀架，一般通过液压系统或电气系统来实现机床的自动换刀动作，根据加工要求可设计成四方、六方刀架或圆盘式刀架，并相应地安装 4 把、6 把或更多的刀具。回转刀架的换刀动作可分为刀架抬起、刀架转位和刀架锁紧等几个步骤。它的动作是由数控系统发出指令完成的。回转刀架根据刀架回转轴与安装底面的相对位置，分为立式刀架和卧式刀架两种。

　　下面以常州 BWD40-1 电动刀塔为例，来分析 PMC 刀具控制程序。该电动刀塔为 6 工位，采用蜗杆蜗轮传动，定位销进行粗定位，端齿啮合进行精定位。通过电动机正转实现松开刀塔并进行分度，电动机反转进行锁紧并定位，电动机的正反转由接触器 KM3、KM4 控制，刀塔的松开和锁紧靠微动行程开关 SQ 进行检测，地址为 X2.5。电动刀塔的分度由刀塔主轴后端安装的角度编码器进行检测和控制，信号是 8421 码，分别是 X2.1、X2.2、X2.3，刀具位置选通脉冲信号为 X2.6。电动机刀塔过载保护输入信号为 X2.4，如表 5.14 所示。

表 5.14 刀具地址输入信号真值表

刀位	X2.1 信号	X2.2 信号	X2.3 信号	X2.6 信号
T1	1	0	0	1
T2	0	1	0	1
T3	1	1	0	1
T4	0	0	1	1
T5	1	0	1	1
T6	0	1	1	1

数控车床电动刀架的控制过程如下：

（1）机床接收到换刀指令（程序的 T 码指令）后，转塔电动机正转进行松开并分度控制，分度过程中要有转位时间的检测，检测时间设定为 10 s，每次分度时间超过 10 s，系统就发出转塔分度故障报警。

（2）转塔进行分度并到位后，通过电动机反转进行转塔的锁紧和定位控制，为了防止反转时间过长导致电动机过热，要求转塔电动机反转控制时间不得超过 0.7 s。

（3）在转塔电动机正反转控制过程中，还要求有正转停止的延时时间控制和反转开始的延时时间控制。

（4）自动换刀指令执行后，要进行转塔锁紧到位信号的检测。只有检测到该信号，才能完成 T 码功能。

（5）在自动换刀控制过程中，要求有电动机过载、短路及温度过高保护，并有相应的报警信息显示。自动运行中，程序的 T 码错误（T=0 或 T≥7）时也有相应的报警信息显示。

电动刀架 PMC 程序如图 5.25 和图 5.26 所示，具体分析如下：

（1）X2.1、X2.2、X2.3 为电动刀盘实际刀具号输出信号（8421 码），X2.6 为刀具选通信号，D302 为存放实际刀具号的数据表。当电动刀盘转到 1 号刀时，刀具选通信号 X2.1 发出 1 信号，X2.2、X2.3 发出 0 信号，采用 NUMEB 指令程序进行位置定义。具体程序参考图 5.25。

（2）通过带符号的二进制比较方位指令 RNGB 判断编程刀号是否在 1～6 范围之间（包括 1 和 6）。若 0≤F26 的数据≤6，R5.0 采用非输出，则 R5.0 输出为 0。

（3）判断编程刀具号与当前刀具号是否一致。通过带符号的二进制数据比较指令把当前位置的刀具号（D302）的值与程序的 T 代码寄存器 F26 中的数值进行比较，如果两个数值相同，R0.0 输出线圈为 1，则 T 代码辅助功能结束（说明编程刀具号与当前实际刀具号一致）；若两个数值不相同，R0.0 输出线圈为 0，则进行转塔分度控制。

（4）当刀具选通信号为 1 时，若程序指令的 T 代码与转塔实际刀号不一致，R0.0 内部继电器线圈不得电，同时没有 T 代码编程错误 R5.0 信号、转塔故障 R5.1 信号和急停报警，系统发出转塔分度指令（继电器为 R0.3 为 1），同时自锁，直到刀具换刀完成。

（5）转塔分度指令（继电器 R0.3 为 1）生效，转塔电动机正转（输出继电器 Y2.4 为 1），通过蜗杆传动松开锁紧凸轮，凸轮带动刀盘转位。Y2.5 转塔电动机反转输出信号，实现电动机互锁。R0.5 为转塔电动机正转结束后延时输出信号，用于控制转塔电动机正转断开。

（6）转塔电动机转动中角度编码器发出转位信号（X2.1、X2.2、X2.3），当转塔转到换刀位置时，系统判别一致指令（COIN）信号 R0.0 为 1，发出转塔分度到位信号（继电器 R0.4 为 1）。

（7）转塔电动机经过定时器 0001 延时 50 ms 后，切断转塔电动机正转输出信号 Y2.4。

（8）转塔电动机经过定时器 0001 延时后，输出信号 R0.5，接通定时器 0002，当设定时间到达，输出控制信号 R0.6。

（9）控制信号 R0.6 接通转塔刀架反转输出信号 Y2.5，R0.7 为转塔刀架反转后延时输出信号，用于断开转塔刀架反转输出信号 Y2.5，定位销进行粗定位，端齿盘啮合进行精定位。

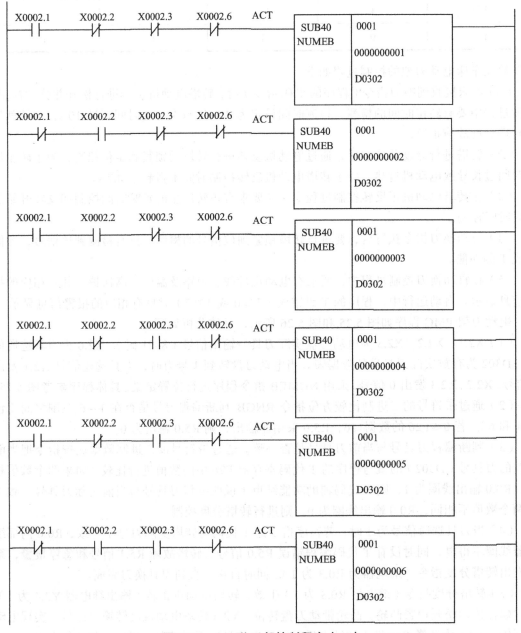

图 5.25　六工位刀架控制程序（一）

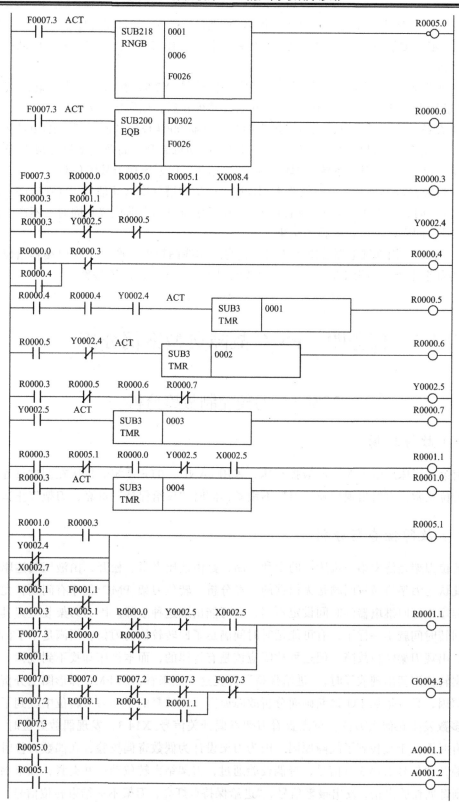

图 5.26　六工位刀架控制程序（二）

（10）锁紧凸轮进行锁紧并发出转塔锁紧到位信号 X2.5，经过反转停止延时定时器 0003 的延时（设定为 0.6 s）后，发出发动机反转停止信号（R0.7 为 1），切断转塔电动机反转输出信号 Y2.5。

（11）夹紧凸轮进行锁紧并发出转塔锁紧到位信号 X2.5，转塔没有发出转塔故障信号 R5.1，转塔发出刀具到位信号 R0.0，同时转塔反转停止后，则转塔夹紧到位。

（12）在整个换刀过程中，当换刀过程超过定时器 0004 设定的时间后，R1.0 线圈得电。

（13）在整个换刀过程中，当换刀过程超时、电动机温升过高及电动机过载/短路保护短路器 QF4（X2.7）动作时，系统立即停止换刀动作并发出系统换刀故障信息。

（14）当编程指令与刀具当前位置不相同时，产生转塔分度启动信号，直到转塔夹紧到位检测信号为 1 时，认为 T 代码换刀结束；当编程指令与刀具当前位置相同时，不产生转塔分度启动信号，同样认为 T 代码换刀结束。

（15）当 R5.0 内部继电器线圈为 1 时，信息显示线圈得电，产生 T 代码编程错位报警；当 R5.1 内部继电器线圈为 1 时，信息显示线圈得电，产生转塔故障报警。

任务四　PMC 故障典型案例分析

实例 1　刀架控制故障分析

（一）故障现场

济南第一机床厂生产 MJ-50 数控车床，采用 FANUC 0TE 系统。机床在调试过程中，刀架有时转位正常，有时出现故障，刀架不锁紧，同时"仅给保持"灯亮，刀架停止运动。

（二）故障检查与分析

该转位刀架是济南第一机床厂的专利产品，是由液压夹紧、松开，由液压马达驱动转位的，因此认为刀架机械有问题是无根据的。经分析，转位刀架 PMC 程序有问题，尤其是刀架控制程序中延时继电器的时间设定不当，有可能出现这种故障。因为刀架装上刀具以后，各刀位回转时间就不一样了，有可能延时时间满足了回转较快的刀位，而满足不了回转较慢的刀位，出现刀架转位故障。但这种故障应该是有规律的，而本机床却找不到规律。

根据转位刀架出现故障时，"进给保持"灯亮这一点来看，从 PMC 梯形图上分析，找不到故障原因，只有依靠 I/O 诊断画面分析故障原因。在反复的手动刀架转位中找到了规律，故障大多数发生在偶数刀位。重点查看刀架奇偶开关信号 X14.3，发现偶数刀位时，X14.3 信号时有时无，于是找到了故障原因。因为刀架设计为偶数奇偶校验，在偶数刀位时，如果奇偶校验开关信号 X14.3 有信号，奇偶校验通过，刀架结束转位动作并夹紧；如果 X14.3 无信号，则奇偶校验出错，发出报警信号，"进给保持"灯亮，刀架不能结束转位信号，保持松开状态。而奇数刀位不受奇偶校验影响，因而转位正常。

（三）故障处理

拆开转位刀架后罩，检查奇偶检验开关线均正常；检查由开关到数控系统的 I/O 板线路，发现箱内接线端子板上的 X14.3 的导线与接线端子接触不良，导线在端子里是松动的；重新接好线，故障排除。

实例 2　切削液控制故障分析

（一）故障现象

某 FANUC 0i 系统的数控机床在自动运行状态中，每当执行 M8（切削液喷淋）这一辅助功能指令时，加工程序就不再往下执行了。此时，管道是有切削液喷出的，系统无任何报警提示分析与处理过程。

（二）故障检查与分析

调出诊断功能画面，发现诊断号 000 为 1，即系统正在执行辅助功能，切削液喷淋这一辅助功能未执行完成（在系统中未能确认切削液是否已喷出，而事实上切削液已喷出）。

查阅电气图，发现在切削液管道上装有流量开关，用以确认切削液是否已喷出。在执行 M8 指令并确认有切削液喷出的同时，在 PMC 程序的信号状态监控画面中，检查该流量开关的输入点 X2.2，而该点的状态为 0（有喷淋时应为 1），于是故障点可以确定为在有切削液正常喷出的同时，这个流量开关未能正常动作所致。

（三）故障处理

重新调整流量开关的灵敏度，对其动作机构喷上润滑剂，防止动作不灵活，保证可靠动作。在做出上述处理后，进行试运行，故障排除。

实例 3　进给控制系统故障分析

（一）故障现象

XH754 卧式加工中心，FANUC-6M 系统，X 轴无反应，无报警信息。

（二）故障检查与分析

手动、自动方式 X 轴均不起作用，且无报警信息，其他显示均正常。当使用 MDI 方式时，操作面板上的循环启动 CYCLE START，START 灯亮，查 PMC 梯形图和参数，均正常，说明 CNC 信号已发，X 轴启动条件已满足，但伺服不执行，所以可将故障缩小在 X 轴伺服单元上。

（三）故障处理

将伺服单元对调，即 X 轴和 Y 轴伺服驱动器接口对换，重新开机，试运行 Y 轴，看 Y 轴伺服电动机是否动作。若无，说明 X 轴伺服驱动器有故障。返厂或进一步拆下，查看伺服驱动器内部芯片和引脚，观察芯片和引脚是否蚀断，若发现，用不带电的电烙铁将元件拆卸，更换。

实例 4　换刀控制系统故障分析

（一）故障现象

某数控机床的换刀系统在执行换刀指令时不动作，机械臂停在行程中间位置上，CRT 显示报警号。查维修手册得知该报警号表示：换刀系统机械臂位置检测开关信号为"0"即"刀库换刀位置错误"。

（二）故障检查与分析

根据报警内容，可诊断故障发生在换刀装置和刀库两部分中，由于相应的位置检测开关无信号送至 PMC 的输入接口，从而导致机床中断换刀。造成开关无信号输出的原因有两个：一是由于液压或机械上的原因造成动作不到位而使开关得不到感应；二是电感式接近开关失灵。首先检查刀库中的接近开关，用一薄铁片去感应开关，以检测刀库部分接近开关是否失灵。接着检查换刀装置机械臂中的两个接近开关，一个是"臂移出"开关 SQ21，另一个是"臂缩回"开关 SQ22。由于机械臂停在行程中间位置上，这两个开关输出信号均为"0"，经测试两个开关均正常。机械装置检查："臂缩回"的动作是由电磁阀 YV21 控制的，手动电磁阀 YV21，把机械臂退回至"臂缩回"位置，机床恢复正常，这说明手控电磁阀能使换刀装置定位，从而排除了液压或机械上阻滞造成换刀系统不到位的可能性。

（三）故障处理

由以上分析可知，PMC 的输入信号正常，输出动作执行无误，问题在 PMC 内部或操作不当。经操作观察，两次换刀时间的间隔大于 PMC 规定的要求，从而造成 PMC 程序执行错误引起故障。重新设定存储换刀时间的参数值，换刀过程恢复正常。对于只有报警号而无报警信息的报警，必须检查 PMC 的数据位，并与正常情况下的数据比较，明确该数据位所表示的含义，以采取相应的措施。

实例 5　99 号报警故障分析

（一）故障现象

FANUC 0i 数控系统的数控车床，产生 99 号报警，该报警无任何说明。

（二）故障检查与分析

利用机床 PMC 诊断，发现数据 T6 的第 7 位数据由"1"变为"0"。该数据位为数控柜过热信号，正常时为"1"，过热时为"0"。

（1）检查数控柜中的热控开关；

（2）检查数控柜的通风是否良好；

（3）检查数控柜的稳压装置是否损坏。

（三）故障处理

检查后发现通风扇损坏不工作。更换数控柜通风扇，故障消除。

实例 6　机械手手动控制故障分析

（一）故障现象

一台装备 FANUC-11 系统的加工中心，在 JOG 状态下加工工件时，机械手将刀具从刀库中取出送入刀盒中时，不能缩爪，但却不报警。将方式选择到 ATC 状态，手动操作都正常。

（二）故障检查与分析

查看梯形图，原来是限位开关 LS916 没有压合。调整限位开关位置后，机床恢复正常。但过一段时间后，再次出现此故障。检查 LS916 并没松动，但却没有压合，由此怀疑机械手的油缸拉杆没伸到位。经检查发现液压缸拉杆顶端锁紧螺母的顶丝松动，使液压缸伸缩的行程发生了变化。

（三）故障处理

调整油缸拉杆，锁紧螺母并拧紧顶丝后，故障排除。

实例 7　2019 报警故障分析

（一）故障现象

一台汉川 XH714D 立式加工中心，配置 BEIJING-FANUC 0i Mate-C 数控系统，出现"2019 报警，主轴电源过载"显示，主轴无法启动，数控程序无法运行。

（二）故障检查与分析

由于提示了报警号，首先想通过维修手册查找故障号含义，但手册上没有给出该故障号的相关说明，所以考虑从 PMC 的梯形图入手。首先必须确定 2019 报警对应的信息请求位（A 线图）。由于相关的说明书没有给出 2019 报警的信息请求位地址，所以只能利用[PMCDGN]功能从 A0000 地址开始逐个检查，通过观察，发现 A0008.3 的位被置"1"。为了进一步确定故障位置，利用[PMCLAD]功能查询梯形图，检查 A000813 线圈的控制逻辑，由梯形图可知 A0008.3 受输入信号 X0005.4 控制。

（三）故障处理

查找机床维修电路说明书，发现 X0005.4 出现在主轴电源辅助开关（QM4）线路中，打开电柜，发现主轴电源辅助开关 QM4 跳闸，合上开关，故障排除。

第二部分　实践工作页

一、资　讯

（1）实践目的；

（2）工作设备；

（3）工作过程知识综述。

引导问题：

（1）针对实训设备，画图说明 PMC、CNC 各自控制的对象。

（2）根据 PMC 程序扫描周期执行顺序，说明 PMC 程序的执行过程。

（3）请根据菜单进行操作，掌握 PMC 画面的基本操作方法。

（4）查找数控试验台的 PMC 程序使用了哪些定时器，设定值是多少？

（5）分析 PMC 梯形图，找出与进给倍率有关的程序，找出相关的 I/O 地址，并分析其工作过程。

二、计划与决策

工具、材料或工作对象、工作步骤、质量控制、安全预防、工作分工

三、实　施

四、检　查

序号	检查项目	具体内容	检查结果
1	技术资料准备		
2	工具准备		
3	材料准备		
4	安全文明生产		

五、评价与总结

评价项目	评价项目内容	评价		
		自评	他评	师评
专业能力（60）				
方法能力（20）	能利用专业书籍、图纸资料获得帮助信息； 能根据学习任务确定学习方案； 能根据实际需要灵活变更学习方案； 能解决学习中碰到的困难； 能根据教师示范，正确模仿并掌握动作技巧； 能在学习中获得过程性（隐性）知识			
社会能力（20）	能以良好的精神状态、饱满的学习热情、规范的行为习惯、严格的纪律投入课堂学习中； 能围绕主题参与小组交流和讨论，使用规范易懂的语言，恰当的语调和表情，清楚地表述自己的意见； 能在学习活动中积极承担责任，能按照时间和质量要求，迅速进入学习状态； 应具有合作能力和协调能力，能与小组成员和教师就学习中的问题进行交流和沟通，能够与他人共同解决问题，共同进步； 能注重技术安全和劳动保护，能认真、严谨地遵循技术规范			

思考与练习

1. 数控机床中 PLC 的作用是什么？数控装置、PLC、机床之间有什么关系？
2. 数控机床上常用的输入/输出元件有哪些？
3. 试阐述 SIEMENS 系统中如何对其 PLC 的状态进行监控。
4. FUNAC 0 系统中 PMC 的操作方法有哪些？
5. 输入/输出部分出现故障后常用的排除方法有哪些？试举例说明。
6. 数控车床在换刀时，刀架旋转不停，其故障原因是什么？应如何解决？

参考文献

[1] 龚仲华. 数控机床故障诊断与维修[M]. 北京：高等教育出版社，2012.

[2] 李方圆，李亚峰. 数控机床电气控制简明教程[M]. 北京：机械工业出版社，2012.

[3] 李宏胜，朱强. FANUC 数控系统维护与维修[M]. 北京：高等教育出版社，2011.

[4] 汤彩萍. 数控系统安装与调试[M]. 北京：电子工业出版社，2009.

[5] 杨兴. 数控机床电气控制技能实训[M]. 北京：化学工业出版社，2008.

[6] 宋兵. FANUC 0i 数控系统连接调试与维修诊断[M]. 北京：机械工业出版社，2010.

[7] 周文彬. 数控机床故障诊断与维修[M]. 天津：天津大学出版社，2008.

[8] 周兰. 数控系统连接调试与 PMC 编程[M]. 北京：机械工业出版社，2012.

[9] 刘永久. 数控机床故障诊断与维修技术[M]. 北京：机械工业出版社，2010.

[10] 张梦欣. 国家职业标准：数控机床装调维修工[M]. 北京：中国劳动社会保障出版社，
2007.

[11] 朱仕学. 数控机床系统故障与维修[M]. 北京：清华大学出版社，2006.

[12] 上岗就业百分百系列丛书编委会组编. 数控机床调试工上岗就业百分百[M]. 北京：机
械工业出版社，2011.

[13] 陈志平. 数控机床机械装调技术[M]. 北京：北京理工大学出版社，2010.